改定承認年月日	平成17年10月26日
訓練の種類	普通職業訓練
訓練課程名	普通課程
教材認定番号	第58775号

三訂
配管施工法

独立行政法人 高齢・障害・求職者雇用支援機構
職業能力開発総合大学校 基盤整備センター 編

は し が き

　本書は職業能力開発促進法に定める普通職業訓練に関する基準に準拠し，設備施工系配管科の訓練を受ける人々のために，配管施工法の教科書として作成したものです。

　作成に当たっては，内容の記述をできるだけ平易にし，専門知識を系統的に学習できるように構成してあります。

　このため，本書は職業能力開発施設で使用するのに適切であるばかりでなく，さらに広く知識・技能の習得を志す人々にも十分活用できるものです。

　なお，本書は次の方々のご協力により作成したもので，その労に対して深く謝意を表します。

〈改定委員〉　　　（五十音順）
小　泉　康　夫　　財団法人配管技術研究協会
田　中　悦　郎　　東京ガス株式会社
戸　﨑　重　弘　　全国管工事業協同組合連合会

〈監修委員〉　　　（五十音順）
富　田　吉　信　　株式会社電業社機械製作所
西　野　悠　司　　財団法人配管技術研究協会
　　　　　　　　（委員の所属は執筆当時のものです）

平成19年2月

独立行政法人　高齢・障害・求職者雇用支援機構
職業能力開発総合大学校　基盤整備センター

目　　次

第1章　給水設備の配管施工法 …………………………………………………1
第1節　給水管及び給水装置 ……………………………………………………1
　　1.1　給水管，給水装置の定義と施工上の留意事項（1）　1.2　掘削幅と深さ（4）
　　1.3　埋設位置の決定（5）　1.4　メータ及び止水栓の位置（5）　1.5　保護工の方法（6）
第2節　給水管の分水方法 ……………………………………………………9
　　2.1　給水管の分水施工上の留意事項（9）　2.2　せん孔作業の手順及び要領（9）
　　2.3　分水方法の一般留意事項（14）
第3節　配水管の敷設方法 …………………………………………………15
　　3.1　配水管施工上の留意事項（15）　3.2　掘削幅と深さ（16）
　　3.3　埋設位置の決定（19）　3.4　直管の接合方法（19）
　　3.5　河川，橋，軌道下などの横断の方法（34）
第4節　受水槽及び高置水槽 …………………………………………………36
　　4.1　受水槽及び高置水槽施工上の留意事項（36）　4.2　受水槽の位置（38）
　　4.3　ボールタップの位置（38）　4.4　高置水槽回りの配管接続方法（41）
　　4.5　液面継電器の取付け方法（43）
第5節　屋内給水配管 …………………………………………………………45
　　5.1　屋内給水配管施工上の留意事項（45）　5.2　上向き，下向き及び併用式給水法（45）
　　5.3　埋込み法及び露出法（48）　5.4　こう配の取り方（49）
　　5.5　空気抜き弁及び排泥弁の取付け（49）　ウォーターハンマの防止方法（50）
第6節　ポンプ室の配管方法 …………………………………………………51
　　6.1　ポンプ室の配管施工上の留意事項（51）　6.2　ポンプの据付けの位置及び方法（51）
　　6.3　ポンプの種類及び用途（55）　6.4　ポンプの基礎（61）
　　6.5　吸込み管及び吐出し管の取付け方法（61）　6.6　防振装置及び計器類の取付け（62）
　　6.7　ポンプの始動順序（63）

第2章　給湯設備の配管施工法 ……………………………………………66
第1節　給湯設備の配管施工法 ………………………………………………66

  1.1 給湯配管の構成（66） 1.2 給湯配管施工上の留意事項（72）

  1.3 膨張タンクと逃し管（74） 1.4 配管のこう配（76）

  1.5 空気抜き（77） 1.6 配管の伸縮対策（79）

  1.7 給湯管の管径と循環ポンプ（84） 1.8 配管の支持（86）

  1.9 給湯配管材料（92）

第3章　排水，通気及び衛生設備の配管施工法 …………………………94

第1節　排水及び通気配管の構成 …………………………………………94

  1.1 排水トラップの設置（94） 1.2 屋内排水管の構成（94）

  1.3 通気管の配管（94） 1.4 排水及び通気配管材料（95）

第2節　排水配管の施工法 …………………………………………………96

  2.1 排水配管施工上の留意事項（96） 2.2 管の接合方法（97）

  2.3 排水管の合流接続方法（99） 2.4 配管の支持と支持間隔（102）

  2.5 排水管のこう配（104） 2.6 間接排水配管（104）

  2.7 掃除口（105） 2.8 ますの施工（106）

第3節　通気配管の施工法 …………………………………………………110

  3.1 通気配管施工上の留意事項（110） 3.2 通気管の取出し接続方法（111）

  3.3 配管の支持と支持間隔（113） 3.4 排水通気配管施工正誤対照図（114）

第4節　配管用スペース ……………………………………………………115

  4.1 立て配管用スペース（115） 4.2 床下・便所・天井及びふところのスペース（116）

  4.3 パイプシャフトの位置及びスペース（118）

第5節　衛生器具の取付け …………………………………………………121

  5.1 衛生器具用材料の種類及び用途（121） 5.2 衛生器具取付上の留意事項（121）

  5.3 洗面器，手洗器の取付け（121） 5.4 大便器の取付け（125）

  5.5 小便器の取付け（131） 5.6 浴槽の取付け（134）

  5.7 掃除流し，水飲み器の取付け（139）

第4章　消火設備の配管施工法 …………………………………………143

第1節　消火設備 ……………………………………………………………143

  1.1 消火設備の種類及び用途（143） 1.2 消火設備施工上の留意事項（145）

  1.3 屋内消火栓設備（146） 1.4 連結送水管の設置基準（148）

  1.5 スプリンクラ設備の配管方法及びこう配の決定（149）

1.6　スプリンクラヘッドの配列（150）　1.7　ドレンチャヘッドの数及び配列（152）

第5章　ガス設備の配管施工法……………………………………155
　第1節　ガス設備施工上の留意事項……………………………………155
　　　1.1　法令などの遵守（155）　1.2　安全確保のための留意事項（155）
　　　1.3　土木工事（155）　1.4　配管工事（156）
　第2節　ガスメータの取付け位置及び取付け方法並びにガス漏れ警報器の設置位置　157
　　　2.1　ガスメータの取付け位置（157）　2.2　ガスメータの取付方法（157）
　　　2.3　ガス漏れ警報器の設置位置（159）
　第3節　都市ガス配管材料の種類及び用途並びに施工法……………160
　　　3.1　本支管（160）　3.2　内管（161）　3.3　施工法（163）
　第4節　ＬＰＧ配管材料の種類及び用途並びに施工法………………165
　　　4.1　材料の種類及び用途（165）　4.2　施工法（165）

第6章　空気調和設備の配管施工法……………………………167
　第1節　空気調和設備の概要……………………………………………167
　　　1.1　空気調和設備の概要と用途（167）
　第2節　空気調和設備機器の据付け……………………………………170
　　　2.1　機器据付けの施工上の留意事項（170）　2.2　基礎及び心出し（173）
　　　2.3　冷凍機の据付け（174）　2.4　冷却塔の据付け（175）
　　　2.5　ボイラの据付け（176）　2.6　膨張タンクの据付け（177）
　　　2.7　空気調和機の据付け（178）　2.8　放熱器の取付け（180）
　　　2.9　送風機の据付け（180）
　第3節　冷温水，冷却水配管の施工法…………………………………182
　　　3.1　冷温水，冷却水配管の施工上の留意事項（182）　3.2　壁・床などの貫通配管（182）
　　　3.3　構造物と管との間隔（186）　3.4　管と管との間隔（186）
　　　3.5　埋込み配管（187）　3.6　こう配及び分岐管の配管（188）
　　　3.7　偏心径違い継手の使用（189）　3.8　空気抜き弁・排水弁の取付け（189）
　　　3.9　変位吸収管継手（190）　3.10　配管の支持と支持間隔（191）
　第4節　冷温水，冷却水配管の機器回り配管方法……………………192
　　　4.1　冷温水，冷却水配管の機器回り配管の留意事項（192）
　　　4.2　ボイラ回りの配管（193）　4.3　冷凍機回りの配管（193）

        4.4　膨張タンク回りの配管方法（194）　4.5　空気調和機回りの配管（195）
        4.6　冷却塔回りの配管（197）　4.7　冷温水コイル回りの配管（198）
        4.8　計器類の取付け（199）
    第 5 節　蒸気配管の施工法 ……………………………………………………200
        5.1　蒸気配管の施工上の留意事項（200）　5.2　こう配及び分岐管の配管（201）
        5.3　はりや障害物との交差（202）　5.4　吸上げ継手の使用（202）
        5.5　偏心径違い継手の使用（203）　5.6　減圧弁, トラップ回りの配管（203）
        5.7　配管の支持と支持間隔（205）
    第 6 節　蒸気配管の機器回り配管施工法 ……………………………………206
        6.1　蒸気配管の機器回り配管の留意事項（206）　6.2　ボイラ回りの配管（206）
        6.3　蒸気コイル回りの配管（208）　6.4　ユニットヒータ回りの配管（208）
        6.5　蒸気（フラッシュ）タンク回りの配管（209）
        6.6　ホットウェルタンク回りの配管（209）　6.7　計器類の取付け（211）
    第 7 節　ダクトの施工法 ………………………………………………………212
        7.1　壁・床貫通部の施工（212）　7.2　送風機回りのダクト施工（212）
        7.3　ダクトの支持・つり（213）　7.4　ダクトの曲がりと分岐（214）
        7.5　ダクトの拡大・縮小（214）　7.6　ダクト消音・遮音（215）
    第 8 節　冷媒配管の施工法 ……………………………………………………215
        8.1　冷媒配管施工上の留意事項（215）　8.2　吸込み管, 吐出し管及び液管の配管（216）
        8.3　空冷式室外機と室内ユニット間の配管（218）　8.4　配管の支持と支持間隔（218）
    第 9 節　油配管の施工法 ………………………………………………………219
        9.1　油配管施工上の留意事項（219）　9.2　サービスタンク回りの配管（220）

第 7 章　被 覆 施 工 ……………………………………………………………222
    第 1 節　管・ダクトの被覆施工 ………………………………………………222
        1.1　保温材の分類（222）　1.2　被覆施工（223）
    第 2 節　管の識別表示 …………………………………………………………228
        2.1　識別表示（229）

【練習問題の解答】 ……………………………………………………………………233
（付録）図示記号 ………………………………………………………………………237

第1章　給水設備の配管施工法

　水道は，電気・ガスと並んで生活上欠くことのできないライフラインの1つであり，その末端施設である給水設備は極めて重要な役割を担っている。本章では，この給水設備に使用する機材・機器類を紹介するとともに，配管の施工方法，注意事項などについて概説する。

第1節　給水管及び給水装置

1．1　給水管，給水装置の定義と施工上の留意事項

　水は人間の生活上絶対に欠くことのできないものであり，生活用水に限らず，農林水産物を生育・加工する第一次産業，機械・化学・繊維製品などを製造する第二次産業にも広範囲に利用されている。

　水道は，その水質・利用目的から上水道，中水道，工業用水道，下水道に分けることができる。このうち上水道は人の飲料に供されることを目的とし，その水質は水道法により細部まで厳重に監理されている。したがって，全国各地の水道水は一定の基準値内にあり，直接飲料とすることができる。しかし，配管の材質，工法などにより，水質が汚染されることがあるので，各地方自治体の水道管理者により，配管材料，機器などが指定され，工法も給水装置主任技術者を有する工事事業者が工事を行うよう規定されている。

　給水管とは，上記のほか，井水などの給水配管までを含めての総称であるが，一般には家庭，事務所などの飲料を含めた生活用水を送る上水道配管のうち，公道下に敷設される配水管から分岐して，私有地に引込まれる管を指している。また給水装置とは，水道法により，「需要者に水を供給するために，水道事業者の施設した配水管から分岐して設けられた給水管及び，これに直結する給水用具をいう。」と規定されている。

　したがって，個人住宅のように配水管の水圧を利用して末端まで給水する水道直結方式及び中層建築に用いられている，給水管に増圧ポンプを接続して給水する水道直結増圧方式においては，すべての管・器具類は給水装置とみなされ水道管理者の管轄下におかれる。中・高層建築の場合，一旦受水槽で上水を受け，ポンプで加圧・送水する場合は受水槽以降の管，器具類は受水槽で遮断されるので定義上からは給水装置とはならない。ただし，給湯設備，排水設備，消火設備などと区別する意味で，上水道を供給する管，器具類を受水槽以降のものを含め広義の給水設備と呼んでいる。

　この関係を図1－1に示す。

2 配管施工法

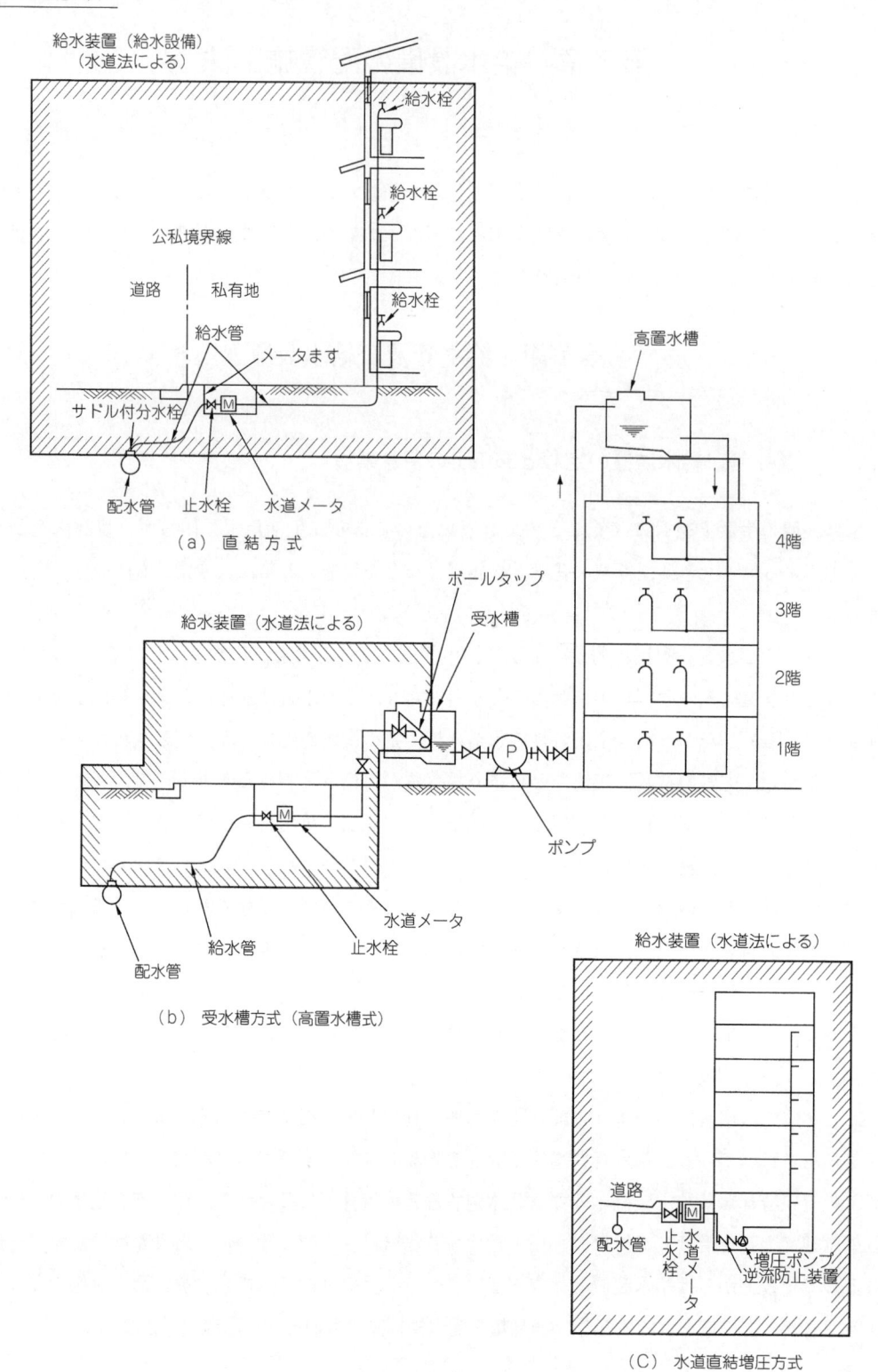

(a) 直結方式

(b) 受水槽方式（高置水槽式）

(C) 水道直結増圧方式

図1－1　給水装置と給水設備

給水設備における水質の汚染には，次の原因が考えられるので，配管に当たっては，細心の注意が必要である。

(1) クロスコネクションによる汚染

クロスコネクションとは，上水給水・給湯系統とその他の系統の管とが，配管又は給水器具・装置により直接接続されたりして，上水道管に水道水以外の系統の水が混入する恐れがあることをいう。双方の管に逆止め弁，制水弁などを設けたとしても，絶対にしてはならない配管方法である。例としては，井水管，消火系統，空調系統の配管などと給水設備配管のクロスコネクションがある。

(2) 逆サイホン作用による汚染

逆サイホン作用とは，例えば図1－2において高置水槽の清掃などのため，弁Aを閉じていたとき，B点において不用意にバケツの中の水へホースを投入させていると，C点以下の階で水栓を開いたときBのバケツが見掛けの高置水槽となり，バケツの水が水栓から流出する現象をいう。場合によって，C点以下で大量の水を消費したときには，たとえ弁Aが開いていたとしても，バケツと高置水槽の水が混合して水栓から出てくる可能性が大きい。このため，水栓の吐出口端と容器（この例ではバケツ）のあふれ縁との間に一定以上の空間をとらなければならない。この空間を吐水口空間という。やむをえず吐水口空間[*1]がとれない場合は，容器のあふれ縁[*2]の上端より150mm以上上方（図では水栓Bの取付け立上げ管）にバキュームブレーカ[*3]（逆流防止器）を設けなければならない。

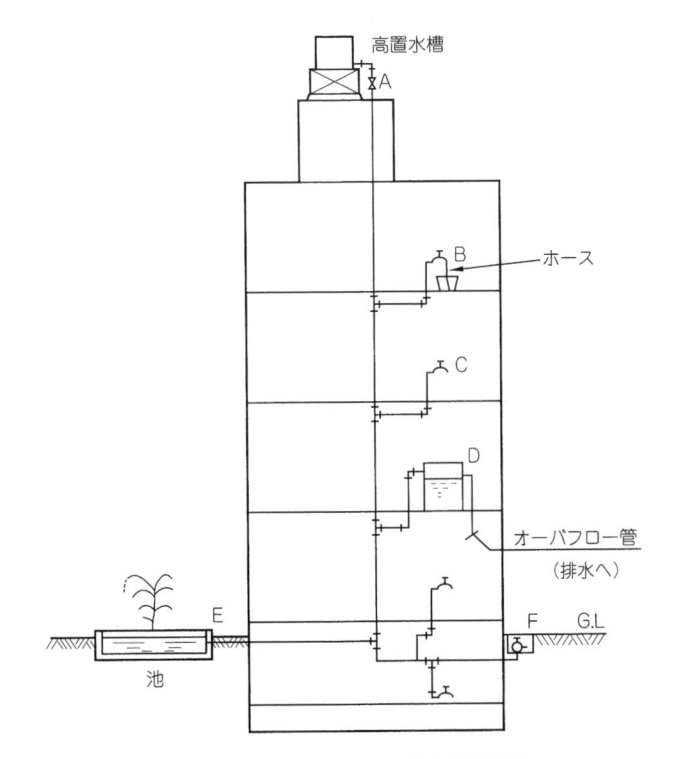

図1－2　逆サイホン作用説明図

[*1] 吐水口空間：給水栓又は給水管の吐水口端とあふれ縁との垂直距離をいう。
[*2] あふれ縁：衛生器具又はその他の水使用機器の場合はその上縁において，タンク類の場合はオーバフロー口において水があふれ出る部分の最下端をいう。
[*3] バキュームブレーカ：吐き出された水が逆サイホン作用によって給水系統へ逆戻りするのを防止するため，給水管内の負圧を検知して自動的に空気を吸引し，水柱を遮断する器具をいう。

（3） 給水管，機器類などによる汚染

給水管，各機器類の内面物質が溶出するもので，この場合水質に大きな影響を与える。例えば給水管に多用されている塩化ビニル管の場合，水道用のものは可塑剤[*1]を使用しないこと，安定剤[*2]にカドミウム系のものを使用しないこと，溶解試験を行って濁度・色度・過マンガン酸カリウム消費量，鉛の含有量，残留塩素減量などが規定値以下であることなど，細かく規定されている。したがって，見掛け上又は強度上使用できそうな管種であっても，それが水道用として適切であるかどうかは十分注意して選定しなければならない。また，従来使用されていた水配管用亜鉛めっき鋼管（JIS G 3442）は，水道法に基づく給水用配管として適合しないので，使用してはならない。

1.2 掘削幅と深さ

給水装置としての給水配管は，一部の公道部分を除いては，おおむね私道及び宅地内埋設配管になる。

公道部分を掘削する場合は，地方自治体の道路管理者の指示によらなければならないが，その他の部分を掘削する場合は特に規定はない。

掘削作業には，配水管から給水管を分岐取り出す場合の小穴掘りと，延長配管のための布掘りがある。

いずれも管径の大小によってそれぞれ変わってくるが，布掘りの場合の掘削幅としての標準は表1-1のとおりである。

表1-1 掘削幅（布掘り）

給水管径	道路	宅地内
13～50mm	60cm	30cm
75mm以上	70cm	70cm

埋設深度の基準は，一般に障害物や施工上，技術上で支障のない場合次のとおりである。

　　私道（公道に準ずる場合，又は車の通行が激しい場合）　　　1.2m以上

　　私道（その他の場合）　　　0.6m以上

　　宅地内　　　一般に0.3m以上

ただし，寒冷地では，その地域の凍結深度以下の深さに埋設する必要がある。例えば，札幌の凍結深度は約0.6m，根室では約1.0mとされている。

[*1] 可塑剤：合成樹脂・ゴム・繊維などの高分子物質に可塑性を与え，加工しやすくするために，添加する物質のことで，多くは酸とアルコールから合成されるエステル化合物（フタル酸エステルなど）が用いられる。

[*2] 安定剤：化学製品が時間とともに物理的・化学的に変質するのを防ぐために添加する物質をいう。塩化ビニルの場合は成形加工時に熱分解による変質を防止するためと耐候性を向上させるために添加する。鉛系，バリウム・亜鉛系，カルシウム・亜鉛系などがある。

1．3　埋設位置の決定

配水管の場合は，その占用位置は道路法により道路管理者の指示に従うものとするが，それ以外の場合は特に規定はない。一般的な留意事項を次に記す。

① 給水管と排水管が平行して埋設される場合には，原則として，両配管の水平実間隔を500mm以上とし，かつ給水管は排水管の上方に埋設する。

② 両配管が交差する場合もこれに準じて施工する。

③ 木造建築の布基礎に平行して埋設する場合は，基礎の割栗地業を損傷しないように掘削内面は30cm以上離す。

④ 便所，汚水槽，下水管などからなるべく遠ざけて配管する。

1．4　メータ及び止水栓の位置

水道メータは，水道料金を算出する基本となるもので，屋外及び屋内設置の2方法がある。留意事項は以下の通りである。

① 原則として当該給水装置所有者（使用者）の敷地内で，引込み管の配管長が最も短い場所に設置する。

② メータの点検及び取替え作業が容易に行える場所とする。

③ 常に乾燥しており，かつメータの損傷の危険のない箇所とする。

④ メータが水平に取り付けられる場所とする。

⑤ 屋内設置の場合は，メータ室が水道事業者が規定する内規による。

⑥ 規定のメータます，メータ室が設置できるかなどの条件を満たした場所を選定する。

止水栓は，メータの取替え，配管系統の点検その他のために，メータ1個ごとに必ず取り付ける必要があり，メータと連結してメータ室に収納するか，専用の止水栓ボックスに収める。

一般には日本水道協会規格水道用止水栓（JWWA B108）や，これに準拠したメータ取付け部に使用される伸縮継手と一体になったもの，ボール式止水栓，仕切弁，玉形弁などがあり，各水道事業者が指定する場合が多い。

参考として，東京都水道局の規定によるメータます，メータ室の例を図1－3，図1－4に示す。

メータます種類	最小内部寸法(mm)		
	長さ	幅	高さ
13mm用	320	170	180
20・25mm用	460	220	190
30・40mm用	520	270	225
50mm用	850	600	370

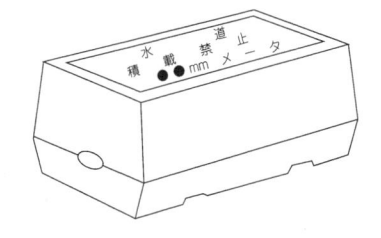

図1－3　13～50mmのメータます

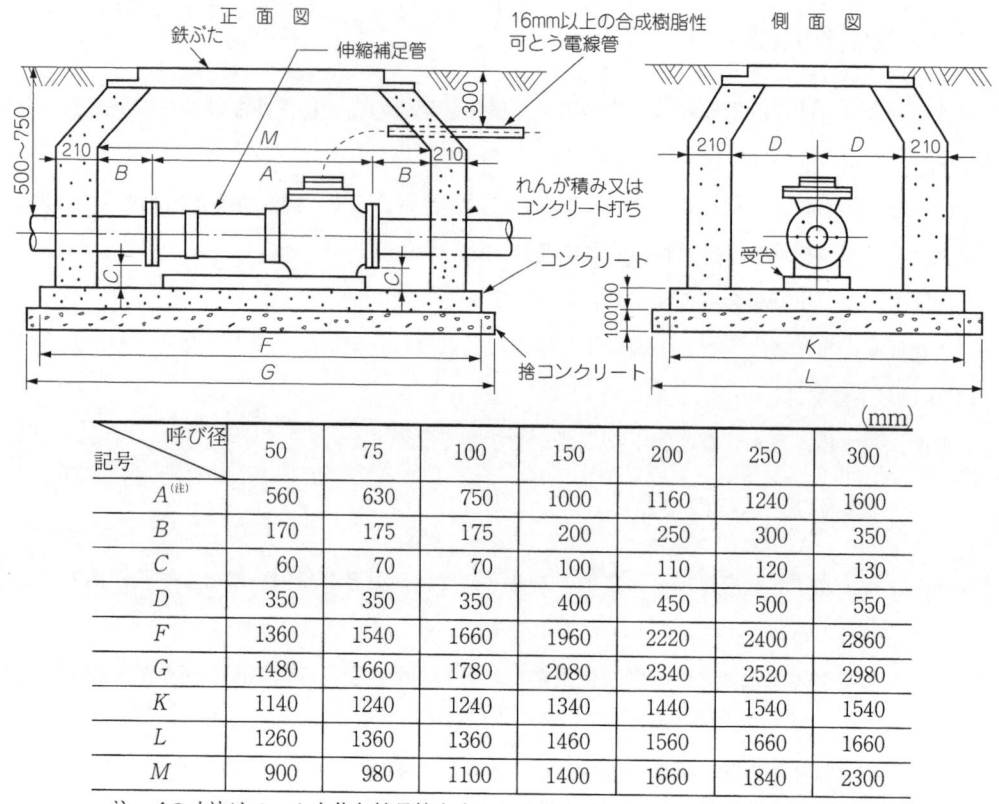

呼び径 記号	50	75	100	150	200	250	300
$A^{(注)}$	560	630	750	1000	1160	1240	1600
B	170	175	175	200	250	300	350
C	60	70	70	100	110	120	130
D	350	350	350	400	450	500	550
F	1360	1540	1660	1960	2220	2400	2860
G	1480	1660	1780	2080	2340	2520	2980
K	1140	1240	1240	1340	1440	1540	1540
L	1260	1360	1360	1460	1560	1660	1660
M	900	980	1100	1400	1660	1840	2300

注 Aの寸法はメータ本体と補足管を合わせた全長を示したものであるため、パッキンの厚さを考慮すること。

図1－4　50～300mmのメータ室

1．5　保護工の方法

　配管された給水管の保護は，屋内・屋外架設，地中埋設などとそれぞれ腐食，衝撃，防振，伸縮，凍結などに分けることができる。

（1）腐　　食

　金属管の腐食は管外面からのものと，管内流体の作用によるものとがある。外面からのものは，地中埋設の場合に多く発生し，地質のpH値が低い場合は鋼管，銅管類が，高い場合は鉛管が腐食される。その場合，一般には防食テープ又は塗料による防護が多い。塩化ビニル，ポリエチレンなどのプラスチックに耐薬品性があることに着目し，内外面を合成樹脂ライニングを施した鋼管が使用されている。その場合，継手も同様に内外面コーティングしたものを使用しなければならない。埋設管の場合は，継手部の管の余ねじ部まで，指定の防食テープを巻き，保護する必要がある。

　内面からの腐食防止は，前記のような水道用硬質塩化ビニルライニング鋼管か，水道用ポリエチレン粉体ライニング鋼管が使用されている。図1－5にライニング鋼管とその継手の例を示す。

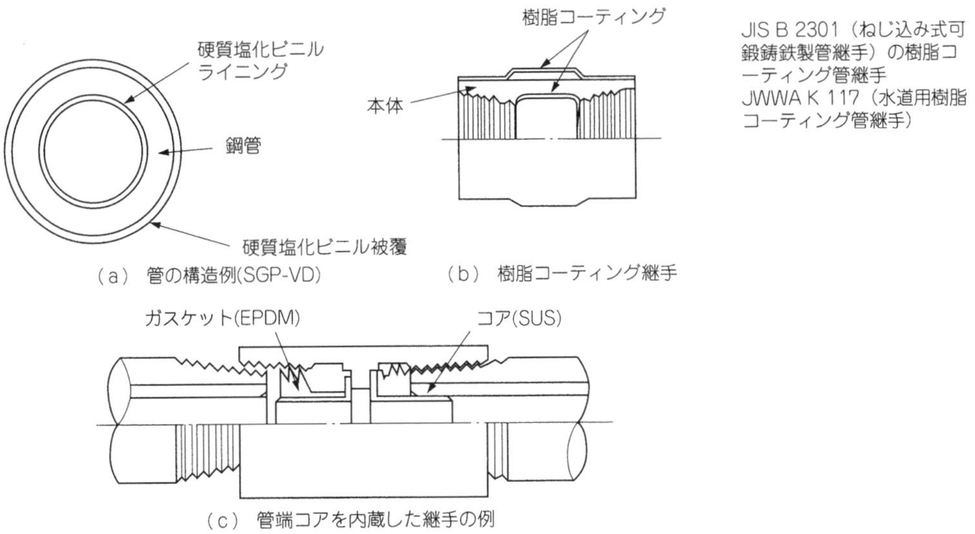

図1−5　ライニング鋼管とその継手（例）

（2）衝　　撃

　水流が急激に停止すると，管内の水（水の柱）が保有していた慣性エネルギーによって，衝撃的な圧力上昇が発生する。これがウォーターハンマで，概略次式で上昇圧力を求めることができる。

$$H = a(V_1 - V_2)\rho \quad \cdots\cdots\cdots\cdots\cdots\cdots\cdots\cdots\cdots\cdots\cdots\cdots\cdots\cdots (1-1)$$

ここに，H：上昇する圧力（Pa）

　　　　a：圧力波伝播速度（≒1000m/s）

　　　　V_1：最初の流速（m/s）

　　　　V_2：2L/a時間後の流速（m/s）

　　　　L：配管の長さ（m）

　　　　ρ：水の密度（≒1000kg/m²）

例えば流速2m/sの管内の水（水の柱）が瞬間的に0m/sに減速すると，

$$H = 1000(2-0)1000 = 2\,\mathrm{MPa} ≒ 204\mathrm{m}$$

の圧力上昇が発生する。ウォーターハンマを防止するには，設計時点において管径を太くし，流速を小さくすることによって，ある程度は防止することができる。しかし，万一発生するような場合は，エアチャンバ又は同様の構造を持った衝撃吸収装置を利用する。図1−6にエアチャンバ及び取付け位置，図1−7に衝撃吸収装置の構造を示す。

　その他の外部からの衝撃としては，地中埋設管の場合，重量車両の通過などが考えられ，継手部の折損，漏水などの原因になる。

　防護方法としては，当初，管の敷設に当たって管下部を不等沈下のないように基礎打ちを行うか，水道用遠心力鉄筋コンクリート管などの保護管中を配管するなどの方法がある。

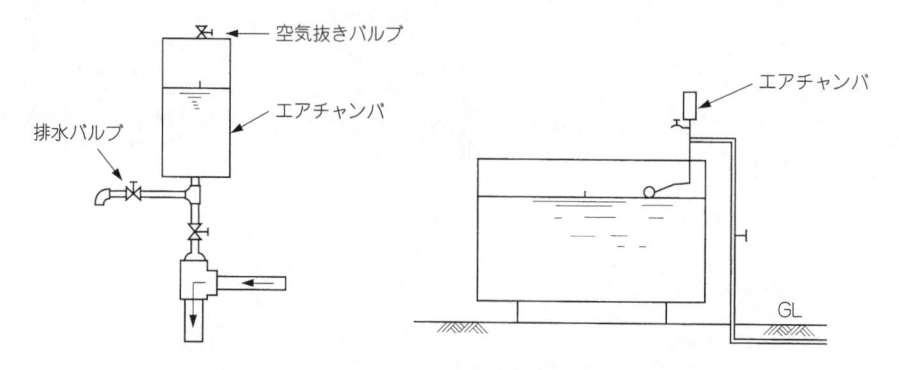

図1-6　エアチャンバ及び取付け位置

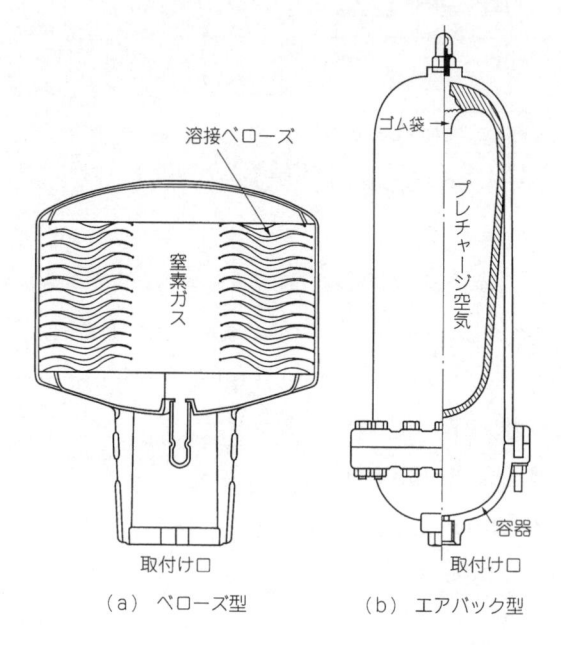

(a) ベローズ型　　(b) エアパック型

図1-7　衝撃吸収装置の構造

(3) 防　　振

ポンプその他の振動体に直接接続された配管は、管を媒体としてその末端まで、振動音が伝達され、はなはだしい場合は建物のどこにいても音が聞こえることがある。

防護方法としては一般に、ポンプその他の機器側に防振継手を取り付ける。防振継手はゴム製又は、ステンレス製のベローズを利用したものが多い。

またFRP製の受水槽などに接続される管は、地震時に槽が破損された前例もあり、一般にゴム製の防振継手を介して接続する。図1-8に防振継手の一例を示す。

図1-8　防振継手の一例

（4）凍　　結

　水は4℃のとき最も比体積が縮小し，密度が最大となる。それより温度が下がると比体積が膨張する。水は大気圧のもとでは0℃になると凍結を始め，氷となり，比体積は約9％膨張する。そのとき生じる膨張力は約25MPaにもなり，管，付属機器の破裂の原因になる。

　管の凍結を防ぐには，管表面を断熱材で被覆する方法が一番簡易であるが，長期間にわたっての効果は期待できない。寒冷地にあっては，夜間地上部分の配管中の水を抜くか，凍結しない程度に少しずつ水を流しておく方法がとられる。また，配管外面に帯状の電熱ヒータを巻くことも行われる。

　地中埋設管はその地方の凍結深度以下に埋設する必要がある。

第2節　給水管の分水方法

2．1　給水管の分水施工上の留意事項

　一般に分水するための配水管は，地中に埋設されている場合が多く，掘削に当たってはまず配管図で，その埋設位置の確認が必要になる。場合によっては，本工事着手前に，予備調査のための試験掘りを行うこともある。

　埋設位置は，道路管理者の指定するところによるが，おおむね道路の東側又は南側で，それぞれ深度は異なるが，ガスの本支管と平行に敷設されている場合が多い。

　両者を判別するために，水道管は青色，ガス管は緑色のテープを，約1m間隔に胴巻きすることになっているが，古い管では巻かれていないものもある。

　ともに鋳鉄管又は鋼管の場合は，誤ってガス管をせん孔してしまうことがあり，大きな事故につながる恐れがあるので注意が必要である。

　判別が困難な場合は，その近くに引き込まれている水道管又はガス管に聴音棒をあて，本管の方をハンマなどでたたくと，割合大きな確率で判明することが多い。

　その他掘削場所の交通整理，バリケードの設置，土質・深度などにより土留支保工（どどめしほこう）などが必要となる。

2．2　せん孔作業の手順及び要領

　配水管の種類はダクタイル鋳鉄管，硬質塩化ビニル管，鋼管が多く使用され，それぞれ，せん孔用機器が異なり，扱い方も多少違ってくる。

　いずれの管も最近はほとんどサドル付分水栓（すいせん）方式が主流で，サドル取付けまでの作業上の注意点は共通している。

サドル付分水栓の種類を表1−2に，構造を図1−9に示す。

表1−2 サドル付分水栓の種類

取付管の種類	呼び径	
	止水機構	サドル機構
DIP （ダクタイル鋳鉄管）	20, 25, 30, 40, 50	75[(1)], 100, (125), 150, 200, 250, 300, 350
VP （硬質塩化ビニル管）	13, 20, 25	40[(2)], 50[(2)], 75, 100, 150
	30, 40, 50	75[(1)], 100, 150
SP （鋼管）	20, 25	40[(2)], 50[(2)], 75, 100, 125, 150, 200
	30, 40, 50	75[(1)], 100, 125, 150, 200

注 (1) サドル機構の呼び径75については，止水機構 呼び径50を取り出してはならない。
 (2) サドル機構の呼び径40，50については，止水機構の呼び径25を取り出してはならない。
備考 取付管のうち，種類DIPは，ダクタイル鋳鉄管以外の鋳鉄管も含む。

(1) サドル付分水栓の取付けの手順及び要点

① サドル付分水栓は，配水管の管種，口径及び分岐管の口径に適合したものを使用する。

② 分岐箇所の管表面のさび（錆），泥などを十分落とし，管肌が出るまで十分清掃する。

③ サドル付分水栓は，配水管の管軸頂部にその中心がくるように据え付ける。

　この作業の注意点としては，サドルを配水管にのせたまま前後に移動させないことである。ずらすことにより，ガスケットが離脱する恐れがある。

④ サドル部分のボルト，ナットは対角線上に交互に締め付け，全体に均一になるように注意して取り付ける。

（2） サドル付分水栓のせん孔作業

せん孔作業を行う際に使用するせん孔機は，手動式，電動式，エンジン式などがあるが，ここでは図1－10の手動式について説明する。

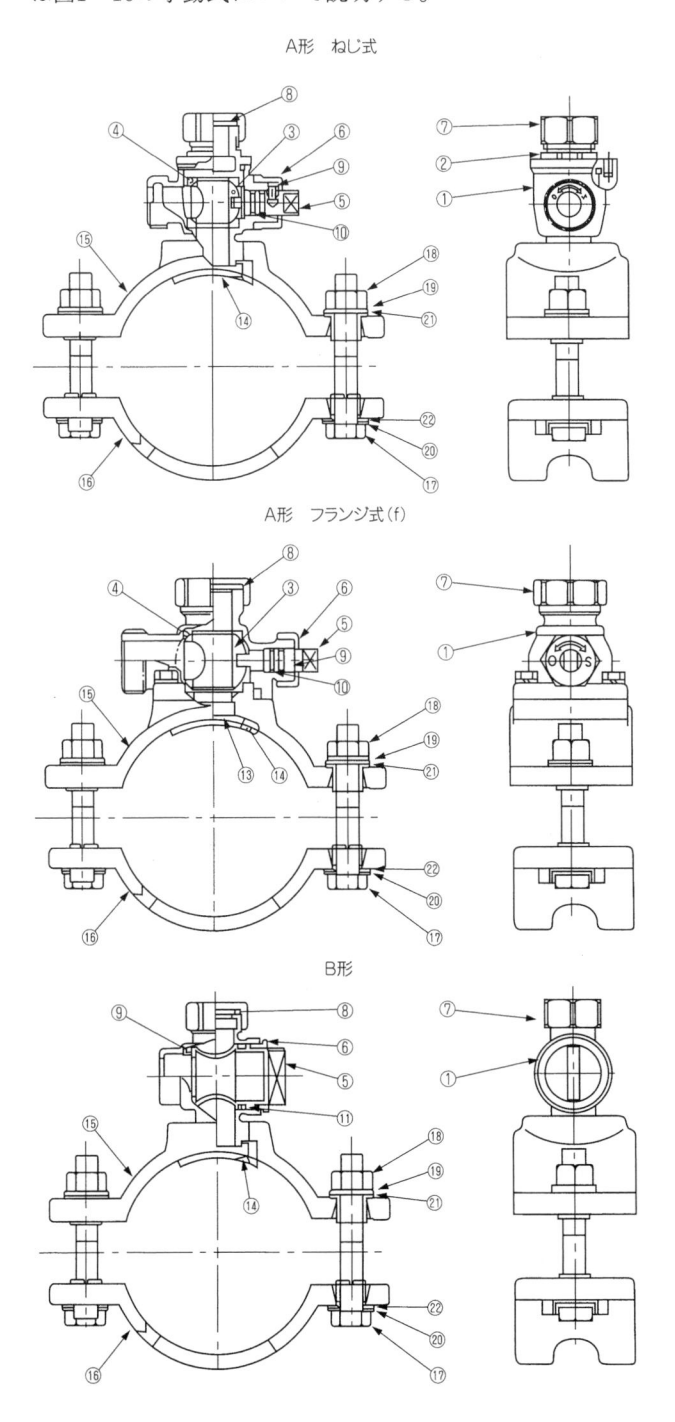

A形　ねじ式

A形　フランジ式(f)

B形

部品番号	部品名称
1	胴
2	ボール押さえ
3	ボール
4	ボールシート
5	栓棒（A形）
	閉子（B形）
6	保護ナット（A形）
	止めナット（B形）
7	キャップ
8	ガスケット
9	止めピン
10	Oリング
11	
12	
13	ブッシュ
14	サドル取付ガスケット
15	サドル
16	バンド
17	ボルト
18	ナット
19	平座金
20	保護ワッシャ
21	絶縁体
22	

図1－9　サドル付分水栓

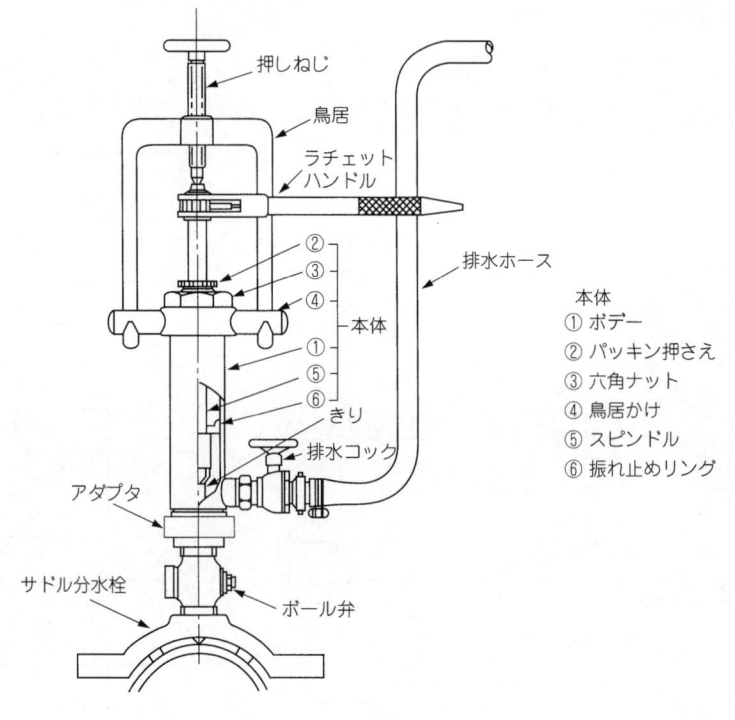

図1-10　手動式せん孔機

本体
① ボデー
② パッキン押さえ
③ 六角ナット
④ 鳥居かけ
⑤ スピンドル
⑥ 振れ止めリング

① まず配水管に取り付けられたサドル分水栓の頂部のキャップを取り外し，ボール弁を開閉し確実に作動するかどうかを調べたのち，ボール弁を開く。
② 分岐口径及び規格に応じたきりを，せん孔機のスピンドルに取り付ける。
③ 分水栓上部にパッキンを置き，分水栓と同形，同サイズのアダプタを取り付ける。
④ 本体の下部を，アダプタに強く締め付け，サドル分水栓と一体となるように固定する。
⑤ 排水ホースのカップリングを，本体の排水コックに取り付ける。ホース先端はバケツなどに開口しておく（バックフロー防止のため下水溝などへ直接排水してはならない。）。
⑥ スピンドルを下降させ，きりの先端を軽く管に当て，ラチェットハンドルを取り付ける。
⑦ 鳥居を鳥居かけにひっかけ，押しねじの先端をスピンドルの頭に合わせる。
⑧ ラチェットハンドルでスピンドルを少しずつ進めると，せん孔が始まる。最初はきりに大きな力を加えないように注意する（始めにスピンドルに大きな力がかかると，きりの先端が逃げて，軸心に垂直な正確なせん孔ができない。）。
⑨ 穴があき始めると，せん孔に伴う切りくずが排水用ホースを通して，水と一緒に排出されるが，そのまません孔を続ける。

また，せん孔中はハンドルの回転が重く感じられる。せん孔が終わると軽くなり，手ごたえで感じとることができるが，そのまま作業を続け，さらに約10mmきりを進ませて，せん孔を終わる。

⑩ せん孔が終わったら鳥居を外し，軽くホースを踏んで水の流出を弱めながら，ラチェットハンドルでスピンドルを軽く回すと，水圧によってスピンドル及びきりが押し上げられる。

⑪ せん孔中，切りくずは水とともにホースから外部に排出されるが，きりを分水栓の上にあげたあとも十分に排水し，切りくずを完全に排出する。

⑫ 次にスピンドルを最上部まで引き上げ，給水栓の弁を閉じ，本体及びアダプタを取り外しせん孔が終わる。

（3） コアの取付け

鋳鉄管又は鋼管から分岐した場合，せん孔終了後管のせん孔部の防せいのため，防食用コアを取り付ける。コアは一般に銅製又は外面をゴム被覆したリン酸銅製の筒で，せん孔管径に適したものを使用する。コアを挿入する工具，コア挿入機（ストレッチャ）を図1－11に示す。

① サドル付分水栓の吐水部にプラグが取り付けられていることを確認する。
② コア挿入機（ストレッチャ）にアタッチメントを取り付ける。
③ ストレッチャ先端にコア取付け用のヘッドを取り付け，そのヘッドに該当口径のコアを差し込み，固定ナットで軽くとめる。
④ ロッドを最上部に引き上げた状態でストレッチャをサドル付分水栓に装着する。
⑤ ボール弁を開ける。
⑥ ロッドを手で時計方向に回しながら静かに押し込む。
⑦ プラスチックハンマで，ロッド上端を上から垂直にたたき，コアを押し込んでいく。
⑧ 押込みが進むと，コアのつばが管面に当たり，ロッドが進まなくなった時点で，挿入が完了する。

図1－11 ストレッチャ

⑨ ハンドルを時計方向に回しながら，ストレッチャのヘッドをボール弁上部まで引き戻す。このときロッドは最上部まで引き上げる。
⑩ ボール弁を閉める。

⑪ ストレッチャ及びアタッチメントを取り外し，サドル付分水栓頂部にパッキンが入っていることを確認してキャップを取り付ける。

⑫ サドル付分水栓吐水部のプラグを取り外す。

コアの取付け状態を図1－12に示すが，コアの先端を押し広げ管厚部に密着させるようなストレッチャもある。

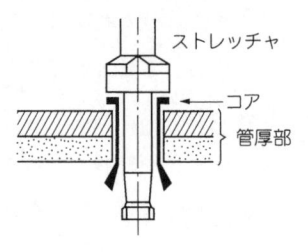

図1－12 コアの取付け状態

2．3 分水方法の一般留意事項

給水管径が50mm以下のサドル付分水栓を用いたせん孔作業については前項で述べたが，25mm以下で配水管が鋳鉄管である場合は配水管にせん孔し，そのねじ立てした部分にねじ込む形式の甲形・乙形分水栓（JWWA B 107）も規格化されている。また，給水管径が50mm以上の場合は，割T字管を用いた不断水工法，配水管を切ってT字管を接続する方法などが用いられている。

分水に当たっては，以下の点に留意しなければならない。

① 配水管の異径管（曲管，T字管など）には分水栓を取り付けない。

② 配水管の継手付近に分水栓を取り付ける場合は，維持管理を考慮して継手端面から30cm以上離す。

③ 分水栓相互間の取付け間隔は配水管の強度低下や相互の流量干渉を避けるため30cm以上離す。

④ 割T字管，T字管などで分岐する場合は，給水管径は配水管径より少なくともひとまわり小さい管径（例えば配水管が75mmならば給水管は50mm以下）とする。

割T字管の構造と施工工程を図1－13及び図1－14に示す。

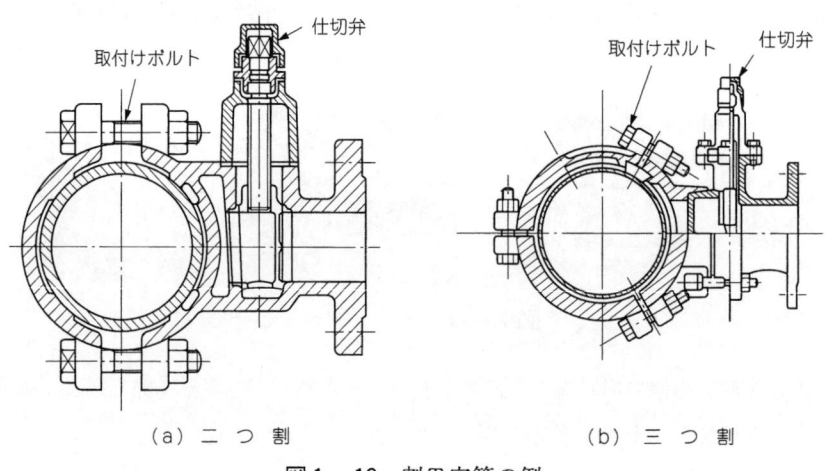

(a) 二 つ 割　　　　　(b) 三 つ 割

図1－13 割T字管の例

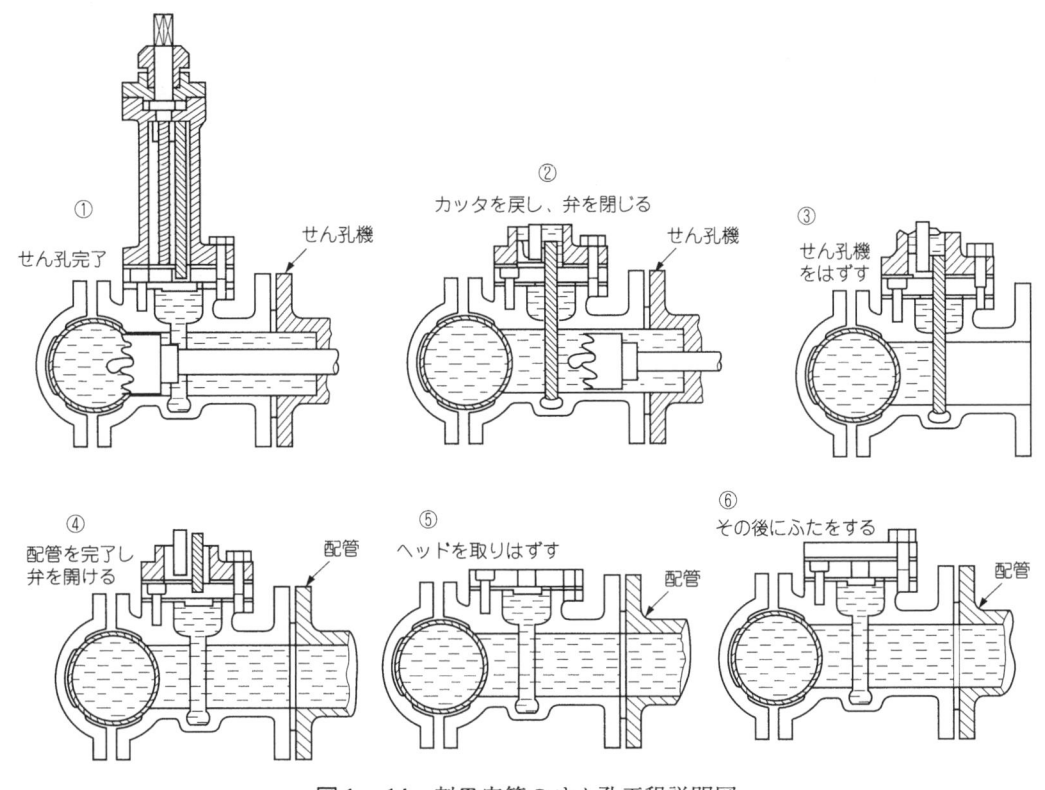

① せん孔完了　せん孔機
② カッタを戻し、弁を閉じる　せん孔機
③ せん孔機をはずす
④ 配管を完了し弁を開ける　配管
⑤ ヘッドを取りはずす　配管
⑥ その後にふたをする　配管

図1－14　割T字管のせん孔工程説明図

第3節　配水管の敷設方法

3．1　配水管施工上の留意事項

　水道施設のうち，浄水施設で水道法に定められた水質基準に適合する浄化された水を，配水施設から各給水区域一帯に送る管を配水管といい，一般に公道地下へ埋設され広域に配水を行う。

　配水管の主管を配水本管といい，これから分岐してより狭い給水区域用に敷設されたものを配水支管（配水小管）という。一般の家庭，事業所，工場その他の給水管は，配水支管から分岐取り出される。

　配水管の敷設工事は，給水装置主任技術者を有する工事事業者が行わなければならないことになっている。配水管の種類としては，ダクタイル鋳鉄管，鋼管，硬質塩化ビニル管がある。このうち，ダクタイル鋳鉄管は施工性が良好なこと，ねじ込み式分水栓の取付けができる特徴があることなどから，広く使用されている。

　鋼管は鋳鉄管より軽量であること，溶接接合が可能であること，強度が大で延性に富むことなど

から，大口径管を中心に多く使用されつつあり，特に水管橋に広く用いられている。

硬質塩化ビニル管は，軽量であること，施工が容易であることから，JISで規格化されている呼び径150mm以下のところに多用されている。

管種の選定に当たっては，次の諸事項を十分検討する。

（1）内　　圧

各種の管には，それぞれ試験水圧が定められているので，最大静水圧，水撃圧に対し安全なものを選定する。

（2）外　　圧

埋設の場合は土圧と路面荷重，その他の場合は実情に合わせて計算する。

（3）施工条件

水質，土質，地下水位の高低による施工性その他を十分考慮する。

（4）電食その他の腐食防止

軌道下又はその付近の埋設管は電食の恐れがあるので，絶縁継手の使用又はアスファルト系その他の防食材で，管の外周を完全に被覆する。

3.2　掘削幅と深さ

（1）掘削工程

管敷設工事の中で，掘削は量的にも時間的にも大きな比重を占めている。

大口径管は別として，1日単位で作業を進めることのできる小口径管の場合は，労力と時間の配分は，掘削に全体の40％，配管に20％，埋戻しに20％，道路復旧に10％，処理・後かたづけに10％を標準に考えればよい。

掘削に当たっては，まず計画図面に従って現場調査を行い地上の障害物の有無を確かめ，次に約20m間隔に試掘をして，他の埋設物などが配管上に支障がないかを調査しておく必要がある。

試掘が終わった時点で，レベルで地面の高低を測定し，遣形（やりかた）を設け中貫（なかぬき）に中心及び測定高さを書き入れておく。

これにより，管の中心位置及び深さが指示されるが，掘削箇所に平行して，側溝，L形溝などがある場合はこれらを利用することもある。図1-15に中心位置及び深度の表示法を示す。

掘削箇所がいわゆる地山と呼ばれる堅実な地盤の場合は，土砂崩壊などの恐れはないが，一般的には土砂崩壊防止のため土留支保工を設ける必要がある。なお，市街地の場合は，過去に他の埋設工事が行われていることが多く，埋戻し土が存在するので表層部分を除いて崩壊しやすい土質であることが多い。

土留支保工は一般に，矢板（やいた），腹起し（はらおこし）及び切張り（きりばり）からなるが（図1-16），作業は土留支保工作業主任者の指示に従って行わなければならない。

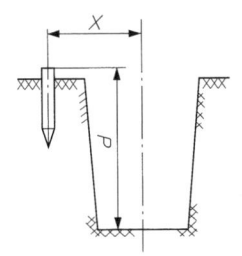

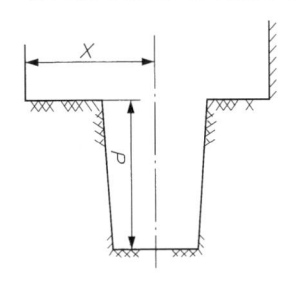

図1-15 中心位置及び深度の表示法

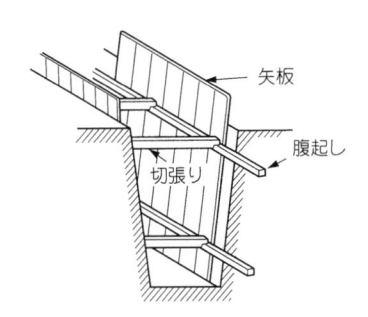

図1-16 矢板・腹起し・切張り

(2) 掘削幅

　土質が極めて良好な場合は，管をつり下ろす幅と，継手部だけを接続作業に必要な幅とする方法がとられる。しかし，土留支保工を施工した場合は切張りなどが障害物となるので，その場合は配管作業必要幅を基準幅としている。

　作業幅は，管種及び管径により異なり次のようになる。

① メカニカル形鋳鉄管

　トルクレンチを使用してのボルト，ナットの締付け作業に必要な幅。

② 鋼管（溶接継手）

　ホルダに溶接棒を挟み，定められた角度での管の溶接作業に必要な幅。

③ その他の管材の接合作業に必要な幅。

(3) 掘削深さ

　掘削深さは，管の標準土かぶりが基準になる。

　土かぶりは道路法施行令では標準1.2mと規定されているが，詳細は各水道事業体の管理者がそれぞれの地域事情を考慮して決めているので，一定していない。

　一例として東京都の場合は，配水支管（φ100〜φ350）で1.2m，配水本管（φ400以上）で2.1mとしている。したがって，これに管外径を加えた数字が，必要掘削深さとなる。

　なお，継手部は接合作業のために，深さ，幅を直管部より大きく掘削する。

　参考寸法として，図1-17に断面図，表1-3，表1-4に掘削寸法例を示す。

18　配管施工法

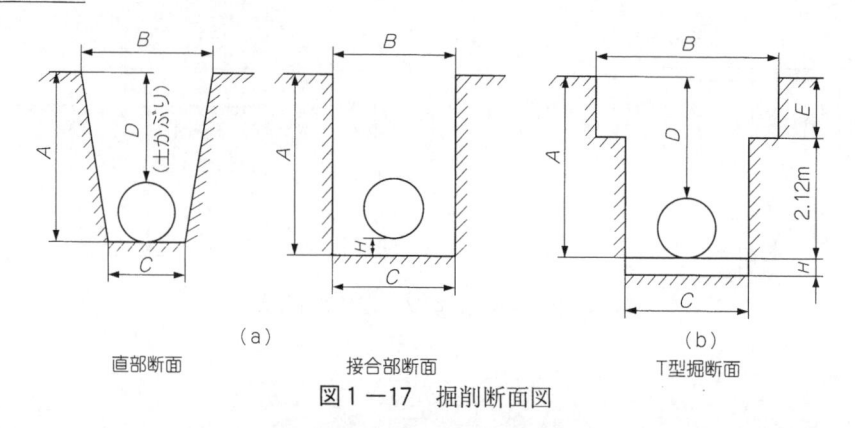

(a) 直部断面　　接合部断面　　(b) T型掘断面

図1-17　掘削断面図

表1-3　水道管（支管）敷設用掘削断面寸法表（例）

土かぶりD=1.21mの場合　　　　　　　　　　　　　　　　　（図1-17(a)参照）

管口径 (mm)	管有効長 (m)	直部 (cm)				接合部 (cm)			
		A	B	C	L	A	B=C	H	I
75	3.0	130	60	40	230	145	60	15	70
100	3.0	133	60	50	230	148	70	15	70
125	3.0 4.0	136 136	60 60	50 50	225 325	151 151	70 70	15 15	75 75
150	3.0 4.0	138 138	60 60	50 50	225 325	158 158	80 80	20 20	75 75
200	4.0	144	70	60	320	164	80	20	80
250	4.0	149	70	60	320	169	90	20	80
300	4.0	154	70	60	315	179	90	25	85
350	4.0	159	80	70	315	184	100	25	85

注　L…直部長さ
　　I…接合部長さ

表1-4　水道管（本管）敷設用掘削断面寸法表（例）　（図1-17(b)参照）

管口径 (mm)	管有効 長(m)	土かぶりD=2.12mの場合 (cm)				接合部		土かぶりD=1.52mの場合 (cm)				接合部	
		A	B	C	E	H	I	A	B	C	E	H	I
400	4.0	255	160	130	43	30	100	196	160	130	—	30	100
450	〃	260	170	140	48	30	100	200	170	140	—	30	100
500	〃	266	180	150	54	30	100	206	180	150	—	30	100
600	〃	276	190	160	64	40	100	216	190	160	—	40	100
700	〃	287	200	170	75	40	100	227	200	170	15	40	110
800	〃	297	210	180	85	40	110	237	210	180	25	40	110
900	〃	308	220	190	95	50	110	248	220	190	36	50	110
1000	〃	318	240	200	106	50	120	258	240	200	46	50	120
1100	〃	329	250	220	117	50	120	269	250	220	57	50	120
1200	〃	341	270	240	129	50	130	279	270	240	67	50	130
1350	〃	355	290	260	143	60	140	287	290	260	75	60	140
1500	〃	372	300	270	160	60	150	310	300	270	98	60	150

3．3　埋設位置の決定

　通常地下に埋設されている管類は，下水管，ガス管，電話線管，地域によっては送電線などがある。もしそれぞれが独自の判断で管を埋設すると，後に大きな混乱が起こる。
　これらの交錯を避けるために，一般には道路管理者が関係者と協議決定し，各占用位置を定めている。
　したがって，掘削に当たっては事前に指示されたところ以外を掘削することはできない。
　一般的には配水本管は道路中央，配水支管は境界線から1～2mの範囲であることが多い。図1－18を参照されたい。

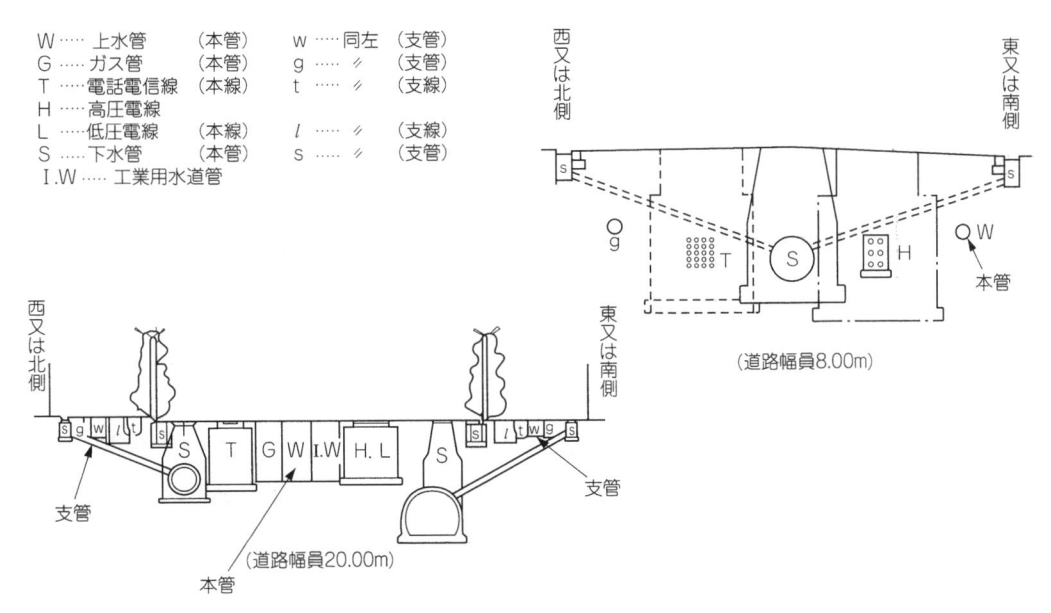

```
W …… 上水管     （本管）    w …… 同左  （支管）
G …… ガス管     （本管）    g …… 〃    （支管）
T …… 電話電信線 （本線）    t …… 〃    （支線）
H …… 高圧電線
L …… 低圧電線   （本線）    l …… 〃    （支線）
S …… 下水管     （本管）    s …… 〃    （支管）
I.W …… 工業用水道管
```

図1－18　道路占用地下埋設物配置標準図（大阪市の例）

3．4　直管の接合方法

(1) ダクタイル鋳鉄管

　ダクタイル鋳鉄管の継手には，K形，KF形，T形，U形，UF形，SⅡ形，S形，US形，PⅠ形，PⅡ形，フランジ形の11種があり，それぞれ接合部品，施工法が異なっているが，ここでは広く行われているK形，T形，KF形について解説する。

a．K形継手

① 管の表示マークを上にして，管を所定の位置に静かにつり下ろす。その際，ボルト孔の位置を中心より振分けにすると締付け作業が容易になる。ボルト孔の位置を図1－19に示す。

② 管を清掃する。

さし口外面約40cmの間及び受口内面，並びにボルト孔などに付着している油，砂，土，その他の異物をきれいに取り除く。

③ さし口に押し輪を預け入れる。

押し輪の前後，内外面，ボルト孔を清掃してゴム輪に当たる部分を継手に向け軽くまわしながら入れると容易に入る。

④ さし口外面，受口内面に滑剤（濃い石けん水）を塗る。

これによりゴム輪を傷めず，滑りがよくなるため作業が円滑に行える。

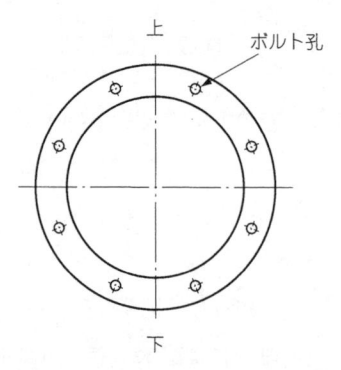

図1-19 ボルト孔の位置

⑤ ゴム輪の全面に滑剤を塗布し，さし口に預け入れる。ゴム輪の方向を間違えないようにして，さし口端面から15～20cmの位置に入れておく（図1-20）。

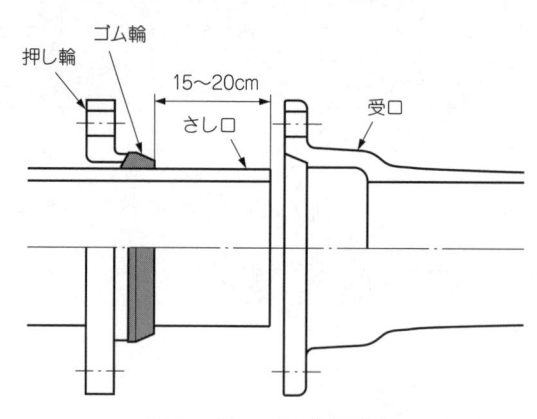

図1-20 ゴム輪の位置

⑥ さし口を受口内に挿入する。徐々に挿入して衝撃をさける。将来の管路の伸縮，たわみを考慮して，さし口端面と受口底面との間に数mmのすき間を開けておく（図1-21）。

⑦ さし口外面と受口内面とのすき間を上下左右できるだけ均等に保ち，ゴム輪を受口内の所定の位置に片寄らないように挿入する。

ゴム輪が入りにくい場合でも無理をしてゴム輪を傷つけないように注意して，十分滑剤を塗布し押し込む。

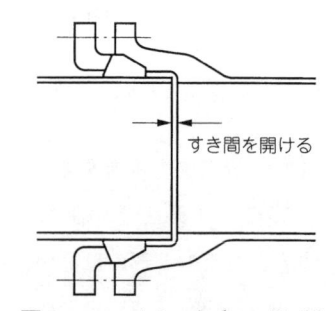

図1-21 さし口と受口の間げき

⑧ 押し輪をセットし，管と押し輪のボルト孔の中心を合わせる。押し輪とさし口外面の間にくさびを入れて，そのすき間を均等にする（図1-22）。

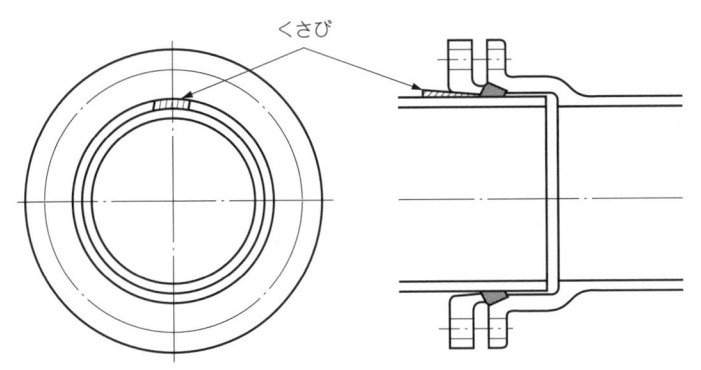

図1－22　押し輪のセット

⑨　ボルト・ナットを清掃する。
⑩　ボルト4本を対称の位置にさし込み仮締めし（図1－23），ゴム輪をほぼ所定の位置に挿入する。
　　もし，ボルトが短いときは補助ボルトを利用する。
⑪　補助ボルト使用の場合はそれを取り外し，正規のボルトを全部のボルト孔にさし込みナットを軽く締める。全部のボルト・ナットが入っていることを確認する。
⑫　スパナ又はラチェットレンチで図1－24のようにまず上下，次に両横のナットという順序で，ほぼ対称の位置にあるナットを少しずつ締め付ける。
　　一気に締め付けず，根気よく5～6回にわたりゴム輪が均等になるよう注意しながら全体に徐々に締め付けていき最後に規定トルクまで締め付ける。
　　締付けの際，ある1箇所だけ急に強く締め付けると片締めになるので注意する必要がある。
⑬　全部のナットが規定のトルクに達しているかどうかを順次確認する。一度，規定トルクまで締め付けてあっても隣のナットを締めると，またゆるみがちとなるから，最後は特に細かく数回にわたり，まんべんなく締め付けるようにする。図1－25のような順序で追い締めすると確実である。

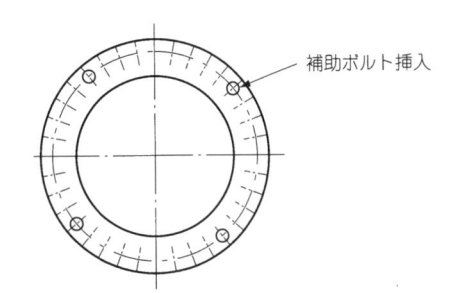

図1－23　仮締め

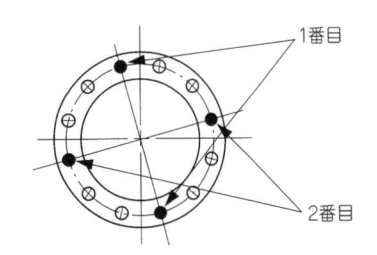

図1－24　ナットの締付け

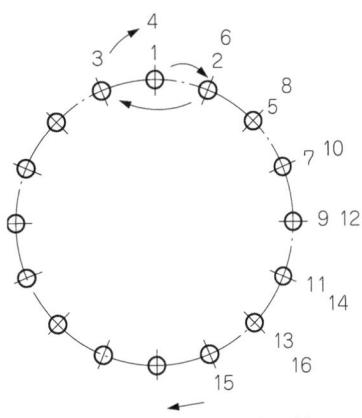

図1－25　ナットの追い締め

⑭ 適当な締付けトルクは表1-5のとおりである。

始めにトルクレンチで自分の腕の力の加減を体得しておき，その後もときどきチェックをし，正確な締付けを心掛けるべきである。

表1-5　ボルトの締付けトルク

ボルト寸法	締付けトルク（N-cm）	使用管径（mm）	レンチの柄の長さ（cm）
M16	6000	75	15
M20	10000	100～600	25
M24	14000	700～800	35
M30	20000	900～2600	45

⑮ ゴム輪が正規の位置にうまく入らなかった場合には，無理をせずに面倒でも始めからやり直しするのがよい。また，次例のような失敗をおかしやすいので注意する必要がある。

ⅰ　ボルトや管の清掃が不十分であったり締付けの際に小石などの異物をかんだりするとボルトが曲がり締付け不良になる（図1-26）。

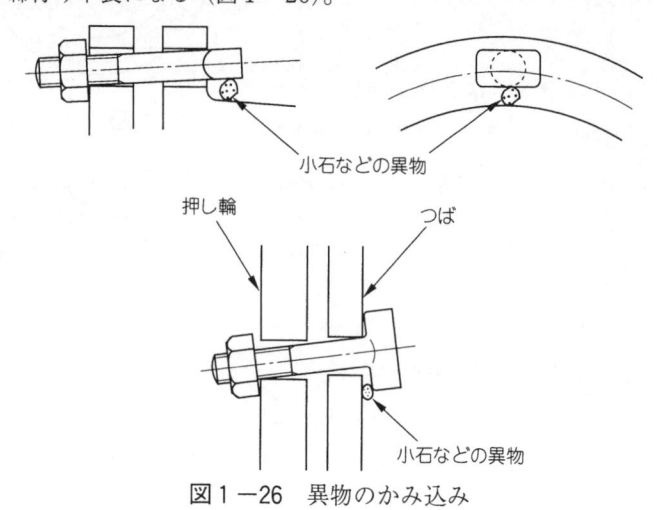

図1-26　異物のかみ込み

ⅱ　ボルトの頭がつばの付け根のR部に乗り上げると締付けが不完全になる（図1-27）。

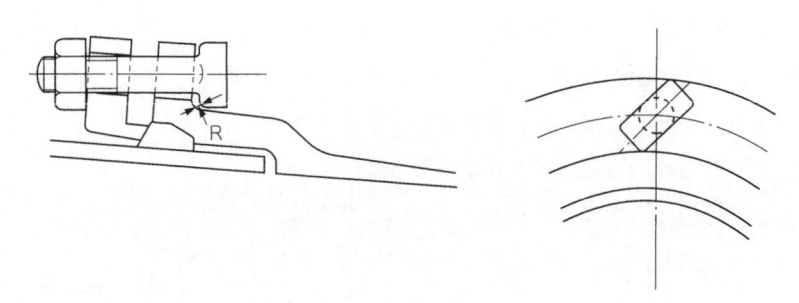

図1-27　ボルト頭の乗上げ

ⅲ 押し輪と受口の心が合っていないと押し輪の先端が受口のつば内面に当たり、ゴム輪の締付け不足になる心配がある（図1－28）。

ⅳ 押し輪と管のボルト孔の心が合っていないとボルトが曲がり、締付け不足になる（図1－29）。

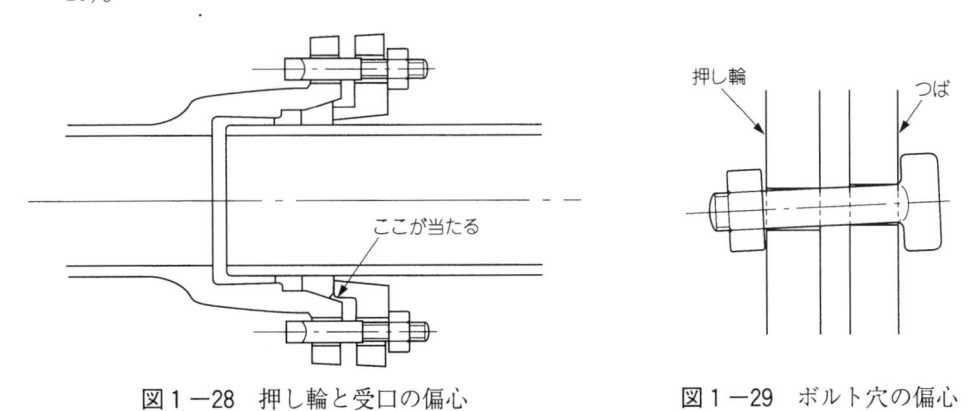

図1－28 押し輪と受口の偏心　　　図1－29 ボルト穴の偏心

⑯ 継手において管路を曲げる必要のある場合、許容される曲げ角度は表1－6のとおりである。しかし、将来の地盤変動を考慮して曲げしろはできるだけ内輪にするよう心掛けるのが好ましい。

　ただし、この場合、まず管を直線にセットし、ゴム輪を正常な位置にはめ込み、ボルトをある程度締め付けた後曲げ、続いて最終的に規定トルクまで締め付ける。

表1-6 許容曲げ角度

呼び径 (mm)	管1本当たりに許容される偏位 (cm)		許容角度	胴付間隔※ X (mm)
	4 m	6 m		
75	35	—	5°00′	8
100	35	—	5°00′	10
150	35	—	5°00′	15
200	35	—	5°00′	19
250	28	—	4°00′	19
300	23	35	3°20′	19
350	34	50	4°50′	31
400	29	43	4°10′	31
450	27	40	3°50′	31
500	23	35	3°20′	31
600	19	29	2°50′	31
700	17	26	2°30′	32
800	15	22	2°10′	32
900	14	21	2°00′	32
1000	13	19	1°50′	33
1100	11	17	1°40′	33
1200	10	15	1°30′	33
1350	9	14	1°20′	33
1500	8	12	1°10′	32
1600	10	—	1°30′	43
1650	10	—	1°30′	44
1800	10	—	1°30′	48
2000	10	—	1°30′	54
2100	10	—	1°30′	56
2200	10	—	1°30′	59
2400	10	—	1°30′	64
2600	10	—	1°30′	70

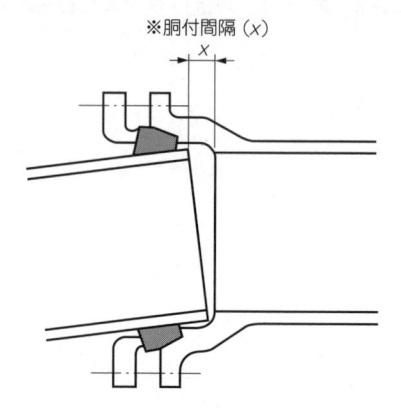

※胴付間隔 (x)

b．T形継手
① 受口内面の溝，さし口外面の白線部分まで，及びゴム輪をきれいに清掃する。
② ゴム輪の丸い方（バルブ部）が奥になるように，受口内面にはめ込む（図1－30）。ゴム輪の装着は掘削溝内で行うよりも，地上で装着後つり下ろす方が作業が容易である。

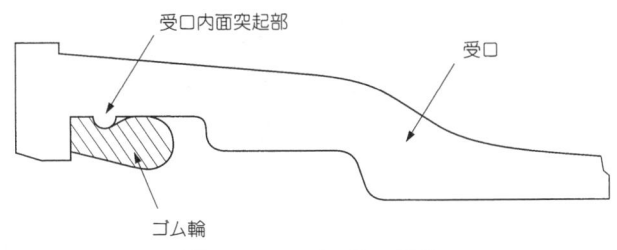

図1－30　ゴム輪の挿入

③ さし口の先端から白線までの間とゴム輪の内面に滑剤（濃い石けん水）を塗布する（図1－31）。グリース，油類はゴム輪を劣化させ，水質に悪影響を及ぼすので使用してはならない。

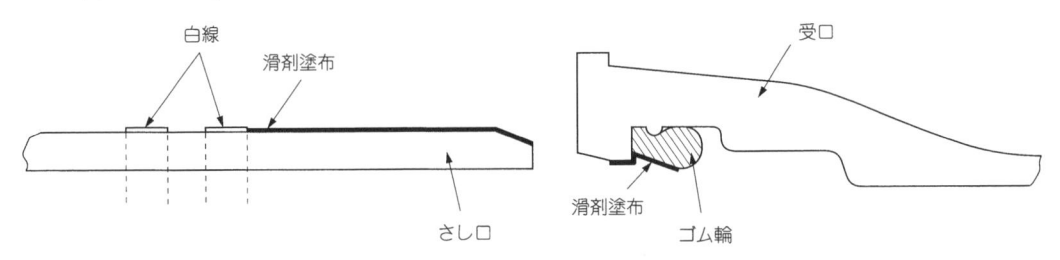

図1－31　滑剤塗布

④ さし口端のこう配部がゴム輪内面のこう配部に正しく当たるようにセットする（図1－32）。

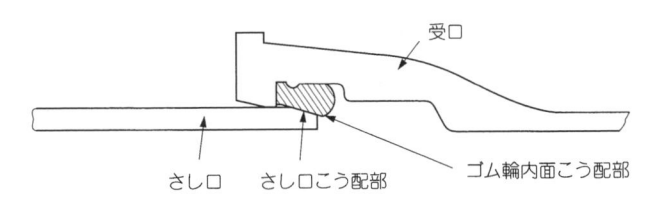

図1－32　さし口のセット

⑤ 接合器具を用いて管を接合する。小口径（200mm以下）ではフォーク，大口径ではジャッキを用いる。
　i　フォークを使用する場合は，さし口にワイヤロープを巻きつけ，受口側にセットしたフォークに一端を引掛け手前に引くと管が挿入される（図1－33）。
　ii　ジャッキを使用する場合は，受口にワイヤロープ又はチェーンでジャッキを固定し，さし口側に巻きつけたワイヤロープを

図1－33　フォークによる挿入

これに連結し，レバーを操作して挿入を行う（図1-34）。

図1-34　ジャッキによる挿入

⑥　挿入する深さは，さし口に印された2本の白線のうち，1本が受口内にかくれ，他の1本が見えている状態とする（図1-35）。また，切管した場合は接合前に表1-7の位置へチョークなどで白線を記入し，同様の方法で接合する。

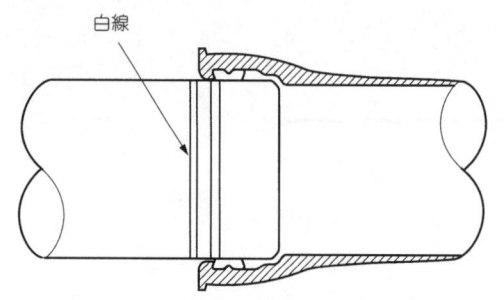

図1-35　接合後の正しい状態

表1-7　白線の位置

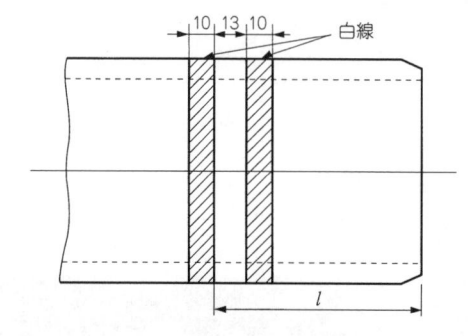

単位mm

呼び径	寸法（l）
75	78
100	82
150	88
200	95
250	98

⑦　受口とさし口のすき間に薄板を数箇所挿入し，ゴム輪が正しく挿入されていることを確認する（図1-36）。

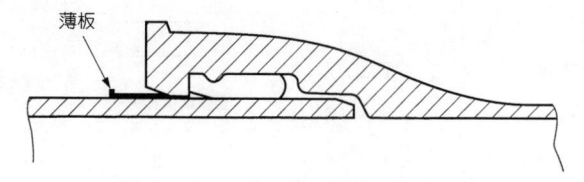

図1-36　ゴム輪の挿入チェック

c．KF形継手

　KF形は，曲管の上・下流のように管に抜出し力が作用するような箇所で抜出しを防止するために行う接合方法である。

① 　さし口外面（管端から約40cm）とさし口溝，受口内面，セットボルトねじ孔をウエス，ワイヤブラシなどで清掃する。

② 　さし口溝内にロックリングをはめ，リング外周に帯鋼をかけ，荷造用絞り器で帯鋼を締め上げ，リングを完全にさし口溝に圧着させた状態でロックリング切断面のすき間を測定・記録する。このデータは接合後の確認に用いる。これが終わったら帯鋼を外して解体する（図1－37）。

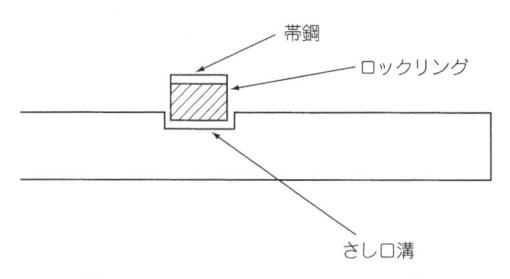

図1－37　ロックリングの挿入①

③ 　ロックリングの切断面をコイル状に重ね合わせ，受口の溝に収める。その際，切断面はタップ孔の中間にくるよう調整する（図1－38）。

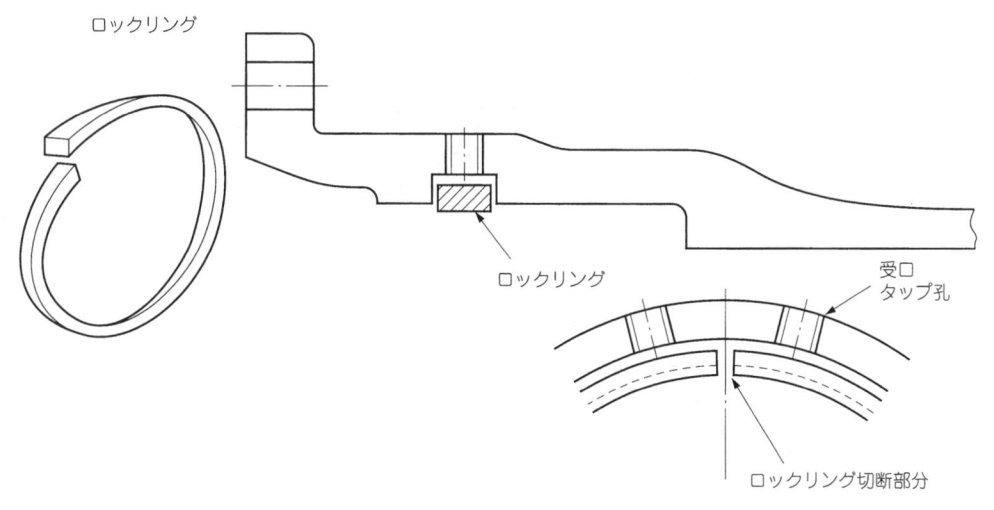

図1－38　ロックリングの挿入②

④ 　ロックリングの切断面に拡大器具を挿入して押し広げ，リングが受口溝内に収まるようにする（図1－39）。

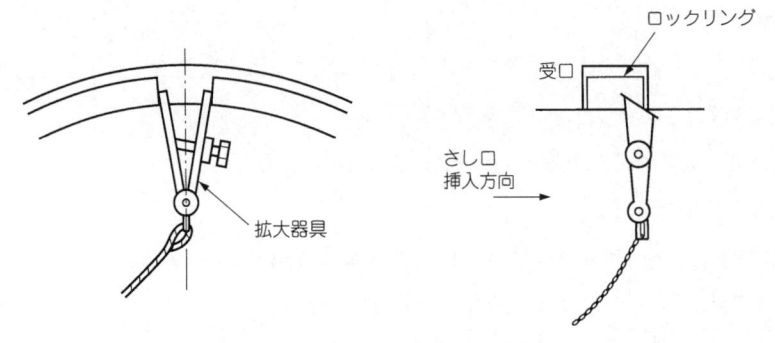

図1-39　ロックリングの拡大

⑤　拡大器具のひも（長さ10mぐらい）を，これから接合しようとする管のさし口の方から管内を通し，反対の受口の方から外へ出しておく。
⑥　押し輪を清掃し，接合しようとする管のさし口へはめる。
⑦　ゴム輪の全面に滑剤を塗布し，ゴム輪先端の球形部分がさし口管端から20～25cmになるように挿入する。
⑧　受口，さし口の心出しを行って，まっすぐ静かにさし口を受口内へ挿入する。さし口先端がロックリングを越えると，拡大器具は自動的に外れて管内へ落ちるので，ひもを引いて管外へ取り出す（図1-40）。

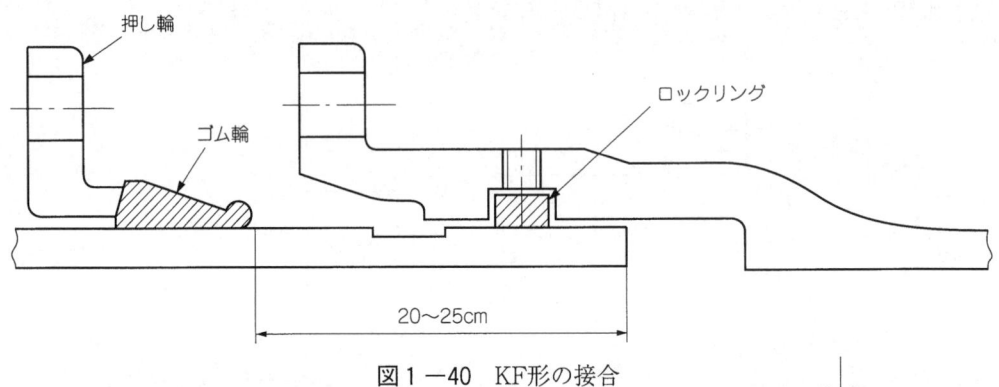

図1-40　KF形の接合

⑨　さらにさし口を押し込むと，ロックリングはさし口の溝にはまり込み，ガチッという音とともにさし口を抱く格好になる。
⑩　ロックリングがさし口の溝にはまり込んだのを確認し，セットボルトをねじ込み，ロックリングを締め付ける。締め付ける順序は，図1-41に示すようにリングの切断面の反対側から締付け，順次切断部分に向かって両側を

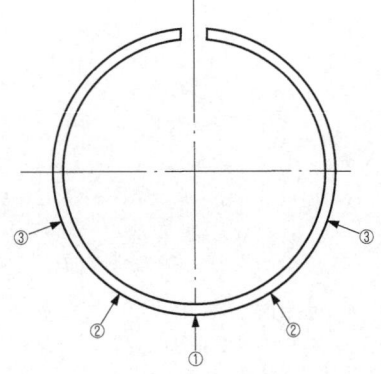

図1-41　セットボルトの締付け順序

均等に締めていく。

⑪ 受口,さし口の偏心がないかを確認し,偏心しているようならセットボルトで調整する。

⑫ すき間からロックリング切断面のすき間を測定し,前に②で測った数値と同じか,それより小さいことを確認する。

⑬ セットボルトのまわりを掃除し,滑剤を塗りシールキャップをかぶせ,キャップと受口外面のすき間が1～1.5mmになるまで締め付ける(図1-42)。

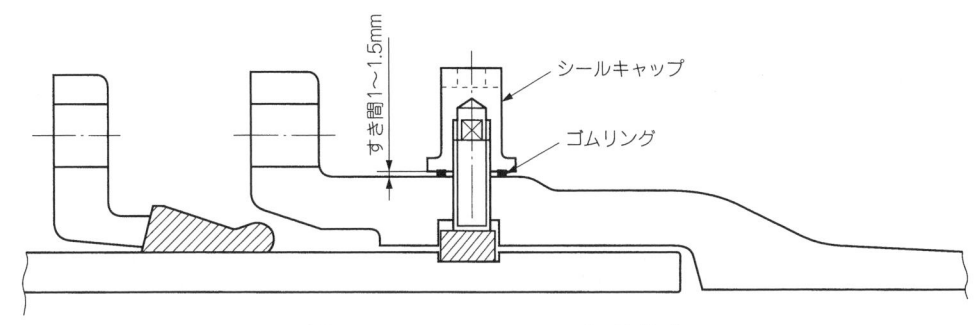

図1-42 シールキャップの取付け

⑭ ボルト・ナットで押し輪を追い込み,ゴム輪を締め付けて完成する(図1-43)。この際,K形と同様締付けトルクの管理を行う必要がある。

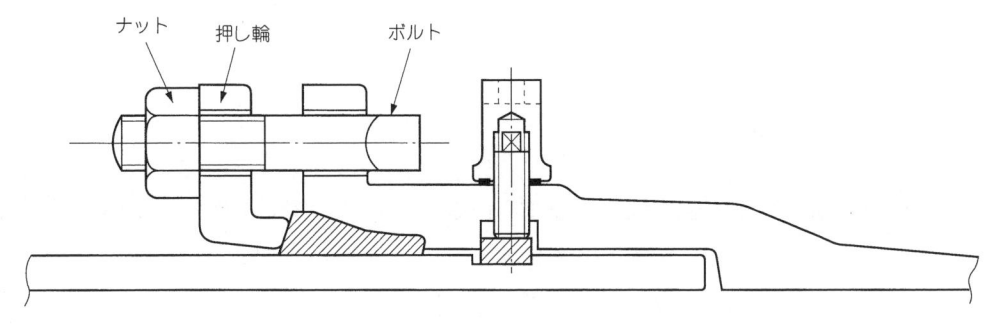

図1-43 接合完成図

(2) 鋼　　管

鋼管の継手は,一般的に溶接継手で突合せ溶接するが,フランジ継手,伸縮継手が併用されている。このほか,ねじ継手があるが,配水管のような比較的大口径管では使用されない。

a．溶接継手

アーク溶接で2本の管を接合するものであるが,図1-44に示すように管径,管厚によって3種類の開先形状が指定されている(JIS G 3443,JWWA G 117)。

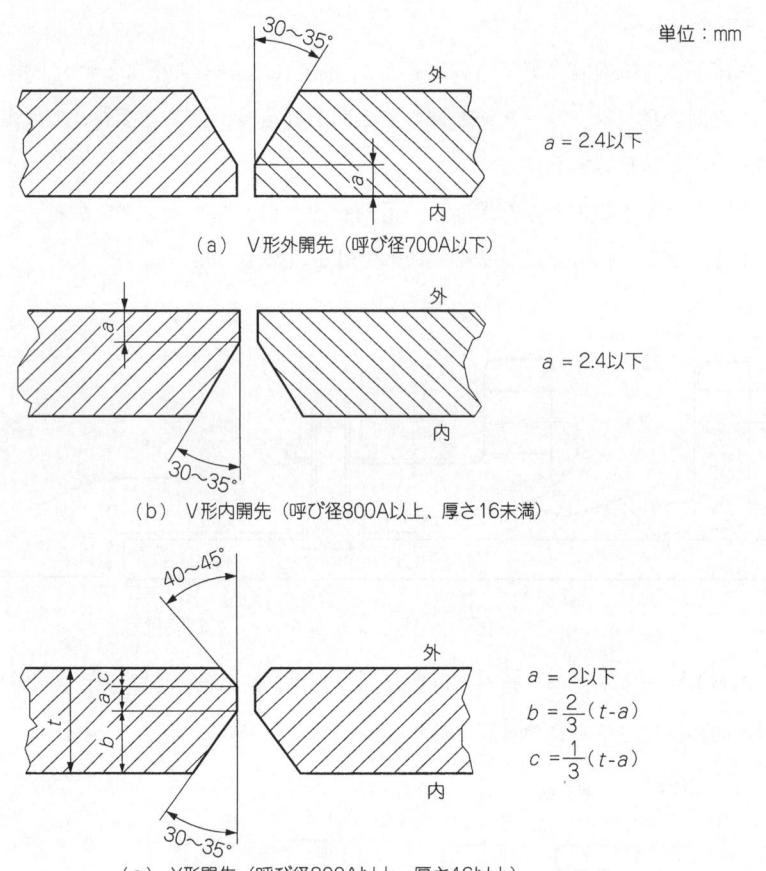

単位：mm

(a) V形外開先（呼び径700A以下）
$a = 2.4$以下

(b) V形内開先（呼び径800A以上、厚さ16未満）
$a = 2.4$以下

(c) X形開先（呼び径800A以上、厚さ16以上）
$a = 2$以下
$b = \frac{2}{3}(t-a)$
$c = \frac{1}{3}(t-a)$

図1－44　開先形状

図1－44(a)は外面より片面溶接するが，裏側（内側）に溶接不完全部分が残るのが難点である。図(b)，図(c)は中に作業者が入って，内面を先に溶接し，次に外面から裏はつり（ガウジング）を行って溶接不完全部分を取り除き，次に外面溶接を行う（図1－45）。

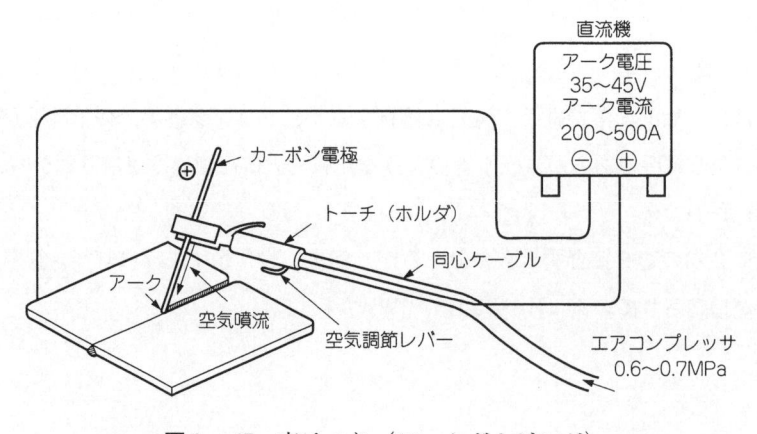

図1－45　裏はつり（アークガウジング）

溶接棒は，JIS Z 3211による軟鋼用被覆アーク溶接棒を使用するが，イルミナイト系のD 4301が作業性がよいとされている。現場溶接を行った管は，X線による透過検査（WSP 008）を行うが，シールド工法などによるトンネル配管などで透過写真法が困難な場合は超音波探傷検査でこれに代えることができる。

配水管に用いられる中・大口径の鋼管は，溶接継手を前提として製作されているので，管内外面の塗装，塗覆装，ライニングなどは管端の内外面を一次プライマーを塗布した状態で塗り残してある。したがって，現場溶接が完了したら，工場で行った塗装，塗覆装，ライニングと同じ材料で内外面の処理を行う必要がある。最近は，外面の塗覆装を現場で簡単に施工できるようなテープ又はシート状の被覆材が開発されている。これをジョイントコートと呼び，日本水道鋼管協会（WSP 012）で規格化されている。

なお，この溶接継手と，次のフランジ継手を現場溶接するに当たっては，その作業者はJIS Z 3801に規定された技術検定合格者か，同等以上の資格（例えば，石油学会JPI 7S-31，日本海事協会（NK）規格に合格）者に限られる。

b．フランジ継手

配水管に使用されるフランジは，JIS G 3451のF 125と呼ばれる形式で，前記のダクタイル鋳鉄管の7.5Kのフランジ（JIS G 5527）と同寸法となっており，相互に接続できるようになっている。形状を図1−46に示す。

接合のときは，液状パッキンでガスケットをフランジ面又はフランジ溝に張りつけ，面どうしの芯（しん）を合わせながらボルトを挿入し，上下，左右のように対角線に当たるボルト・ナットを順に締めていき，最後に片締めのないように，規定の長さのレンチ，スパナで締め上げる。

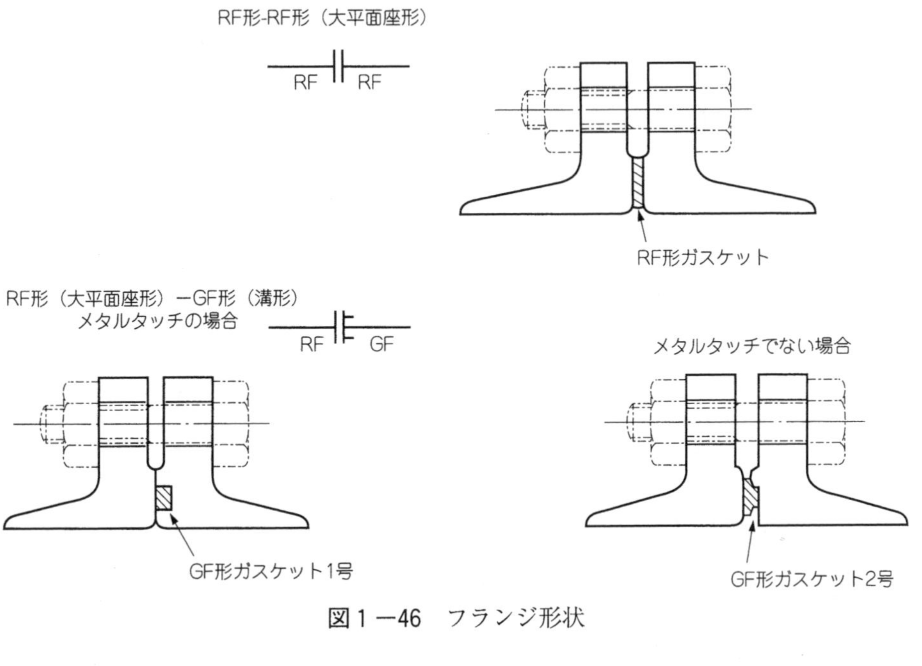

図1−46 フランジ形状

c．ハウジング形管継手

この継手は若干の伸縮と曲げを許容できる構造で，各種の形式があるが，管端にリング（ショルダカラー）を溶接したショルダ型（図1－47(a)），溝を切ったグルーブ型（図(b)）が一般的である。いずれも石けん水などを塗って滑りをよくした軟質ゴムを接合しようとする両管端にはめ，二～八つ割りの鋳鉄製ハウジングで押さえ，ボルト・ナットで締め込む。このとき，二つ割り以上のものはあらかじめボルト・ナットで組み立てておくと施工しやすい。

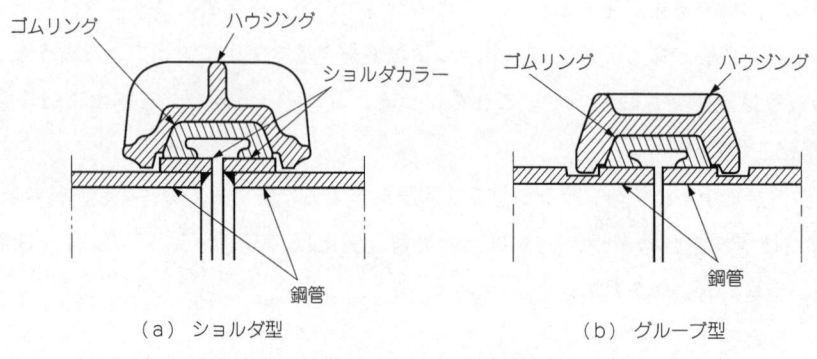

（a）ショルダ型　　（b）グルーブ型

図1－47　ハウジング形管継手

d．水道鋼管用メカニカル継手

比較的低い使用圧力で，かつ地盤が良好である埋設配管に使用されるもので，WSP 038で規定されている。T，UG，Nの3種類があり（図1－48），鋼管に加工も施さず接合することができる。

T継手，UG継手は二～四つ割りのハウジングでゴムリングと2個の鋼製つめリング，又はグリップバンドをかかえ込んで，管相互の抜け出そうとする力をリング，バンドが防止するような構造となっている。

N継手は，ダクタイル鋳鉄管のK形継手を背中合わせにしたような構造で，抜け出し防止の構造ではないが伸縮性，可とう性は大きい。

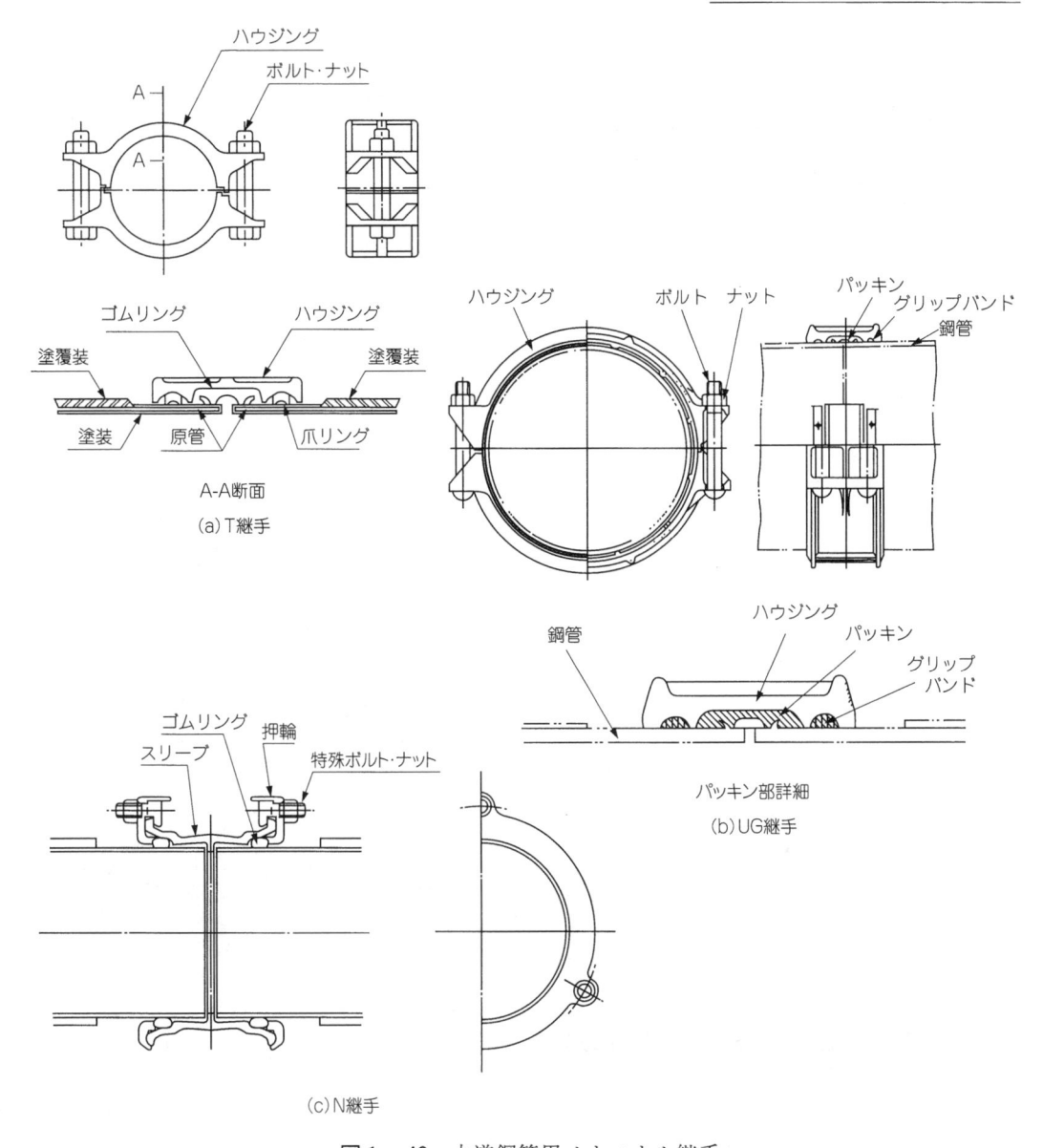

図1-48 水道鋼管用メカニカル継手

e．その他の継手

その他，よく用いられるものに次のような継手がある。

図1-49(a)はメカニカル形管継手と呼ばれ，原理はN継手と同じであるが，ボルトが貫通形である点が相違する。図(b)はクローザジョイントと呼ばれ，ハウジング形管継手を2個用いて中間にスリーブ管をはさんだような構造となっている。さらに，このセットを2組直列につないだユニバーサル形もある。図(c)はマルチデフ形と呼ばれる呼び径2000mm以上の大口径管に使用されるものである。図(d)はベローズ形で，ステンレス製の伸縮・可とう性をもったベローズを使用したものである。

(a) メカニカル形管継手

(b) クローザジョイント

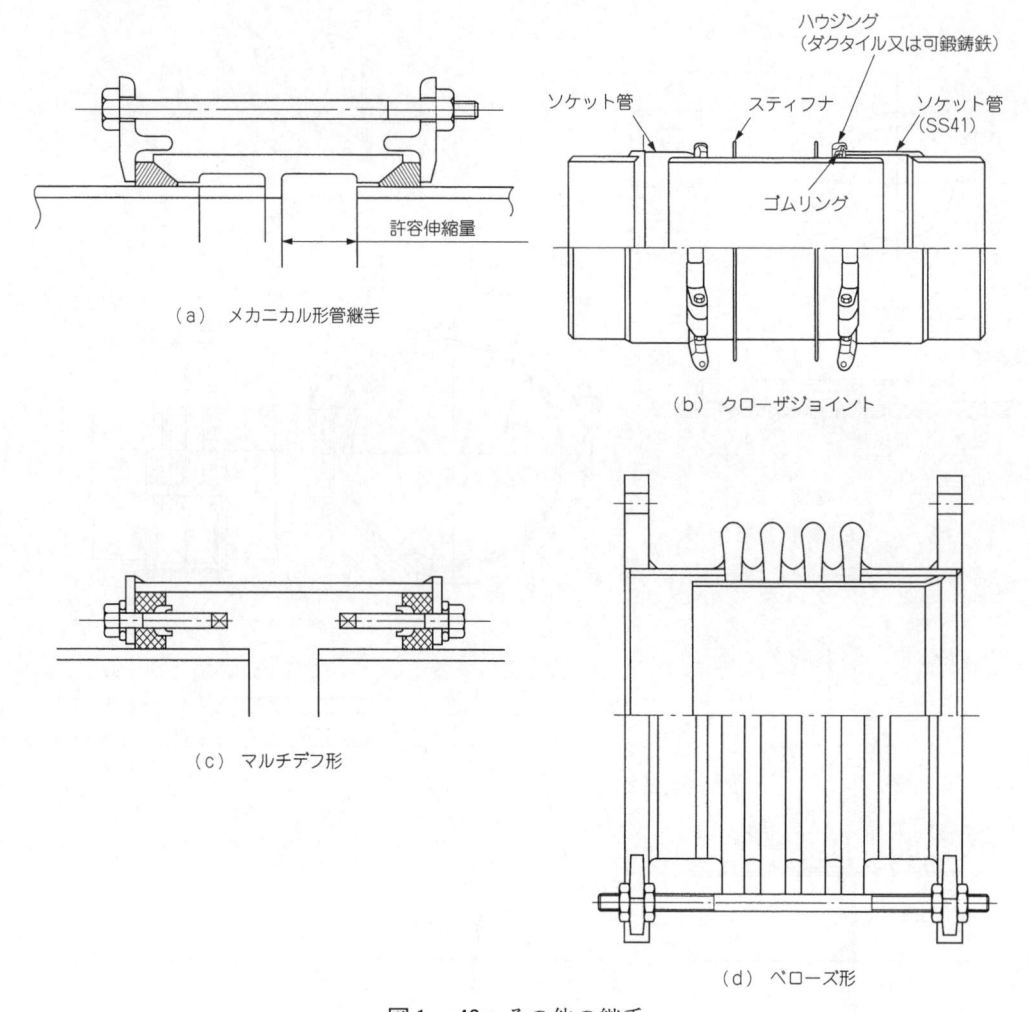

(c) マルチデフ形

(d) ベローズ形

図1-49 その他の継手

3.5 河川, 橋, 軌道下などの横断の方法

(1) 河川, 橋

河川や水路などを管が横断する方法には, 河川上を管が横断する方法 (上越し横断) と, 川底を通す方法 (伏せ越し横断) の2種類がある。

上越し横断には, 一般の道路橋を利用した橋梁 (きょうりょう) 添架, 水道管専用橋の架橋, また管自体を主桁 (けた) とする水管橋によるものなどがある。

いずれの場合も, 重量の軽減と耐振動性の点から一般に鋼管が使用される。特に水管橋は管自体を1本の桁 (けた) として利用するため鋳鉄管は使用できない。

橋梁添架の場合は, 橋梁可動端部に伸縮継手を, また必要に応じてたわみ性の継手を設ける。水管橋においても橋台部の立上がり管付近にたわみ性のある伸縮継手が必要である。いずれも, 最も

高い位置に空気抜き弁を設ける。

　伏せ越し横断には，川底を開削して管を布設する締切工法，川底をしゅんせつ（浚渫）船で掘削し，先に接続しておいた管を沈めていく沈埋工法，川底下を開削せずに，さや管又は配水管自体をジャッキなどにより軸方向に推進させる推進工法，他に大規模な場合にはシールド工法などがある。

　いずれも計画に当たっては，先に河川管理者と協議するなどして，いずれの構造，工法を採用するか総合的な検討が必要である。

（2）軌　道　下

　軌道下配管は一般に非開削工法による場合が多く，推進工法又はシールド工法による。

　推進工法は以下のように分類される。

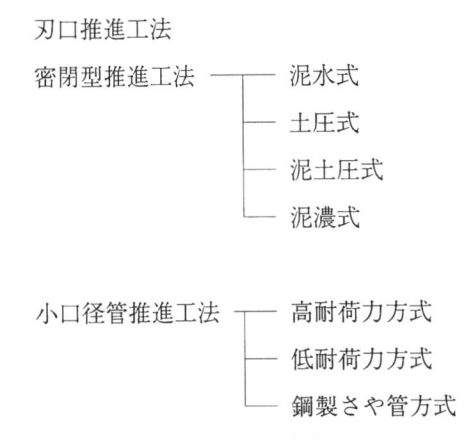

```
刃口推進工法
密閉型推進工法 ─┬─ 泥水式
              ├─ 土圧式
              ├─ 泥土圧式
              └─ 泥濃式

小口径管推進工法 ─┬─ 高耐荷力方式
                ├─ 低耐荷力方式
                └─ 鋼製さや管方式
```

　推進工法のイメージを図1-50に示す。まず発進立坑と到達立坑を掘削し，発進立坑に推進装置を設置する。各立坑の深さは約4〜10mで，土質と周辺の状況などにより定める。推進装置に推進管と先端カッタを取付け，これを回転させながら掘進していき，推進管が土中に押し込まれたら順次推進管を継ぎ足す。

　刃口推進工法は，カッタで排出された土砂を人力で搬出するので，地山が良好でないと施工が難しく，現在ではあまり用いられない。

　密閉型推進工法は推進管の呼び径が800mm以上の場合に用いられ，カッタの構造と掘削土砂の搬出方法により泥水式以下の4種類に分類される。図1-51に泥濃式の例を示すが，この例ではカッタで掘削された泥土を真空装置で吸い上げ，泥土処理装置で残土と泥水に分離し，泥水は再度カッタに送られ滑材として再利用される。

　小口径管推進工法は，推進管の呼び径が700mm以下の場合に用いられる。このうち高耐荷力方式とは推進管にダクタイル鋳鉄管・鉄筋コンクリート管・陶管を使用するもので，推進管の先端に直接カッタを取付け，推進力は推進管が受け持つ工法である。これに対し，低耐荷力方式は硬質塩化ビニル管を使用し，カッタは直接管に取り付けるのではなく管の中に通した推進ロッドに取り付け，

カッタの推進力はロッドが受け持ち，管は外周の抵抗力を負担する。鋼製さや管方式は鋼管を推進管として使用し，管が貫通したら鋼管内に硬質塩化ビニル管を敷設するものである。土砂の排出方法は密閉型推進工法と同様又は類似のものである。

シールド工法は，いわゆる大形のトンネル工事であり，地下河川のような大形施設以外には用いられない。

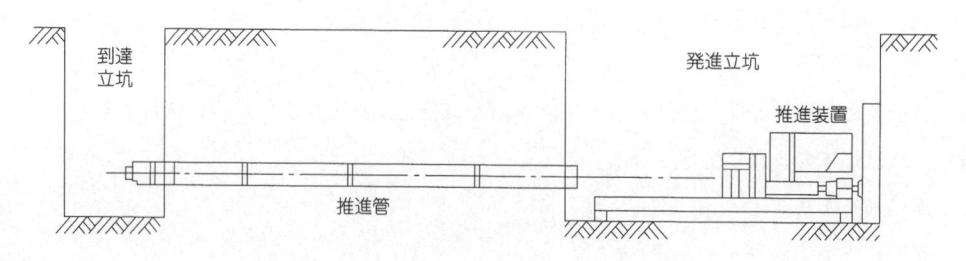

図1-50　推進工法

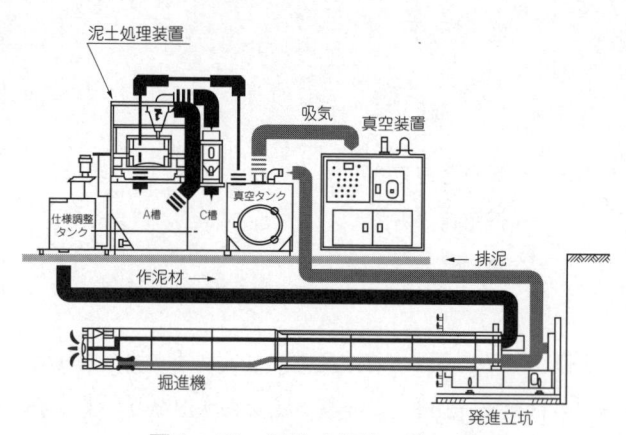

図1-51　泥濃式推進工法の例

第4節　受水槽及び高置水槽

4.1　受水槽及び高置水槽施工上の留意事項

水槽類の設置に当たっては，まず水質汚染の防止，保守管理，配管上の問題，耐震措置などを考慮して位置を決定する。また，構造その他に関し，国土交通省告示により細部まで規制されているので注意が必要である。

（1）水質汚染の防止
① 水槽は独立した構造物とし，建築物の壁の床などを兼用してはならない。
② 水槽の排水管，オーバフロー管などは，直接建物の排水管に接続せず，間接排水とする。ま

た，管端から昆虫などが入らないように，防虫網を取り付ける。通気管も同様とする。
③ ポンプ，ボイラ，空気調和機など漏水の恐れがあるものは，水槽上部に設置するのは避ける。
④ 受水槽に付属したマンホールの上縁は，水槽上部より10cm程度立ち上げ，雨水などの浸入を防ぐ。
⑤ マンホールには，容易に開閉ができないように施錠する。
⑥ 設置時の注意事項は，図1－52による。

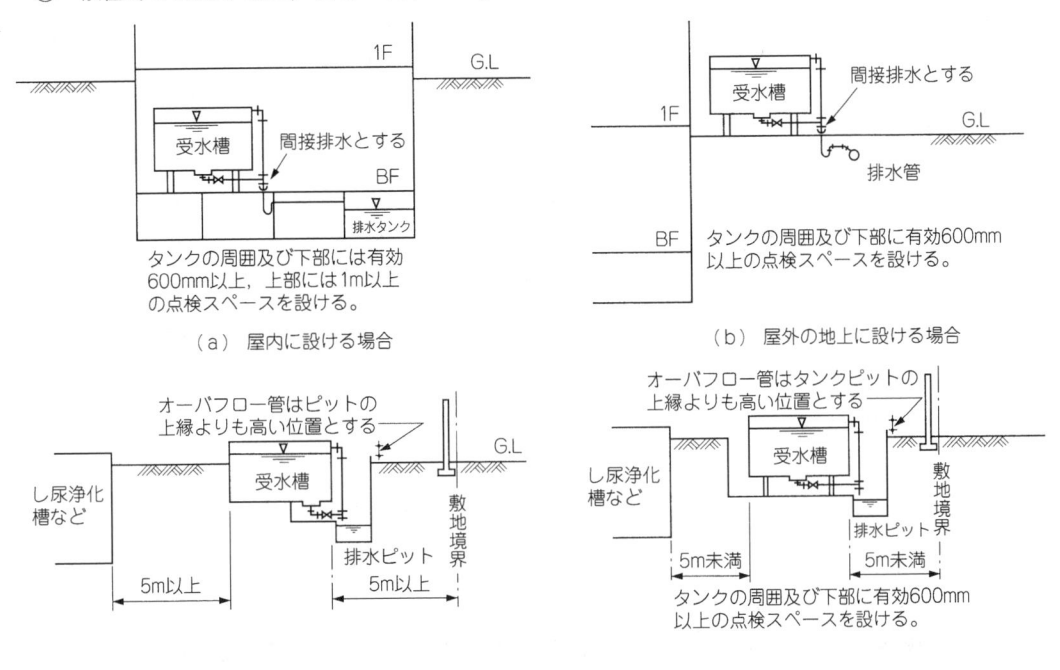

（a）屋内に設ける場合
タンクの周囲及び下部には有効600mm以上，上部には1m以上の点検スペースを設ける。

（b）屋外の地上に設ける場合
タンクの周囲及び下部に有効600mm以上の点検スペースを設ける。

（c）屋外の土中に設ける場合で，し尿浄化槽などや敷地境界から5m以上離れている場合

（d）屋外の土中に設ける場合で，し尿浄化槽などや敷地境界から5m未満の場合

図1－52　受水槽の設置

（2）保守管理

① 保守点検作業のできる空間をとるため，受水槽などの設置は図1－53に示すような位置とする。
② マンホールは，内部の点検清掃が容易にできるように，直径60cm以上の円が内接できる大きさとする。
③ 水槽底部は清掃の際，残水がないようにこう配をつけ，完全に排水できるようにする。

（3）配管上の留意点

① 施工不良又は管の腐食などの原因による漏水が水槽内に入ることを防ぐため，水槽上部には空調設備，消火設備など，給水管以外の配管を通さない。
② 給水管は，給水管以外の管と接続しない。
③ ＦＲＰ製の水槽に給水管などを接続するときは，防振継手を介して接続する。

④ 給水管といっ（溢）水面とは，管径の２倍以上の吐水口空間をとる。

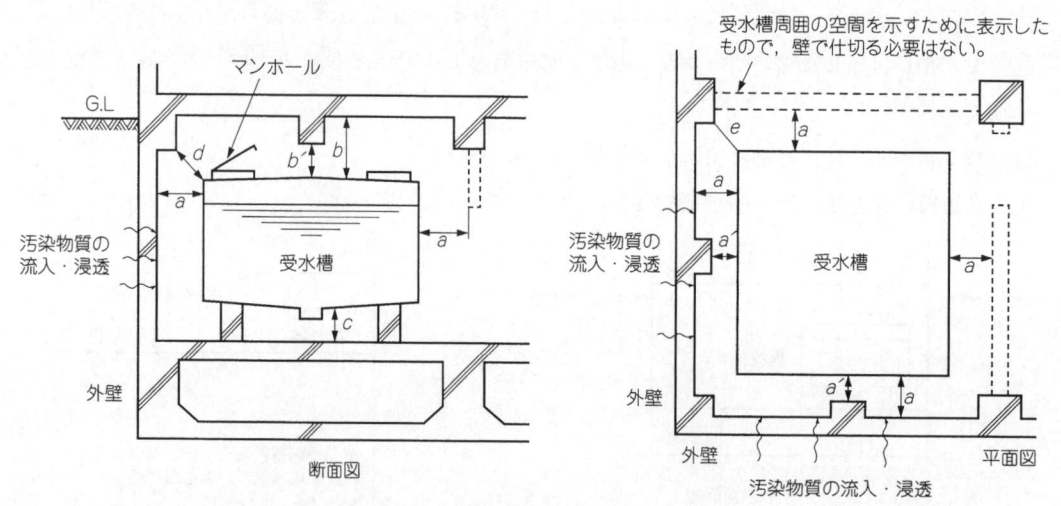

a, b, c のいずれも保守点検が容易にできる距離とする（標準的には $a, c \geqq 60cm, b \geqq 100cm,$）。また梁・柱などはマンホールの出入りに支障となる位置としてはならず，a', b', d, e は保守点検に支障のない距離とする（$\geqq 45cm$）。

図１−53　受水槽の設置位置の例

4．2　受水槽の位置

受水槽の設置位置は，図１−52に示す場所又は図１−53に示す空間があれば，屋外若しくは屋内いずれの場所にも設置することができる。ただし，道路からの水道引込み管の近くで衛生上及び美観上さしつかえない場所が望ましい。

また，水槽と揚水ポンプはなるべく近い所に設置する必要がある。吸水管の配管長が長くなると，吸込圧力が低くなることにより，円滑な揚水ができなくなる原因になる。

受水槽設置上の留意事項の要約は，次のとおりである。

① 周囲に，ごみ，汚物置場，汚水槽などのない，衛生的なところ。
② わき水，たまり水，雨水などによる影響をうけないところ。
③ 下水管，排水管，その他給水管以外の管がその上を通らないところ。
④ ボイラその他の機械類や給湯管が，近くにないところ。
⑤ 風通しがよく湿気の少ないところ。
⑥ 点検修理が容易なところ。

4．3　ボールタップの位置

一般に受水槽までは，水道水の圧力により自然給水し，ボールタップ（定水位弁）により常時一定量を貯水する。

ボールタップは，図１−54に示すようなもので，一般には浮球の昇降によって自動的に弁を開閉

させる機構のもので，単式，複式，副弁付きなどがある。

いずれも作動のためと，ボールタップの吐水口空間などのため，上部に満水面から25〜30cmの空間を必要とし，これによりボールタップの取付け高さが決定される。

また，水圧低下などによる給水事情の悪い地域にあっては，他の直結給水建物と同様な条件にするため，ボールタップの位置を，地上1.5m以上に設定するなど，制約をうける場合もある。

地盤面下に受水槽を設置する場合は，吸引作用によって他の建物への給水管水圧が低下し障害が発生することがある。これを防止するため，弁の開閉にある程度の圧力を必要とするボールタップもある。

特殊な構造のものを除き，ボールタップの吐水口端は吐水口空間を設ける必要上，満水面以上に開口させる。そのため水流による水面の波動により浮球が上下しボールタップが開閉動作を繰り返してウォータハンマを起こす可能性がある。この防止方法としては，浮球が波の影響をうけないように，波除け板を設けるか，エアチャンバを取り付けるなどの方法がある。

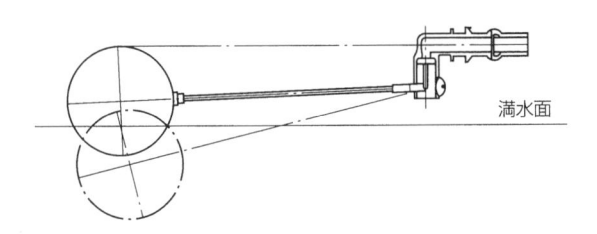

図1－54　ボールタップ

図1－55に副弁付きボールタップの動作について，また図1－56に副弁付きボールタップの設置例を，図1－57に波除け板設置例をそれぞれ示す。

開動作

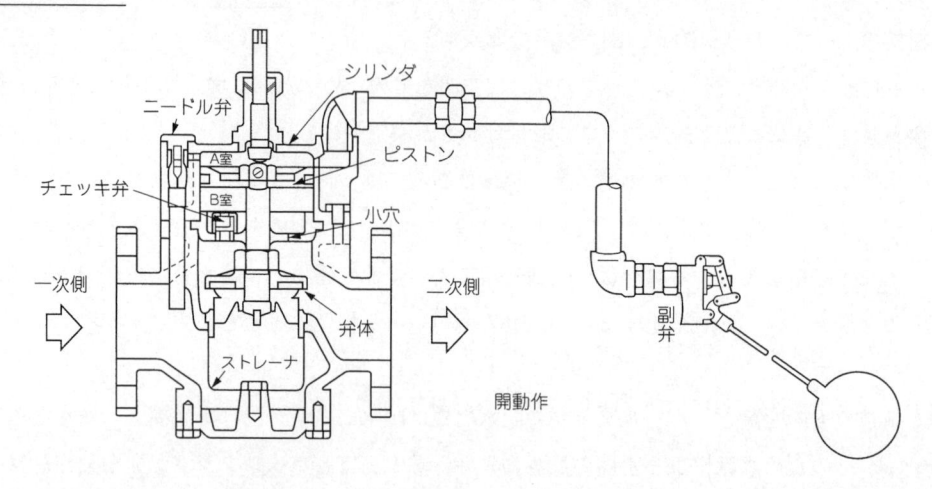

<閉→開>
1. 副弁が開きシリンダA室の水は放水される。
2. それによりシリンダA室の圧力は一次側（給水圧）圧力より低くなり、弁体及びピストンが押し上げられ二次側（受水槽）へ給水される。
3. 給水中はチェッキ弁を押し上げ、シリンダB室にも水は入り、またニードル弁を通してシリンダA室、副弁へと少量の水が流れている。

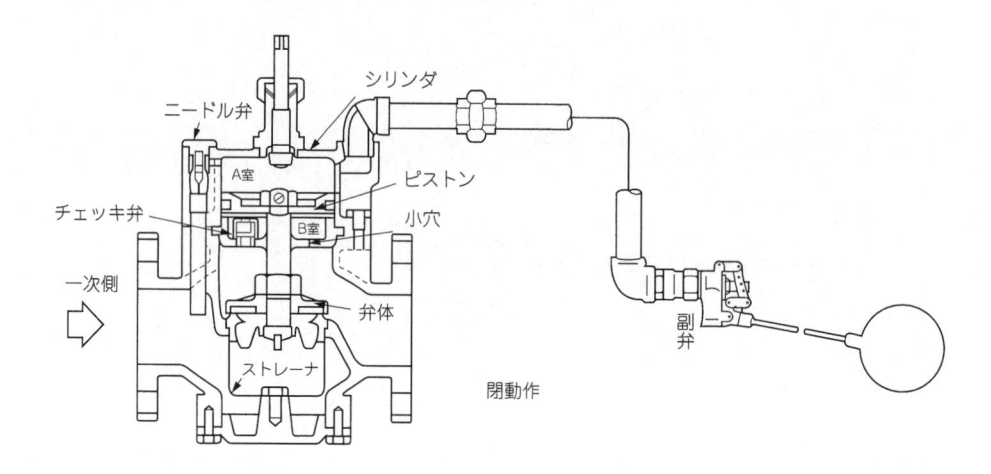

閉動作

<開→閉>
1. 受水槽の水位の上昇に伴い、やがて副弁が閉鎖する。
2. シリンダA室の圧力が一次側圧力と徐々に同圧になっていくと同時にシリンダB室のチェッキ弁も降下する。
3. ピストンと弁体の面積の比（ピストン≧弁体）により、弁体は押し下げられ、同時にシリンダB室の水も圧縮され、シリンダの小穴より徐々に放水され、それにより弁体の降下速度を緩め徐々に閉止してゆく。

図1－55　副弁付きボールタップの動作

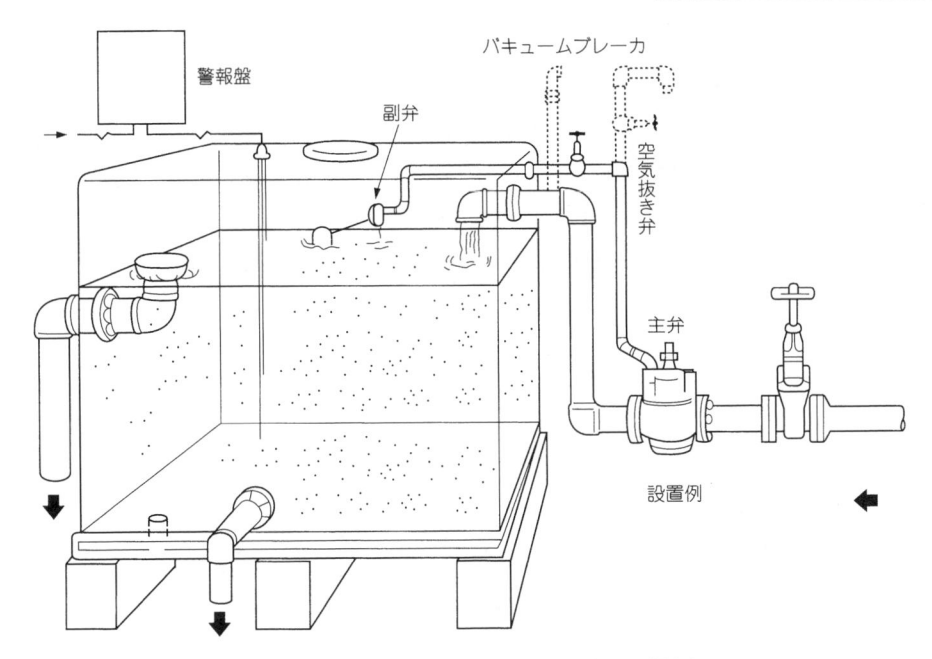

図1-56 副弁付きボールタップの設置例

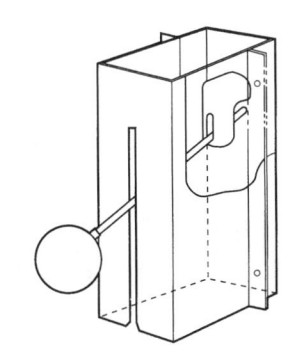

図1-57 波除け板設置例

4.4 高置水槽回りの配管接続方法

建物の給水方式のうち，4～5階以上の高層建築物には従来高置水槽に貯水された水を重力により下層階に給水する下向給水方式が多く採用されていた。最下階に設置される圧力タンク方式，ポンプ直送方式に較べ最下階から屋上最高部までの揚水管にかかわる配管費，その他に要する費用がかさむが，給水圧力が一定であるほか，ポンプ作動時間の短縮，必要動力の節減などの利点がある。しかし，最近は高置水槽内における水の腐敗，微生物・藻類の繁殖など，主として衛生上の問題から圧力タンク方式，ポンプ直送方式が推奨されるようになってきている。

高置水槽の設置高さは，その建物の最上階の給水器具のうち，その作動に要する必要圧力と，管内その他の摩擦損失水頭を合計したもの以上の高所に設置する必要がある。

周囲その他の必要間隔などは、受水槽の設置位置と同様に考えればよい。

高置水槽回りの接続配管及び、必要計器などについて次に述べる。

(1) 揚水管

地表近くに設けられた受水槽から、揚水ポンプを経て、高置水槽に接続される管を揚水管といい、通常揚水ポンプと同管径若しくは一回り大きい管径とする。

高置水槽の満水面は、一般に受水槽の満水面と同様に、水槽上部から下へ25～30cmの空間を必要とし、吐水口空間をとるために、揚水管はオーバフロー管上縁よりさらに上方に開口する。

管の接続箇所には、耐震対策として、合成ゴム製などの防振継手を使用する。

揚水管の水槽接続部に仕切弁は必要ない。ただし、水槽の修理取外しなどのため、フランジ又はユニオンによる接続が必要である。図1－58に揚水管入口の高さの例を示す。

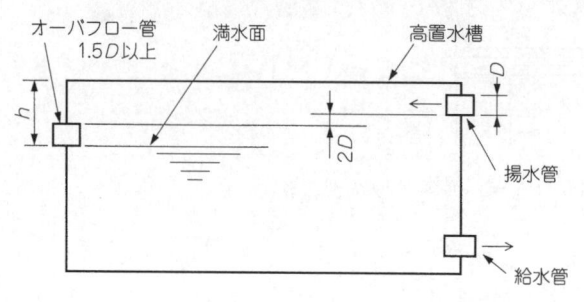

参考値	
高置水槽容量	
1～6m³	$h=200$mm
7～30m³	$h=300$mm
31～60m³	$h=450$mm
61～120m³	$h=550$mm

図1－58 揚水管入口高さの例

(2) 給水管

高置水槽から建物に給水するための主管を給水管といい、通常水槽の側面で、構造上取り付けできる最下部に開口する。揚水管と同様に、防振継手を介して接続し、なるべく水槽に近い位置に、仕切弁を取り付ける。

揚水管と同じように、配管にかかる荷重が、タンクに直接に影響しないように、配管の支持が必要である。フランジ又はユニオン接続とする。

(3) オーバフロー管

通常、オーバフロー管の管径は、揚水管管径の2サイズアップとし、管の開口部下縁は、揚水停止水面より5～10cm上部とする。

下部開口端には、小虫などの侵入を防ぐために耐食性の防虫網（15～20メッシュ程度のもの）を取り付け、間接排水させる。

図1－59に受水槽、高置水槽に設置するオーバーフロー管及び通気のための装置の一例を示す。

(4) 水抜き管

タンクの清掃，点検時に完全に排水できるようにタンク底部は，排水口に向かってこう配が取られている。管径は，満水時の全水量を10～15分間で排出できるような大きさが望ましい。管端は排水弁を取付け，オーバフロー管に接続する。

(5) 通 気 管

水槽の有効容量が$2m^3$以上の場合は，ほこりその他の衛生上有害な物が入らない構造にした通気装置が必要である。

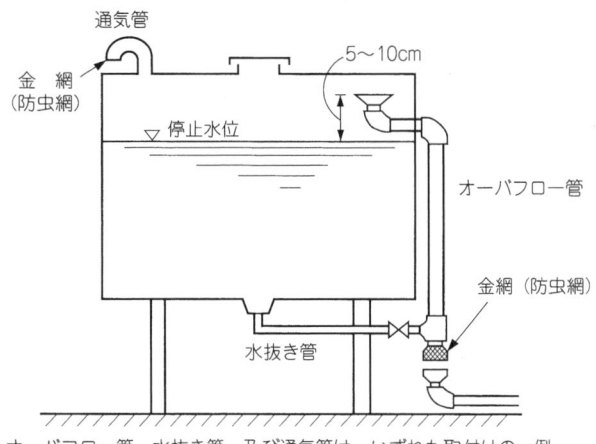

オーバフロー管，水抜き管，及び通気管は，いずれも取付けの一例を示したもので，最も好ましい例として示したものではない。

図1-59 受水槽，高置水槽に設置するオーバフロー管及び通気のための装置の一例

一般に水槽に付属している場合が多いが，現場施工のときは，オーバフロー管と同様な防虫網などを取り付ける。

(6) 液面継電器

揚水ポンプの運転，停止はフロートスイッチによるものと，液面継電器によるものとがある。

4.5 液面継電器の取付け方法

液面継電器は，受水槽，高置水槽に直接取り付ける電極棒と，継電器本体の二つで構成される。

継電器本体は，一般に水槽水位の制御のみを目的としたものが多いが，設定水位より下がったとき，又は上がったときに警報を発する満水・減水警報付きのものもある。

一般に使用されるものは三極式で，ステンレス製の電極棒3本を取り付けたホルダを，水槽上面に取り付けられた50Aソケットにねじ込んで取り付ける。

電極棒のうち一番短いものは，揚水ポンプを停止する水面までの長さに設定し，中間の長さのものは，ポンプを運転させる水位に合わせる。他の1本は常時水中にあるように長さを決める。いずれもホルダに刻まれた，長中短の記号のところに取り付ける。

揚水ポンプの異状作動により，設定水位を超えた場合，又はポンプの故障などにより，水槽内水位が設定値より下がった場合などに，水位の異状を知らせる満水・減水警報付きのものは，五極式のホルダを用いる。

満水警報電極棒は，三極式の短いものより若干短く，減水警報電極棒は，停止水面より 5〜10cm 程度長く設定する。

継電器本体は，通常ポンプの操作盤に組み込まれる。

図 1−60 に電極棒取付け位置の例を，図 1−61 に液面制御継電器の本体と三極式，五極式ホルダを示す。

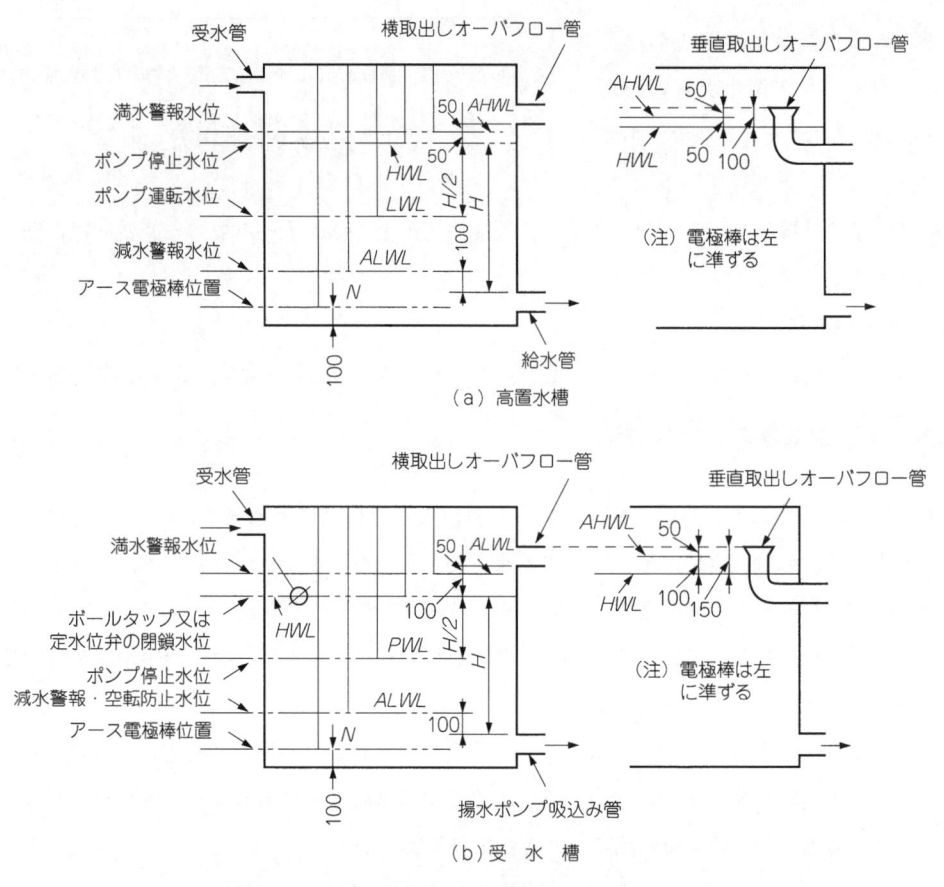

図 1−60 電極棒取付け位置の例（単位：mm）

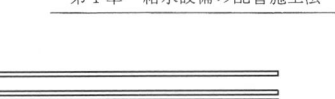

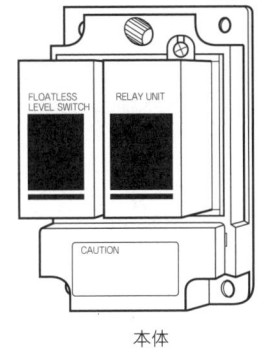

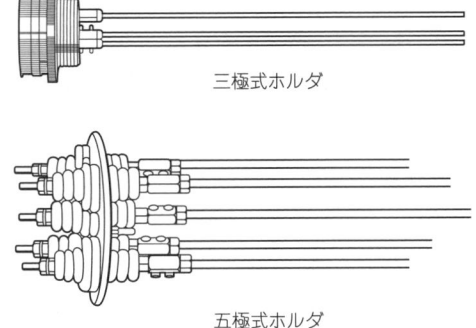

図1－61　液面制御継電器の本体と三極式，五極式ホルダ

第5節　屋内給水配管

5.1　屋内給水配管施工上の留意事項

　給水配管は，水道配水管から分岐された直結給水管（水道法でいう給水装置）と，いったん受水槽に貯水された水道水を各必要箇所に給水する受水槽以降の配管とに大別することができる。
　水道法でいう給水装置と呼ばれる部分の配管は，構造，材質ともに直接水道事業者の管理下に置かれ，細部にわたって規制されているが，受水槽以降の給水配管は，一応水道事業者の直接管理から外されている。
　しかし，大都市においては建物は高層化され，公団住宅，マンションなどの住居部にも，水道事業体が直接管理するメータの必要性が高まり，一定の条件の下に，給水装置に準ずる扱いをうけているのが現状である。
　いずれにしても，水道使用者側から見れば，水質の汚染は衛生上見逃すことのできない大きな問題である。給水配管に関係する者は，その点をよく注意して作業に当たらなければならない。
　水質の汚染防止に関しては管材の選定，配管方法などに留意すべき点があり，詳細にわたっては1.1項給水管，給水装置の定義と施工上の留意事項を参照されたい。

5.2　上向き，下向き及び併用式給水法

（1）給水方式による上向き，下向き式の区別
　建物の給水方式には5種類があり，水道直結方式，圧力タンク方式，ポンプ直送方式（水道直結増圧方式）を上向き式，高置水槽方式を下向き給水方式と呼んでいる。

いずれも水道水又は井水を給水源とした給水方式であるが，建物の規模，高さ，1日当たりの総使用水量，使用時間帯内における最大給水量などを勘案し，最適の方式を決定する。

a．水道直結方式

水道配水管から分岐した給水管を主管とした方式で，配水管内の圧力を利用して，末端の各給水器具に給水する。水道直結方式の一例を図1－62に示す。

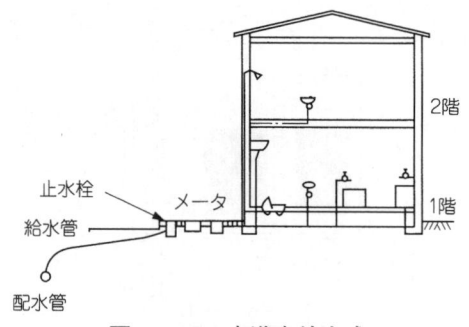

図1－62 水道直結方式

この方式は受水槽，ポンプなどを必要としないため経済的であり，適正な配管であれば水質汚染の恐れもない。

ただし，配水管の給水能力により分岐管の最大管径が制約されるため，多数の給水器具を有する大規模な建物には不適当である。また，配水管の水圧や，地域的な条件などにより，3階以上の直結給水を禁止される場合もあり中高層建物の給水方法としては適当でないとされていたが，最近は衛生上の観点から次第に中層建物にも用いられつつある。

水は，地下に埋設された配水管から逐次上方に向かって給水されるため，上向き給水法と呼ばれる。一般に3階建て以下の戸建て住宅に適している。

b．高置水槽方式

受水槽に貯水された水道水又は井水を，ポンプにより建物最高部に設置された高置水槽に揚水し，重力により各階の必要箇所に給水する方式である（図1－63）。

通常，給水器具が備えられている最上階床面から，高置水槽までの垂直高さは10m程度必要とされ，設置場所の制約を受ける。

受水槽及び高置水槽の容量を大きくすれば，水道引込み管の管径は小さくとも，大規模な給水能力を持つことができ，一般に中高層建物の給水方式として採用されている。給水圧力が一定であることのほか，水道の断水時にもあまり影響をうけないなどの利点がある。

水は最高部から順次下階に向かい給水されるため，下向き給水法と呼ばれる。

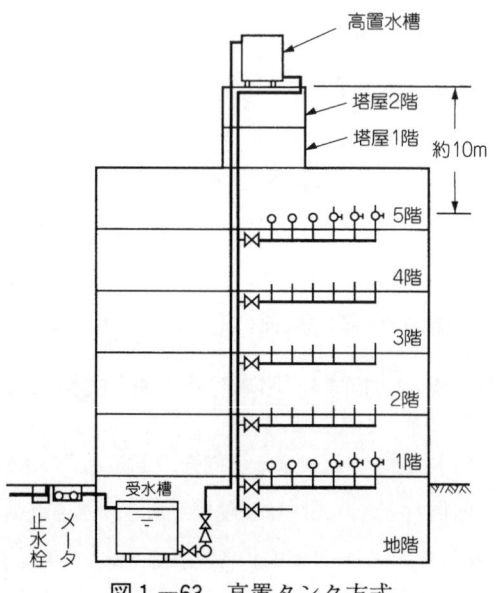

図1－63 高置タンク方式

c．圧力タンク方式

水道本管からの水道水又は，井水を受水槽に貯水し，加圧ポンプと圧力タンクで，必要箇所に給水する方式である。

ポンプの運転，停止は，圧力タンクに取り付けられた圧力スイッチによるため，給水圧力に約0.1MPaの差圧が生じること，少量の水を使用した場合でもすぐポンプが始動することなどの欠点はあるが，高置水槽を必要としないなどの長所も多くあり，5階建てぐらいまでの建物に採用される方式である。

受水槽及びポンプユニットは，地表近くに設けられるものが多く，上階に向かっての給水方式なので上向き給水法と呼ばれる。

d．ポンプ直送方式

広域な住宅団地など，大規模にわたる給水方式で（図1-64），複数のポンプを設置し圧力タンクは設けない。水道水をいったん受水槽に貯水した後，常時最低1台のポンプを連続運転させて必要箇所に給水する。ポンプをインバータなどで速度制御し給水量が少ないときの省エネルギーを測る方法が多く用いられている。

この方式は，圧力タンク方式と同様上向き給水法になる。

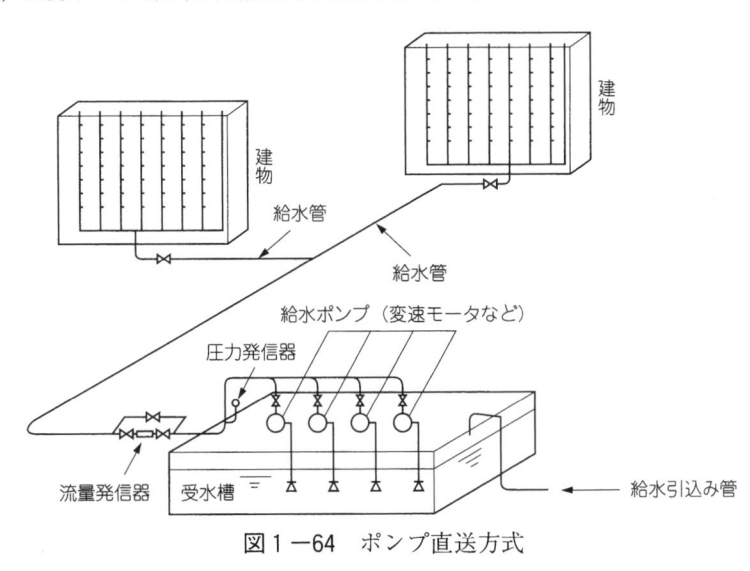

図1-64 ポンプ直送方式

e．水道直結増圧方式

給水ポンプを給水管に直接接続し，給水管の水圧では給水できない高所へポンプの水圧で送水する方式である。水が逆流しないように逆流防止装置を設けること，給水管の供給能力を超えないことなどの条件がある。

受水槽・高置水槽がないので，水が汚染されず常時新鮮な水道水が供給できるが，地域により使用できないことがあるので所轄の水道局に問い合わせる必要がある。

図1-65に系統図を示す。この方式も上向き給水法である。

(2) 上向き, 下向き及び併用式給水法の得失

a. 上向き給水法

この方式の場合, 給水主管は1階床下部分又は屋外埋設管となり, パイプシャフト又は必要箇所ごとに, 枝管を分岐し立上げる配管となる。上階に行くに従い, 給水負荷が減少して管径は小さくなるが, 下階に比べ配管延長は長くなり, 垂直高さによる圧力低下のほかに, 管内摩擦損失による圧力の損失も大きくなる。

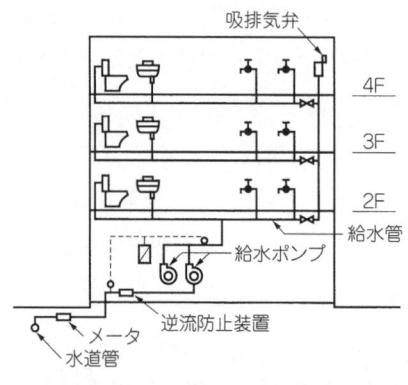

図1-65 水道直結増圧方式

したがって, 上階に, 大形の瞬間ガス湯沸器や, 大便器の直結フラッシュバルブなど, 必要圧力が大きい器具が設備されている場合は, 下階から給水管径を大きくするなどの考慮が必要になる。

b. 下向き給水法

下向き給水法の給水主管は最上階にあり, シャフト内で各階ごとに分岐管を取り出し, 必要箇所に給水するもので, 最下階の立下がり管の管径は小さくなるが, 水圧は最大になる。

下階の配管延長による圧力の損失は, 高置水槽からの垂直高さが高くなることによる圧力の増加で補われ, 一般には管径を大きくする必要はない。

しかし, 各給水栓における最大圧力は0.3MPa程度にとどめるべきで, 高層建物の場合, 減圧弁などで調整する必要を生じる場合がある。

c. 上向き下向き併用式給水法

中高層建物の場合, 1～2階のみを水道直結方式にするもので, その分の水道引込み管の管径は大きくなるが, 受水槽, 高置水槽, 揚水ポンプの容量を小さくすることができ, 電力料金の低減などを考慮すると利点の方が多く, 一般に広く利用されている。

5.3 埋込み法及び露出法

(1) 埋込み法

管材は各種多様で, 内部流体の性質, 温度その他の条件を考慮して選定しなければならないが, さび, 腐食, 劣化その他の要因により経年変化が起こり, 何年か後には交換を要する時期がくる。

パイプシャフト, 二重スラブ内などの配管は比較的容易に配管替えすることができるが, 壁内埋込み部分は不可能な場合が多い。

一般に配管類は, 美観上埋込み配管とすることが多いが, 壁などには埋込み配管としないで, RC造壁の外部にブロックライニングし, その部分だけ補修を容易にする方法もある。

壁, 床などコンクリート内に埋込み配管とする場合は, 断熱, 防食, 管の伸縮吸収を考慮する必

要がある。

（2）露出法

最近は美観上の問題を度外視して、配管の保守管理を第一義とした露出配管法を採用する建物が多くなった。

その方法としては室内水回り壁面上を露出配管とし、バンドで固定する方法が多く用いられる。外観上は機械室内のように多少重苦しく感じられるが、機能性・保守性は優れている。

台所などでは、流し台の裏面に10cm程度空間をとり、給排水管、ガス管などを隠蔽（いんぺい）配管することが通常行われている。いずれも配管替えする工事は簡易に行うことができる。

他の方法として、建築設計当初から給排水器具類を設置する室を、建物の北又は西面に集中配置し、外部にすべてを露出配管とする方法がある。建物内部には管は露出しないで、室内は埋込み配管と同様な仕上げをすることができる。ただし、建物外壁は、露出配管が交錯し、外観は悪くなる。

5．4　こう配の取り方

排水管はもちろんのこと、その他の配管にもそれぞれ理由があって、必ず先上り、又は先下りのこう配をつける必要がある。

給水管の場合は配管内の空気が自然に末端から抜け出るように、また修理の際に、最下部に取り付けられた排水弁に向かって、水が自然に排出されるようにこう配を考えればよい。

（1）先上りこう配

上向き式給水法ではすべて先上りこう配とするが、下向き式給水法でも、各階の横枝管は先上りこう配とする。

（2）先下りこう配

下向き式給水法では、各階の横枝管を除き、先下りこう配とする。

5．5　空気抜き弁及び排泥弁の取付け

（1）空気抜き弁

給水配管中に空気だまりがあると、円滑な給水ができない。空気だまりが大きい場合は出水が不能になることもある。

配管内の空気は、水に押されて移動し、最終的に末端の水栓から、又は自然に高置水槽に向かって集まるように配管こう配をとることが理想的である。しかし、はり（梁）その他の障害物をう回するために、やむを得ず鳥居形配管となり、空気だまりが生じる場合がある。その場合は、空気排出用の弁を取り付けるが、フロートを利用した自動空気抜き弁（図1－66）を取り付けてもよい。ただし、自動空気抜

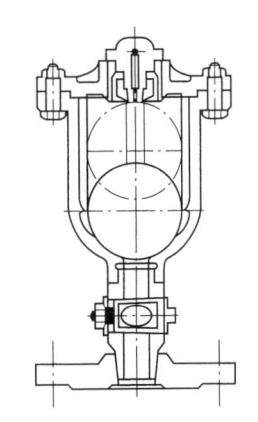

図1－66　自動空気抜き弁
（水道用単口空気弁）

き弁を点検修理するために，下部に仕切弁を取り付けておく。

(2) 排 泥 弁

給水配管を点検，修理する場合と，管内に自然発生した水あか（垢），さびなどを取り除く目的で，配管の最下部に排泥用の仕切弁を取り付けておく。

図1－67に配管のこう配と排泥弁の位置について示す。

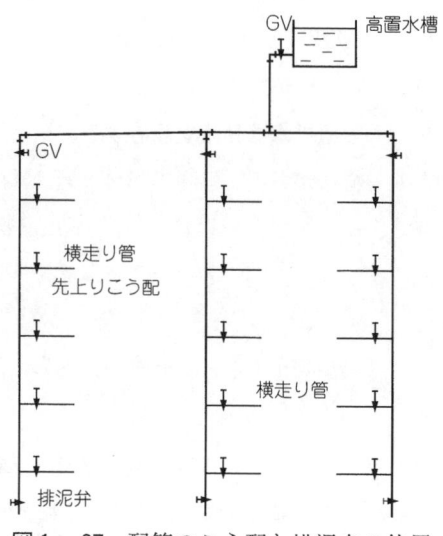

図1－67　配管のこう配と排泥弁の位置

5．6　ウォーターハンマの防止方法

ウォーターハンマの発生原因と衝撃圧力は1.5（2）項を参照されたいが，その防止方法には次の3点をあげることができる。

(1) 急激な止水作用をする機器の取付けを避ける

レバーを90度回すだけで，ただちに開閉できるようなコック式止水栓の使用はなるべく避けるべきである。大便器直結フラッシュバルブなどでも，内部パッキン類の摩耗などにより，吐水が急閉止される場合に発生することがある。

(2) 管内流速を2m/s以内におさえる

流速は，給水圧力が大になると増加するので，過大な水圧はウォーターハンマを起こしやすい。必要給水量に対し，1サイズ大きい管を使用するなどして流速を落とす措置も効果がある。

(3) 水撃防止装置を取り付ける

上記の対策を施しても最終的にウォーターハンマが発生する場合は，衝撃吸収装置を取り付ける。前出の図1－6，図1－7を参照されたい。

第6節　ポンプ室の配管方法

6．1　ポンプ室の配管施工上の留意事項

　大規模な建物になると，各種用途別のポンプが多数並列設置される。
　保守，点検，修理，管理などのため，それぞれ同用途，同機種のものを予備機を含めて並列設置される場合が多い。図1－68にポンプ室内配管例を示す。
　吐出し管は一般に，床上2m以上の空間を立体配管とするが，吸込み管の床上露出配管は，歩行上の支障などがあり好ましくないので，二重スラブ内配管とするか，スラブ上配管の後，シンダコンクリート仕上げ，又はデッキプレート張りなどを行う（図1－69）。また各種水槽がある場合，水面上部の空間内に配管を行うことは，防食，修理上に問題があるため避けるべきである。
　ポンプ室が屋外に独立しており，室内気温が0℃以下になる恐れがある場合は，凍結防止のための措置が必要である。

図1－68　ポンプ室内配管例

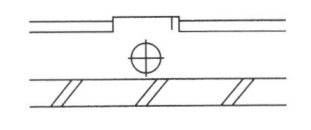

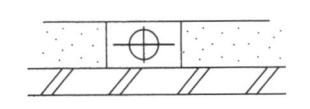

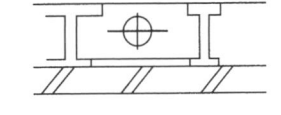

二重スラブ内配管　　　シンダコンクリート仕上げ　　　デッキプレート張り

図1－69　吸込管の防護

6．2　ポンプの据付けの位置及び方法

（1）据付け位置
　ポンプ，電動機の周囲には，運転，点検，保守及び搬出入に必要かつ適当な間隔をとって設置する。
　ポンプは電動機直結形で床上横置形のものが多いが，一般に作業上必要な壁面との間隔は，電動機側が500mm，ポンプ側は1000mm，機器から左右壁面までは，500mm以上の距離が必要であるとされている。

2台以上並列に配置する場合は，基礎と基礎との間隔を500mm以上とればよい。

エンジン駆動形のポンプの場合は，付属品の燃料タンク，始動用蓄電池など法規で機器間や壁面との距離が規定されているものがあり注意が必要であるが，一般に保守，運転のためにはエンジンから壁面までは1000mm以上の間隔とする。また，排気管が短距離で屋外に排出できる位置とし，新鮮な空気の取入口も必要である。

吸水面がポンプの頂部より低い場合は，ポンプの中心位置よりフート弁までの垂直高さは最大6m以内の位置とする。図1－70にポンプ電動機の位置と周囲の間隔について示す。

水源水槽が遠距離にある場合は，受水槽がポンプの軸心より上方にある，いわゆる押込み式であっても，負圧が6～7mを超える場合があり，キャビテーション*発生の原因となる。ポンプの据付け位置の変更ができない場合は，吸込み管管径を大きくするなど，負圧の減少を図る必要がある。

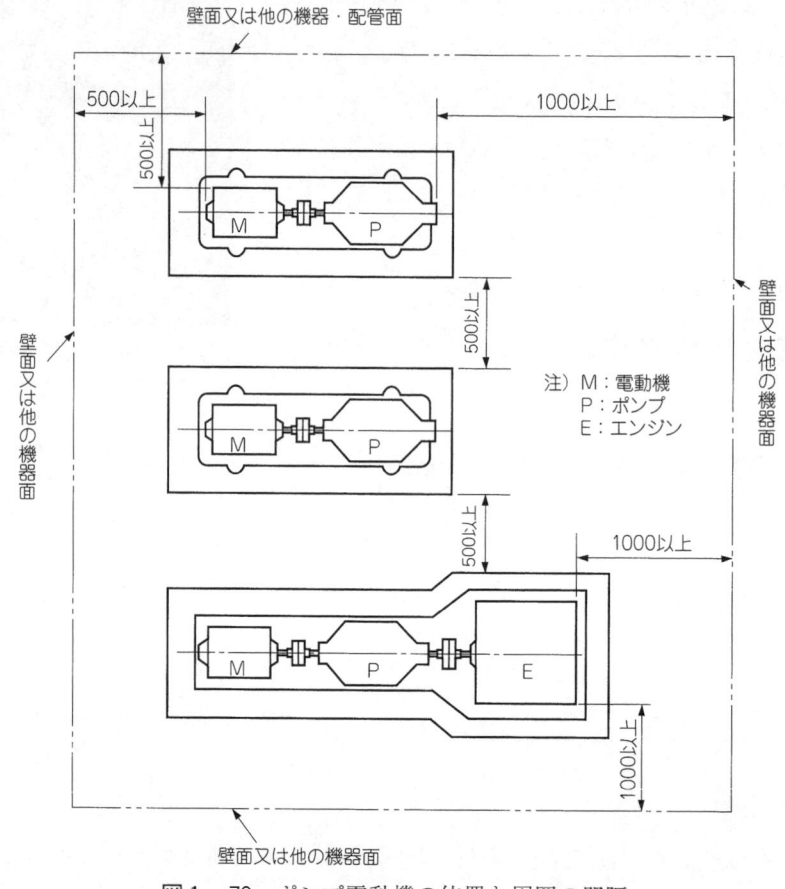

図1－70 ポンプ電動機の位置と周囲の間隔

---

* **キャビテーション** ポンプの羽根車入口付近の水圧が水の蒸気圧以下に低下して水蒸気となり空洞が発生し，揚水不能となることがある。この現象をキャビテーションという。
　キャビテーションが長時間継続して発生すると，気泡がつぶれるときの衝撃で羽根車が損傷されることがある。

(2) 据付け方法

a．床置横形ポンプ

① コンクリート基礎が水平に打たれているか，アンカボルト位置が正確であるかを確かめて基礎上にポンプを水平に置く。

② 搬入時には，なるべくポンプと電動機は取り外さないで，一体のまま据え付ける。

③ カップリングに軸心のずれがないかを図1－71の要領で点検する。ずれがある場合は，電動機と共通床盤の間にライナを挿入して調整する。

〔カップリング外周の段違い〕
カップリングの周囲4箇所でSを測定し，0.05mm以内であれば良好である。

〔カップリング両面の誤差〕
すきまゲージ又はテーパゲージでA，Bを測定し，(A－B)＝0.1mm以内であれば良好である。Aは普通2～4mmである。

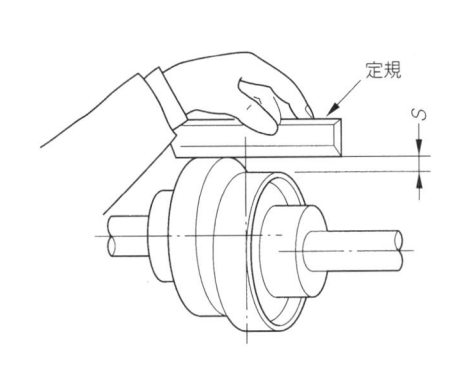

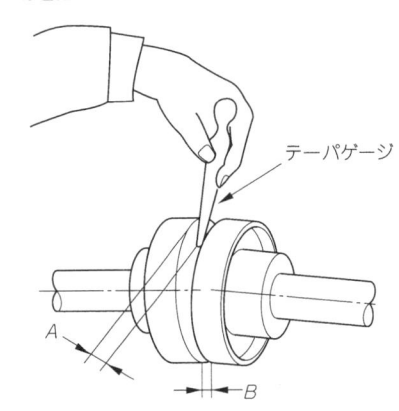

図1－71　カップリング心出しの許容値

④ カップリングを手回しして，ずれの再点検と，回転に異状がないかを確かめる。

⑤ カップリングを手回ししながら，アンカボルトを平均に締め付ける。

⑥ カップリングの回転が重く感じられたなら，基礎と共通床盤の間に，ライナや金くさびを挿入して調整し，すべてのアンカボルトを固定する。図1－72に金くさびの挿入位置を示す。

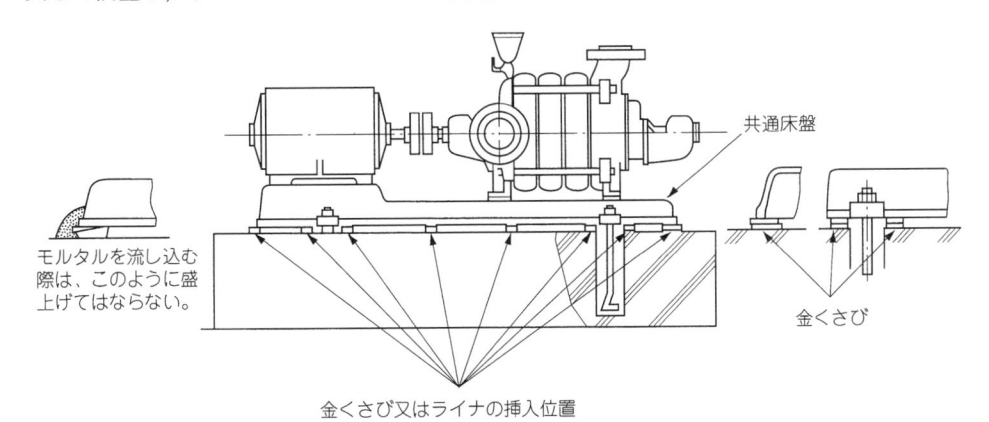

図1－72　金くさびの挿入位置

⑦ ライナや金くさびは，アンカボルトの両側と四隅，長手方向中間に挿入する。

⑧ 軸心のずれは，振動，軸受の発熱，カップリングボルトの偏摩耗の原因となるので，十分念入りに調整する。

⑨ 基礎と共通床盤のすき間に，十分モルタルを詰め込む。

⑩ 給油式の軸受には，指定された潤滑油を油面計の規定油面になるまで注入しておく。

b．水中ポンプ

① 深井戸揚水ポンプ以外は，槽内の吸込みピットに設置する。

② 吸込みピット底部に高さ10cm程度のコンクリート台を置き，その上に載せておく。

③ 形式により，本体に注水する必要のあるものもあるので，取扱説明書に注意する。

④ 電線・ケーブルは絶対に無理に引っ張ってはいけない。また，浮遊することのないように，管などに緊結しておく。

⑤ 複数のポンプを設置するときは，ポンプの直径以上の間隔をとって設置する。

⑥ 排水ポンプでフロートによる自動運転を行うものは，フロートの昇降に支障のないように注意する。

c．ラインポンプ

① ポンプの荷重が，両側の配管にかかるため，ポンプ近くに配管支持台を設置するか，天井からのつりボルト支持を行う。

② 屋外設置の場合は，電動機の軸受部に雨水の浸入による破損を避けるため，ウエザカバーなどによる防護措置を施す。

6.3 ポンプの種類及び用途

(1) ポンプの種類

ポンプの種類を図1－73に示す。

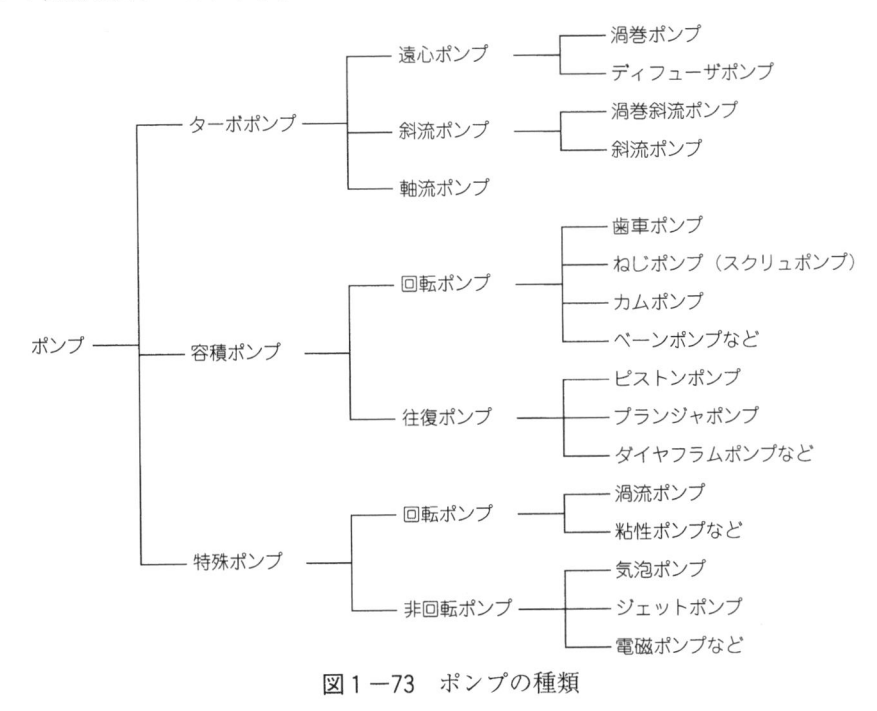

```
ポンプ ─┬─ ターボポンプ ─┬─ 遠心ポンプ ─┬─ 渦巻ポンプ
        │                │              └─ ディフューザポンプ
        │                ├─ 斜流ポンプ ─┬─ 渦巻斜流ポンプ
        │                │              └─ 斜流ポンプ
        │                └─ 軸流ポンプ
        │
        ├─ 容積ポンプ ───┬─ 回転ポンプ ─┬─ 歯車ポンプ
        │                │              ├─ ねじポンプ（スクリュポンプ）
        │                │              ├─ カムポンプ
        │                │              └─ ベーンポンプなど
        │                └─ 往復ポンプ ─┬─ ピストンポンプ
        │                               ├─ プランジャポンプ
        │                               └─ ダイヤフラムポンプなど
        │
        └─ 特殊ポンプ ───┬─ 回転ポンプ ─┬─ 渦流ポンプ
                         │              └─ 粘性ポンプなど
                         └─ 非回転ポンプ ┬─ 気泡ポンプ
                                        ├─ ジェットポンプ
                                        └─ 電磁ポンプなど
```

図1－73 ポンプの種類

(2) 各種ポンプの原理

a. 遠心ポンプ

渦巻ポンプは水中にある羽根車を高速回転させ，遠心力によって水に圧力と速度のエネルギーを与え，外周にある渦巻室（ケーシング）で効率よく圧力のエネルギーに変換させ，高所へ水を送るものである。

羽根車から水が流出すると羽根車の中心部は負圧となり，吸込み管内の水が流れ込むのでポンプの運転中は間断なく水を送り出すことができる。

遠心ポンプのうち，羽根車から出た水を案内羽根で整流する構造のものをディフューザポンプ（旧名タービンポンプ）という。

また1枚の羽根車での揚程は限定されるので，水が多くの羽根車を直列に通過し，吐水量は変わらないが，揚程を大きくした構造のものを多段式という。

図1－74に渦巻ポンプとディフューザポンプの外観を，図1－75に多段式ディフューザポンプの外観を示す。

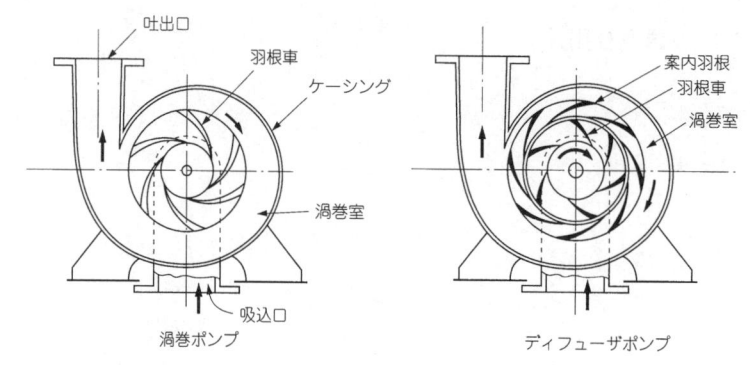

図1-74 渦巻ポンプとディフューザポンプ

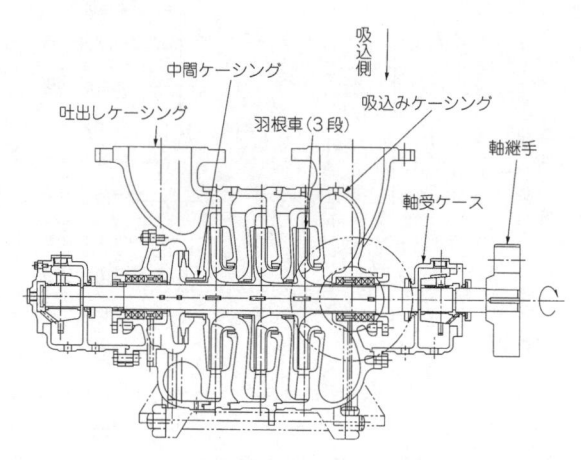

図1-75 多段式ディフューザポンプ

b. 軸流ポンプ

軸流ポンプは、水の流れと同じ軸心に取り付けられたプロペラ形の羽根車の推力により、水を移動させるもので、低揚程、大水量に適している（図1-76）。

設備関係では、循環ポンプとして使用されることがある。

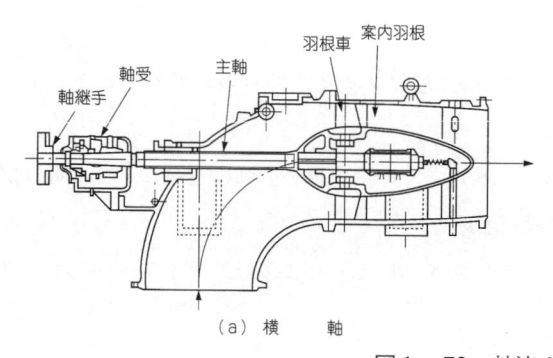

(a) 横軸

(b) 縦軸

図1-76 軸流ポンプ

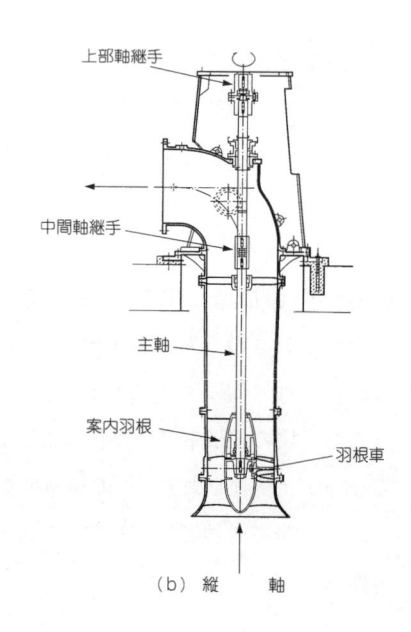

c．容積ポンプ

往復ポンプと回転ポンプがある。

往復ポンプは，シリンダ内でピストン又はプランジャが往復運動して，シリンダ内の容積の拡大と，縮小とによって水に直接圧力のエネルギーを与えるものである。

建築設備用にはほとんど使われていないが，化学工業用に多く使用される。

図1-77に電動クランク式単動3連プランジャポンプについて示す。

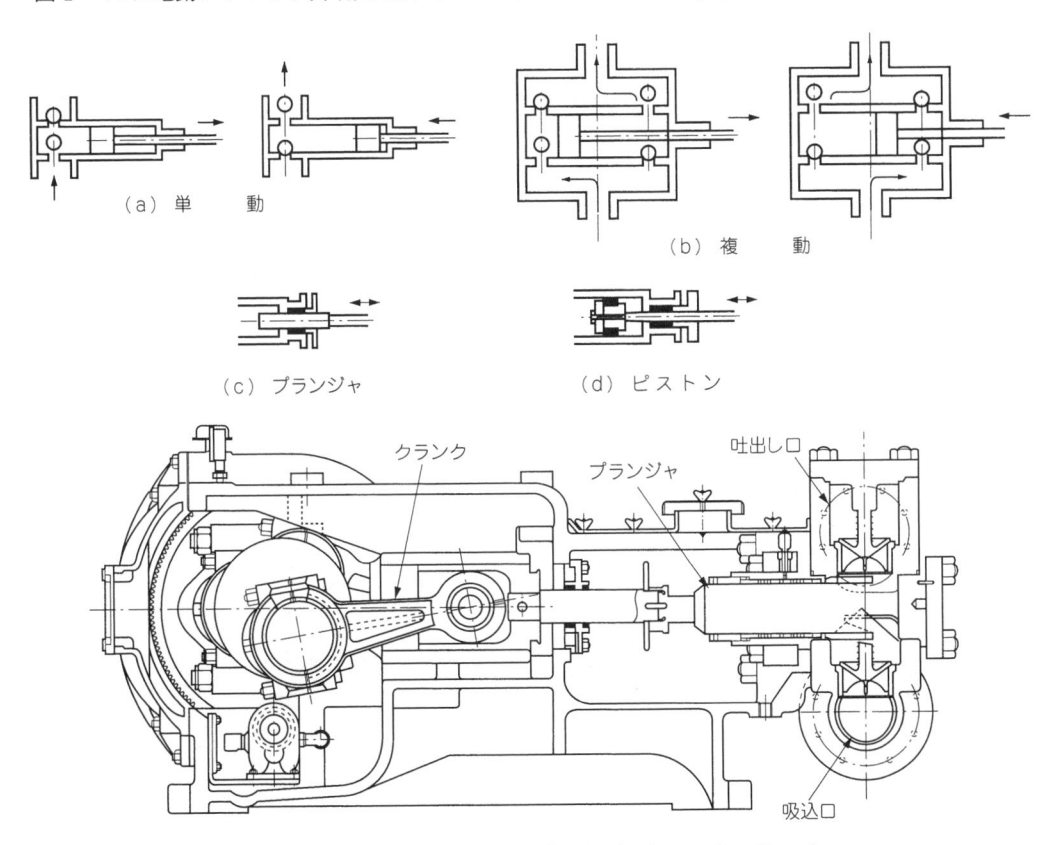

(a) 単　動　　　　　(b) 複　動

(c) プランジャ　　　(d) ピストン

図1-77　電動クランク式単動3連プランジャポンプ

回転ポンプには，歯車ポンプ（図1-78），ルーツポンプ（図1-79）などがある。歯車ポンプは，一対の歯車がかみ合いながら回転し，歯のすき間に生じる空間で液体を吸引し，他方で押し出す方式のものである。構造上高圧を発生させるのに適し，吐出量は回転数に正比例する。一般に給油ポンプとして多く使用される。ルーツポンプも歯車ポンプの一種である。

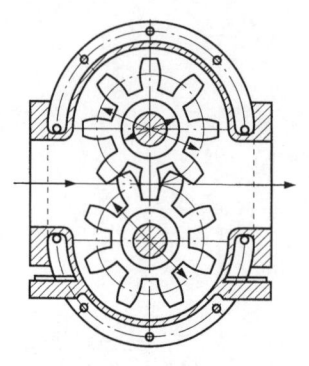

図1−78 歯車ポンプ　　　　　　図1−79 ルーツポンプ

d. 特殊ポンプ

渦流ポンプは，円周に溝を切った円板をケーシングの中で回転させ，揚水するものである。小水量ではあるが，高揚程が得られる。構造が簡単で安価なため，一般に家庭用井戸ポンプとして広く使用されている（図1−80）。

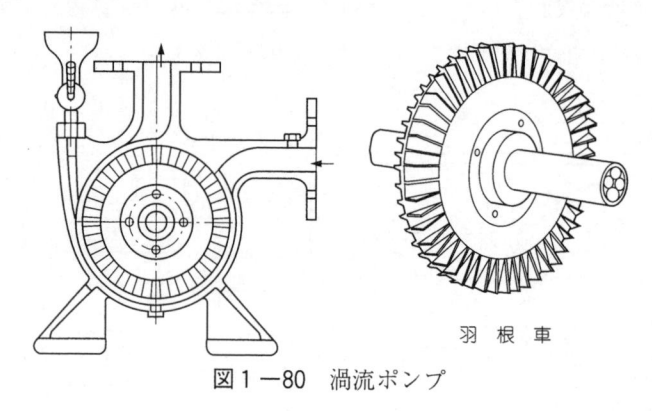

羽根車

図1−80 渦流ポンプ

ジェットポンプは，霧吹きの理論から開発されたもので，単独で使用されることはあまりないが，遠心ポンプと組み合わせて使用されている。これを取り付けることにより吸込揚程を8〜30mにまで増大させることができる。

ジェット部の構造を図1−81に示す。また，取付け位置は図1−82に示すように，一般に水面下とする。

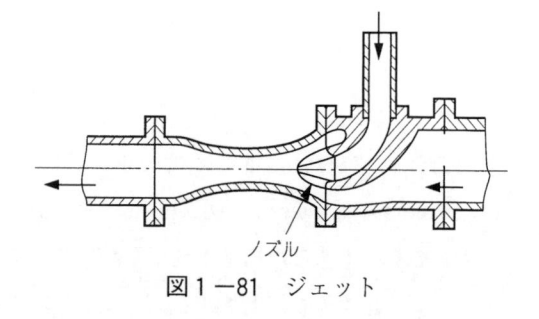

ノズル

図1−81 ジェット

地上部に設置された高揚程ポンプで圧力水を作り，その一部を圧力水送水管ⒸによってジェットⒾへ送ると，その圧力水は大きな速度でノズルから噴出する。その作用によってノズル周辺に低圧を生じ，下部に接続された吸込管Ⓐから水を吸い上げ，噴出水と混合して再びポンプに入って連続

揚水される。ジェットポンプ自体の効率は低いが，小形の家庭用深井戸ポンプとして使用されている。

気泡ポンプ（エアリフトポンプ）は，図1-83に示すように地上に設置した空気圧縮機を空気管により揚水管下部に取り付けられたフットピースに接続し，高圧空気をフットピースから噴出させる。揚水管内の水は，空気と混合して，見かけの比重が軽くなり，浮き上がって揚水管の上部から流出する。この方式は，効率は低いが，水中に可動部分がないため，故障も少なく，深井戸，温泉，石油の汲上げなどに利用されている。

（3）ポンプの用途

ポンプとは，低い所にある液体を高所に送ったり，低圧の場所から高圧の場所に液体を移送する機械をいい，設備関係では必要不可欠のものである。

使用される場所は，一般家庭，高層建築，温泉の汲上げ，油類の移送など多方面にわたっているが，使用される目的別に分類すると次のとおりである。

① 揚水用
② 排水用
③ 循環用
④ 増圧用
⑤ 消火用
⑥ その他

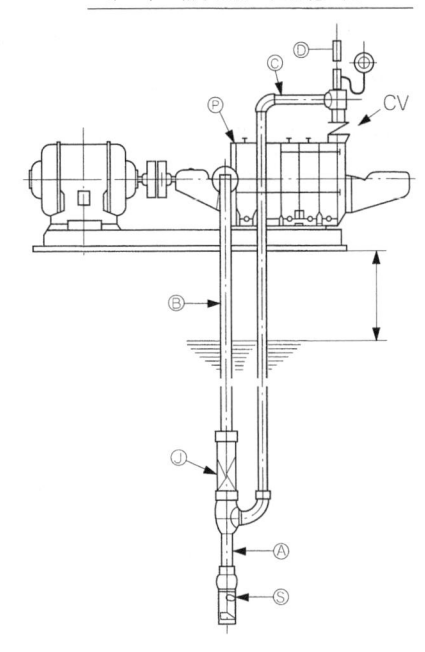

Ⓐ 吸込み管　Ⓙ ジェット部
Ⓑ 混合管　Ⓟ 遠心ポンプ
Ⓒ 圧力水送水管　Ⓢ フート弁
Ⓓ 給水送水管

図1-82 ジェット式揚水装置

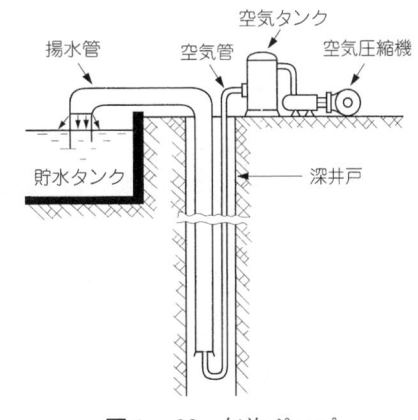

図1-83 気泡ポンプ

a．揚水用

水がポンプの吸込み口以下にある井戸，水槽などから揚水する場合と，水面がポンプより上位にある受水槽などから揚水する場合があり，前者を吸上げ，後者を押込みと略称している。

一般に使用されている揚水ポンプは，床置横形形式のもので，種類としては圧倒的に遠心ポンプが多い。中高層建物で揚程が大きい場合は多段式を用いる。

最近は床上のスペースが必要でない，水中ポンプの使用が多くなっている。構造はポンプと電動機が一体に造られたもので，特に吸水面までが6m以上になる井戸，水槽からの揚水に適している。

深井戸の場合は電動機内に水を入れた満水式，水槽・タンクなどから上水道を揚水する場合は電動機の固定子を筒で密封したキャンド式を用い，油が水中に流出する恐れのある形式は揚水用としては避けたほうがよい。

また，小規模建物では，小容量，高揚程が得られる渦流ポンプが使用される。

b. 排 水 用

わき（湧）水などの排水は別として，汚水はもちろん雑排水などにも多少の固形物が混入している。

一般の床置式の遠心ポンプは，当初注入しておいた水がフート弁に異物がか（噛）んで落水する場合があり，排水ポンプとして使用すると排水が行われず空運転となる可能性があり，ポンプが過熱して危険であるから，フート弁を必要としないポンプ部が常時水中にある立軸排水ポンプ，又は，ポンプと電動機が一体になった水中排水ポンプが一般的に用いられる。

固形汚物が多く含まれる場合は，羽根車の通路が広く，羽根も１～２枚にして，固形物が詰まるのを防いだブレードレス形，羽根車とケーシングのすき間が極端に広いボルテックス形，羽根車がスクリュ状をしたスクリュ渦巻形のものを使用し，口径も65mm以上にすることが望ましい。

大きな固形物が混入していない一般の雑排水では，フート弁を必要としない床置タイプの自吸式渦巻ポンプが用いられることがある。据付け時に呼び水を注入しておけば，始動時に一種の真空ポンプとして作用し，吸気後に揚水を開始する。

c. 循 環 用

冷温水管，冷却水管，二管式給湯管などの閉鎖式配管の内部液体を循環させるために使用する。配管の垂直高さは，送り管，返り管でバランスをとるので，ポンプの揚程は，管内摩擦損失水頭と機器弁・曲管などの抵抗損失だけを計算すればよい。管内摩擦損失だけの場合は，一般に４～５m程度である。

ポンプの種類は遠心ポンプが多く，大水量の場合は軸流ポンプ，小水量の場合は渦流ポンプが使用されることがある。

形式は，大型のものは床置式，その他はラインポンプ式のものが多い。

d. 増 圧 用

ブースタポンプと呼ばれる。建築設備又は地域内で，その一部分の水圧が低く，水量が十分に得られないとき配水管や給水管の途中に設置し，水圧を高めるものをいう。いったん水槽に水を受けてから，あらためてポンプで加圧する方式は，目的は同じでも増圧用とはいわない。高層建築物の消火用，水道水の給水管内水圧上昇用として使用されている。

e. 消 火 用

屋内又は屋外消火栓設備をはじめ，スプリンクラ，水噴霧，泡消火などの消火設備に使用される。揚水量，揚程などは，それぞれの規模に応じて選定される。吸水面がポンプ中心部より下方にある

場合は，呼水装置付き，ポンプ性能試験装置付きなどが一体にセットされたものが製作されている。
　　f．その他
　油ポンプなどがある。

6．4　ポンプの基礎

① ポンプの基礎は，一般にコンクリート造とし，地面又は床面から30cm程度の高さとする。
② 基礎の長さ及び幅は，ポンプの共通床盤より約10cm程度大きくし，周囲に排水溝とドレン管を設ける。
③ コンクリートを打ち込む前に，紙筒製型枠（ボイド）などにより，所定の位置に基礎ボルト用の穴をあける準備をしておく。
④ 基礎上面は水平に仕上げる。
⑤ コンクリート打設後，十分な硬化期間をみて，ポンプを据え付ける。
⑥ 地盤の上に直接基礎を打つ場合は，地耐力の調査をし，不等沈下などが起きないよう十分な注意が必要である。
⑦ 共通床盤の下に防振ゴムパッドなどを設けた防振架台上にポンプを設置するときは，ストッパボルト（固定ボルト）が防振架台と緩衝材を介さず直接接触すると防振効果が著しく低下するので，必ずゴムブッシュ，ゴムパッドを挿入しポンプの振動が床に伝導されないようにする（図1－84）。

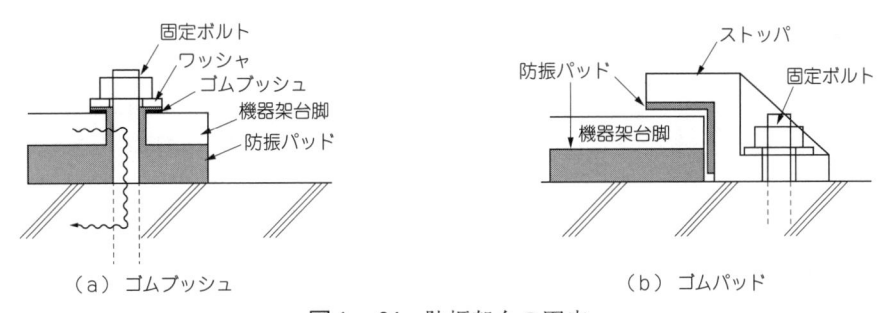

　　　　　　（a）ゴムブッシュ　　　　　　　　　（b）ゴムパッド

図1－84　防振架台の固定

6．5　吸込み管及び吐出し管の取付け方法

(1) 吸込み管

ポンプの吸込み口が吸水面より高い場合，吸込み管の留意事項は次のとおりである。
① 吸込み管はポンプからフート弁までの垂直高さを6m以内とする。
② 吸込み管はなるべく短く，横引部分は空気だまりができないように，ポンプに向かって多少上がりこう配をつける。
③ エルボは大きな抵抗になるので，吸込み管には最少限度の数とする。

④ 水源からポンプまでの吸込み管は，各ポンプごとに1本ずつ配管し，2台以上の共用は絶対に避ける。また，仕切弁の取付けも避ける。

⑤ 吸込み管がコンクリートスラブを貫通する場合は，フート弁引揚用に，サクションカバーを使用する。

⑥ フート弁部分から空気を吸い込まないようになるべく深く水中に入れる。

(2) 吐出し管など

① 渦巻ポンプに取り付ける吐出し管には，通常ポンプ側から逆止め弁，仕切弁の順で弁を取り付ける。

② 吸込み管，吐出し管ともポンプ接続部には，整流のため，最低でも50cmくらいの直管部を設けることが望ましい。

③ 配管の荷重が直接ポンプにかからないように，管の支持が必要である。

6．6　防振装置及び計器類の取付け

(1) 防振装置

ポンプ運転時には，機器類に固有の振動が生じ，配管を通して建物各部に伝ぱ（播）される。はなはだしい場合は，建物内部にうなりを生じることもある。これを防ぐために，ポンプに接続される配管には防振継手を取り付ける。

防振継手には，ベローズを利用した金属製，合成ゴム製などがある（図1－85）。

また，建物の屋上にポンプ，空調機などを設置する場合は，コンクリート基礎の上に，機器用の防振架台を取り付け，その上に機器を設置するなどの措置が必要である（図1－86）。

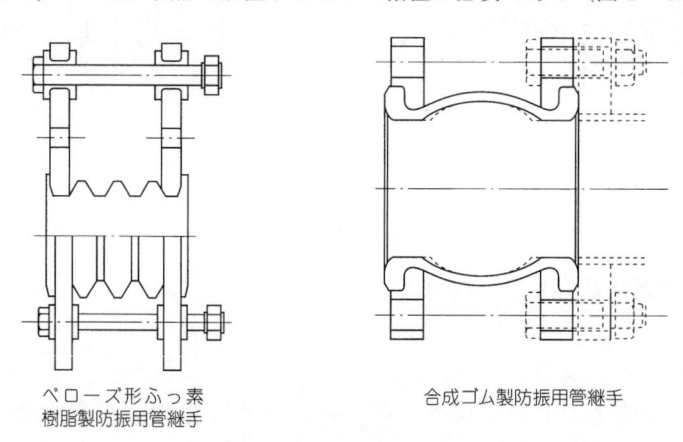

ベローズ形ふっ素樹脂製防振用管継手　　合成ゴム製防振用管継手

図1－85　防振継手

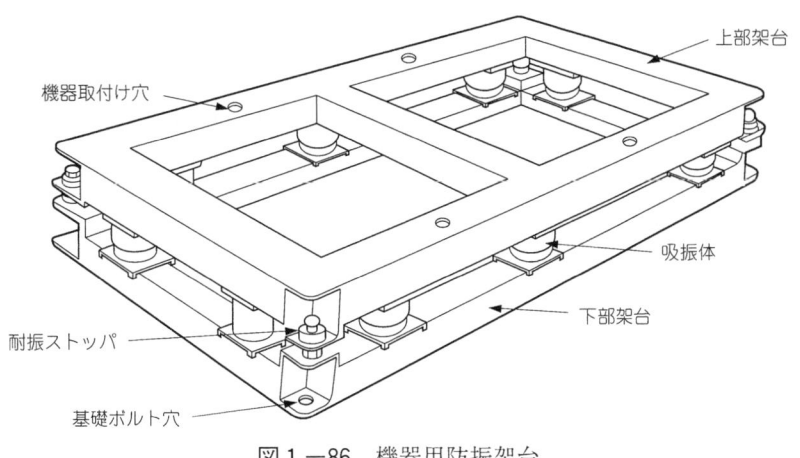

図1-86　機器用防振架台

(2) 計器類の取付け方法

ポンプに取り付ける計器としては、圧力計、連成計がある（図1-87、図1-88）。

圧力計は、ポンプ吐出し管部で、仕切弁の手前に取り付ける。仕切弁を閉じた場合は、ポンプの締切り圧力が指示され、開いた場合は、高置水槽方式では高置水槽までの静水頭と、揚水管中の摩擦損失水頭とを合計したものが指示され、圧力タンク方式、ポンプ直送方式の場合は末端水栓の水圧と水栓までの静水頭、揚水管中の摩擦損失水頭の合計が指示される。

連成計は、ポンプの吸込み口近くに取り付ける。運転時には、吸込実揚程と、吸込み管内の摩擦損失水頭、フート弁の損失水頭などを合計した数値が示される。

圧力計、連成計ともに、計器の下部にメータコックを取り付け、必要時にのみコックを開いて指示を読みとる。

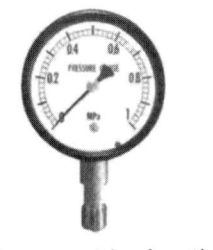

図1-87　圧　力　計 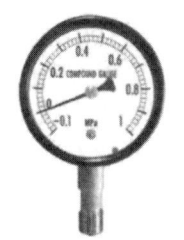　　　　図1-88　連　成　計

6.7　ポンプの始動順序

最近はほとんど高置水槽の水位、圧力タンクの圧力などによって自動的に始動・停止が行われるようになっているが、試運転又は点検などでポンプを手動運転する場合の手順は次のとおりである。

(1) 準　　備

① 床置形ポンプの場合，まずポンプ上部のピーコックを開き，呼水じょうご（漏斗）から呼び水を入れる。多段ポンプの場合は，カップリングを手で回しながら上部のピーコックから空気が出なくなるまで注水する。注水が完了したら呼水じょうごのコック，ピーコックを閉じる。
② 軸受部に給油する必要のあるものは，油の量を点検する。
③ 吐出側の仕切弁は全閉にしておく。

(2) 運　　転

① 電源スイッチを入れて，電流計を見ながら仕切弁を開く。電流値が上がって行けば正常な揚水を始めたことがわかる。
② 電流値が上がらなければ，正常な運転ではない。ポンプ内に空気が残っているか，吸込み管フランジ部の締付け不良による空気の吸込み，受水槽内の水位低下などが考えられる。
③ 仕切弁を開いた途端に吐出し側の圧力計の読みが急低下する場合は逆回転している。
④ グランド部から少量の水が滴下するようにパッキンの押さえのボルトを調整する。
⑤ ポンプの基礎ボルトの緩みによる振動の有無を点検する。
⑥ ポンプ内に異常音がないか点検する。
⑦ 電流計は，電動機の許容値内で運転されていることを確認する（全揚程の大きすぎるポンプを選定した場合は，揚水量の増大により，電流値が規定値を超える場合がある。仕切弁を絞って揚水量を制限し，規定電流値内に戻ったことを確認する）。

(3) 停　　止

① 高置水槽，圧力タンクに対して設定した水位・水圧で停止したか点検する。
② 停止時にウォーターハンマが起きないか点検する（ウォーターハンマが発生する場合は，ウォーターハンマ防止用の逆止め弁に取り替える）。
③ 停止時にポンプが逆回転する場合は，フート弁を点検する（ごみなどの噛込みがないか）。
④ 電動機が過熱していないか，ポンプの軸受部に発熱がなかったか点検する（電動機の過熱は，過負荷によることが多く，（電圧異常でも発熱することがある）軸受部の異常な発熱は，ポンプと電動機の軸心のずれによる場合が多い）。

第1章の学習のまとめ

　水は人の健康に極めて重要な影響を及ぼすものであるため，上水道は水質を一定基準以上に保持するよう多くの処理段階を経て後に供給するようになっている。そのため，末端にあたる給水設備は水質の維持に十分留意するとともに，漏水などによる水の浪費が発生しないように施工しなければならない。また，各種規格・基準によって給水設備に使用する機器・機材は多くの構造・材質の制限があるので，他の一般配管材と混用しないよう十分な注意を払わなければならない。

【練 習 問 題】

次の文の中で正しいものに○を，誤っているものに×を付けなさい。

（1）受水槽は水道法による給水装置に含まれない。
（2）下図における点Eは逆サイホン作用を形成している。

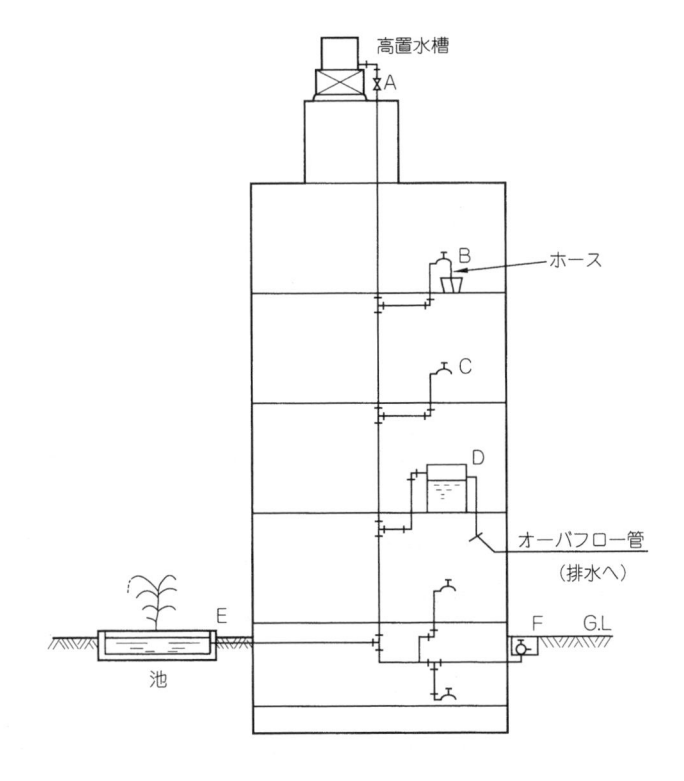

（3）埋設された鋼管は，地質のpH値が高い場合に腐食されやすい。
（4）配水管から給水管を分岐するには，サドル付分水栓が多く用いられている。
（5）ポンプ直送方式とは，給水管に給水ポンプを接続して高所に給水を行う方式である。

第2章　給湯設備の配管施工法

　湯は第1章の給水と同様に，入浴・洗濯・洗面など，生活に大きく関わるものの一つである。過去は浴槽ややかんに水を溜め，直接加熱して湯を用いていたが，現在では瞬間湯沸器や温水ボイラ，貯湯槽などによって配管により水を加熱・供給する方式が一般化されている。本章では，この給湯についての機器，配管の構成，施工法の要点などについて概説する。

第1節　給湯設備の配管施工法

1．1　給湯配管の構成

(1)　給湯方式

　給湯方式には，湯を必要とする場所に湯沸器を設置して，直接又は短い配管によって給湯する局所式給湯法と，建物の地下室などの一定の場所に湯沸装置を設置して，配管によって建物の全体にわたって給湯を行う中央式給湯法がある。ホテル，旅館，病院のように広範囲に給湯箇所が存在する場合は，中央式給湯法が多く用いられる。

　ａ．局所式給湯法

（ａ）貯湯式湯沸器による給湯

　貯湯タンクに水をため，ヒータで加熱し保温する方式の湯沸器を貯湯式湯沸器という。一般に湯栓及び貯湯式湯沸器より高所に設置された水槽に貯水し，ここから湯沸器に給水し，加熱して使用する。水槽にはボールタップを取り付け，使用した量の水を常時補給する。

　図2－1は貯湯式湯沸器による給湯配管例で，(ａ)，(ｂ)のいずれの場合も，配管の末端が行き詰まりになっている。

　このような配管方法を単管式配管法又は一管式配管法といい，湯沸器から最遠方の湯栓（せん）までの距離が15m程度の小規模の場合に用いられる。水槽の設置高さは，一般にボイラ取扱い上の制約を受けない10m以下とする。

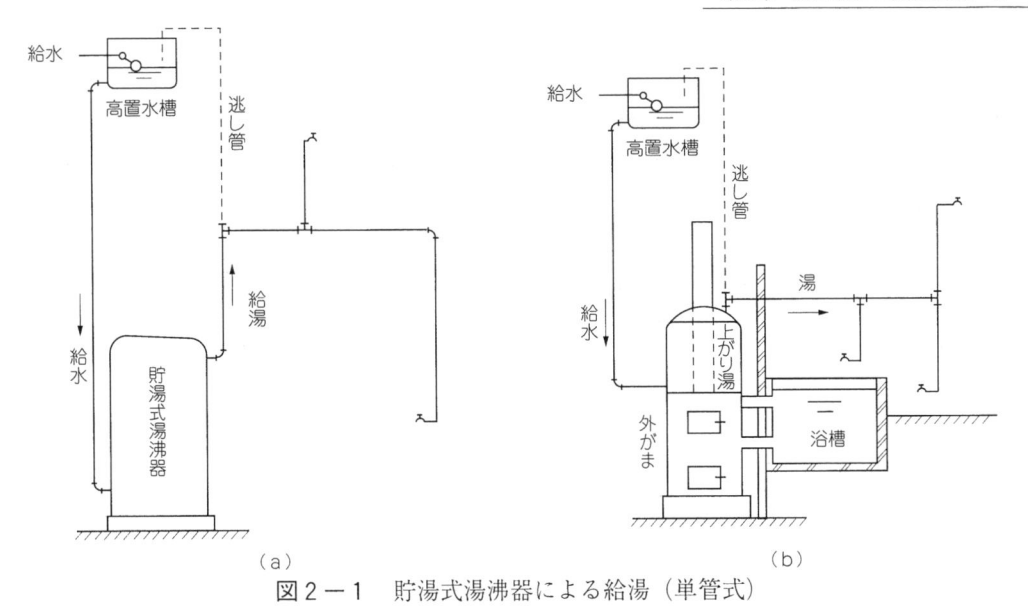

図2-1　貯湯式湯沸器による給湯（単管式）

(b) 瞬間式ガス湯沸器による給湯

　湯栓を開けると同時にバーナが着火・燃焼して水を瞬時に加熱する方式の湯沸器を瞬間湯沸器と呼び，通常都市ガス・プロパンガスが用いられることから瞬間式ガス湯沸器と通称されている。

　図2-2は，瞬間式ガス湯沸器による給湯法で，単管式のため湯沸器から湯栓までの距離をできるだけ短く配管する。

　湯沸器に必要な水圧は最低0.05MPaであるので，取付けに当たっては水圧をよく調査する。また，水圧が0.5MPa以上になるような場合には，減圧弁を用いて減圧して使用する。

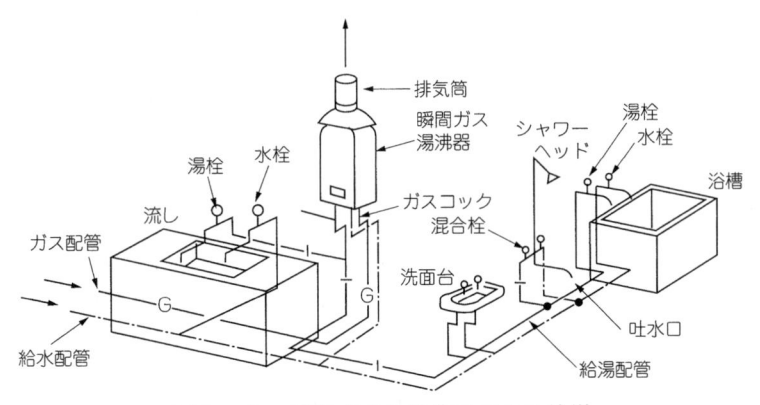

図2-2　瞬間式ガス湯沸器による給湯

　瞬間式ガス湯沸器の大きさは，号数によって表され，湯沸器に入る水温+25℃の湯が1分間に1l出る能力のものを1号の湯沸器と呼ぶ。したがって，5号の湯沸器は同じ条件のとき，1分間に5lの湯が出る。号数の小さい湯沸器に多くの湯栓を取り付けると，正常な使用ができなくなるので，

表2-1を目安として取り付ける。

表2-1　瞬間式ガス湯沸器の大きさ

湯わかし器の大きさ	湯　の　用　途
3～4号	洗面，食器洗い程度の少量個別給湯
5～8号	洗面，食器洗い，シャワーなどのうち器体から直接のほか1～2箇所への配管給湯可能
10～14号	洗面，食器洗い，シャワー，浴用などのうち3～4箇所への配管給湯可能
16号以上	家庭で使う各水栓（湯栓），浴用及び温水暖房，クラブ，体育館などのシャワー業務用一般

b．中央式給湯法

　建物の全体にわたって給湯を行う中央式給湯法においては，小さな能力のボイラを使用しても，大規模な給湯ができるように，図2-3及び図2-4に示すように湯をためておく貯湯槽を用いて給湯を行う。

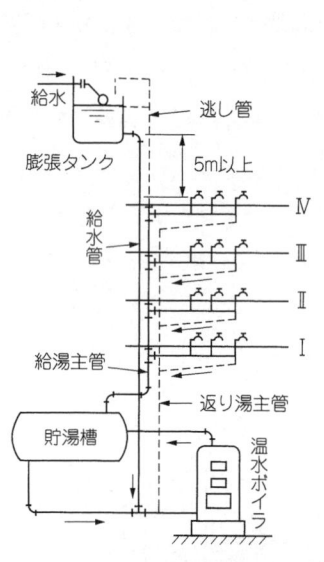

図2-3　直接加熱式給湯法
（自然循環式）

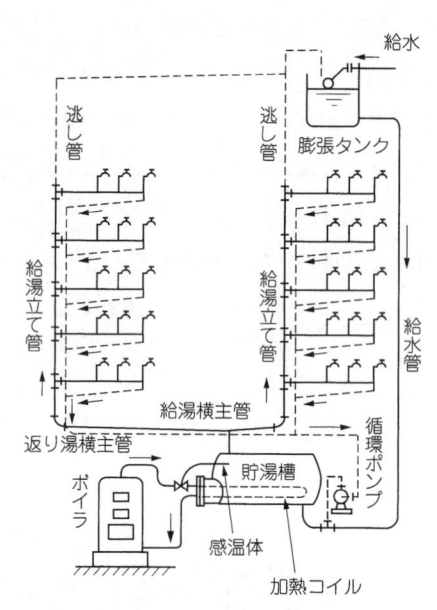

図2-4　間接加熱式給湯法
（強制循環式）

　また，中央式においては，貯湯槽から出た湯は，単管式の場合のように行き詰まり配管にしないで，ボイラ又は貯湯槽へ返る循環式配管法を用いる。湯の循環方式には，給湯送り管と返り管の温度差に基づく密度のちがいによって自然に循環する自然循環式（重力循環式ともいう。）と，循環ポンプによって強制的に循環させる強制循環式とがある。大規模な給湯の場合は強制循環式が用いられる。また，中央式給湯法は，図2-3，図2-4のように，温水ボイラと貯湯槽を直結して循環

加熱する直接加熱式給湯法と，貯湯槽内に加熱コイルを設置し，ボイラでつくられた蒸気又は温度の高い水を熱源として，これをコイルに通し，槽（タンク）内の水を加熱する間接加熱式給湯法に分けられる。大規模な建物で給湯設備の規模が大きい場合には，間接加熱式給湯法が多く用いられる。

（2）給湯配管方式
 a．湯の供給方式

湯がたえず主管内を循環して流れている循環式においては，湯栓への湯の供給の仕方により，図2－5に示す上向き式給湯配管法，下向き式給湯配管法及び上向き下向き式給湯配管法の3つに分けられる。

（a）上向き式給湯配管法

図2－5(a)に示すように，給湯横主管から給湯立て管を配管し，その立上り管から各階で横走り管を配管し，順次上階に向かって給湯する。

各階の横走り給湯送り管の末端から給湯返り管をとり，返り立て管に連結する。

給湯圧力が小さかったり，給湯管系に余裕がないと，下方で多量の湯を使用したとき，上階の湯栓からの湯の出が悪くなるので注意を要する。

各給湯立て管から伸長した逃し管は，1本にまとめて膨張タンクなどへ配管して開口する。

（b）下向き式給湯配管法

図2－5(b)に示すように，給湯立て主管をいったん建物の最高階まで立ち上げ，最高階にて給湯横主管を設けて，そこから立下り管を配管する。その立下り管から各階で横走り管を配管し，順次下階に向かって給湯する。給湯立て主管は，そのまま伸長して膨張タンクなどへ配管して開口する。

（c）上向き下向き式給湯配管法

図2－5(c)に示すように，上向き給湯式と下向き給湯式を組み合わせた方式である。立上り管から上階に向かって各階に給湯し，最高階の横走り配管位置にて，立下り管を配管する。この立下り管からも各階に給湯し，その末端から返り管を配管し，返り立て管に連結する。

給湯立上り管は，そのまま伸長して膨張タンクなどに配管して開口する。

図2−5　湯の供給方式

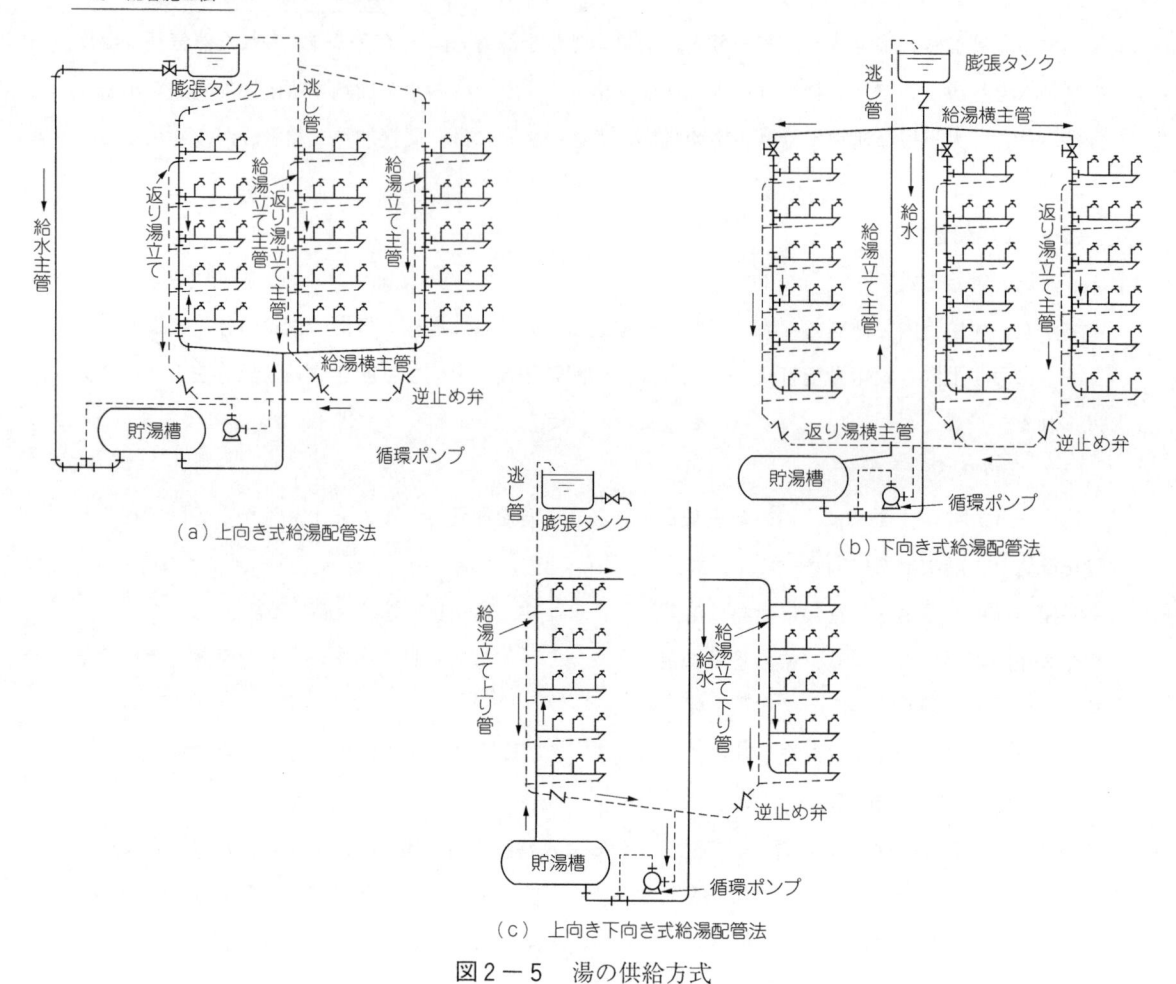

(a) 上向き式給湯配管法
(b) 下向き式給湯配管法
(c) 上向き下向き式給湯配管法

b．直接リターン式配管とリバースリターン式配管

　図2−3の給湯法においては，貯湯槽と一番近い所の湯栓は，返り管の距離も一番短い配管となっている。このような配管方法を直接リターン式配管という。これに対し，図2−6においては，貯湯槽に一番近い所の湯栓は，返り管の距離が一番長い配管となっている。

　このような配管方法をリバースリターン式配管といい，湯の循環が円滑になるので，大きな給湯設備に用いられるが，最遠の系統に流れが集中しないように管径の選定には注意を要する。

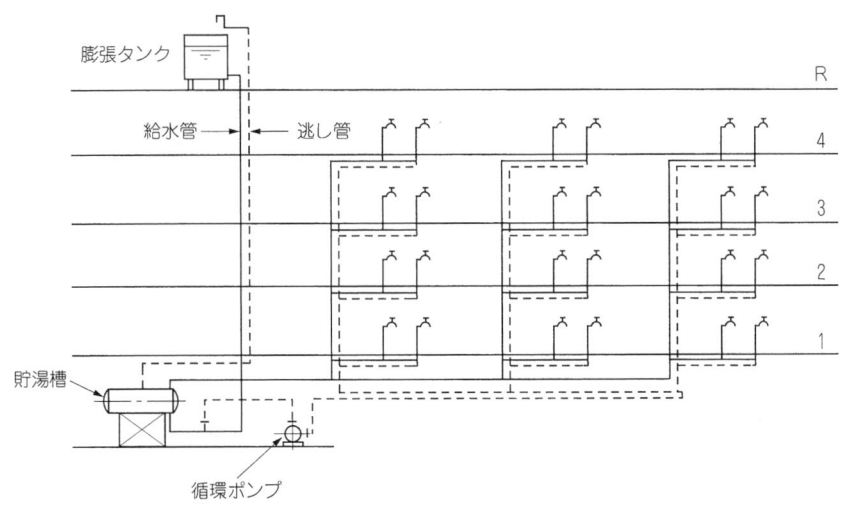

図2－6　リバースリターン配管（上向き式）

c．貯湯槽回りの配管

　図2－7に貯湯槽回りの配管を示す。給湯送り管の接続口は，貯湯槽の上面とする。貯湯槽への給水管は直接連結しないで，図2－8に示すように，Y継手により給水管を返り管の途中に連結し，温水に混合させてから流入させる。返り湯管の接続口は貯湯槽の下底とし，給湯送り管の取出し口から最も遠い位置とする。

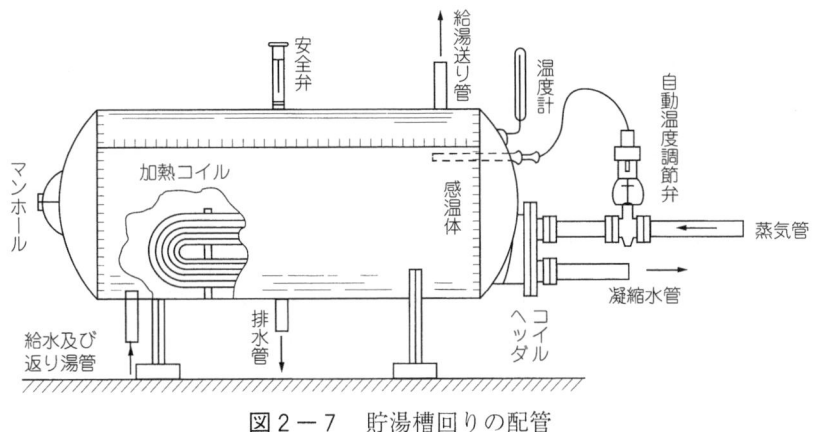

図2－7　貯湯槽回りの配管

　また，槽内の湯を完全に排出させるため，槽の下底に排水管を設け，排水弁を取り付けて間接排水させる。
　貯湯槽には，湯の異常膨張に備え，逃し管のほかに安全弁を取り付ける。
　間接加熱式においては，加熱すべき給湯量は，平均使用時の湯量をもって設計されているので，平均使用湯量以下のときは，湯が必要以上に過熱されることになり，槽内に蒸気が発生し，不経済であるうえ配管や機器の腐食を促進し危険でもある。これを防止するために，熱源の貯湯槽入口配

管部に，図2－9に示す自動温度調節弁を取り付け，貯湯槽内の温度を一定に保つように蒸気量を調節する。

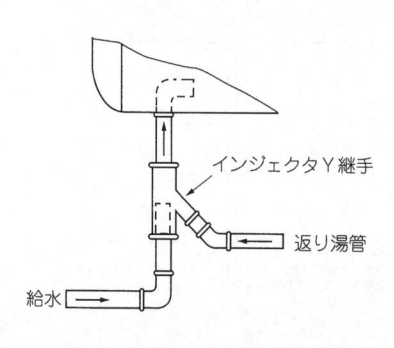

図2－8　貯湯槽への給水法

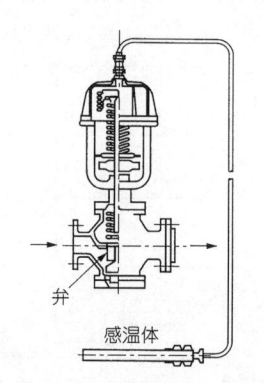

図2－9　自動温度調節弁

1．2　給湯配管施工上の留意事項

(1)　一般的留意事項

① 給湯配管の施工に当たっては，加熱によって起こる水の体積膨張，配管の伸縮及び水中からの空気の分離を念頭において行う。

② ボイラや貯湯槽からの排水は，一般排水管に直結してはならない。必ず一度ろうと（漏斗）などで受けて，間接排水とする。

③ 逃し管は，水の膨張による体積増加のため配管系統の圧力が異常上昇することを防止するものであるから，弁類を取り付け，誤ってそれを閉鎖すると本来の機能を喪失するので，絶対に行ってはならない。

④ 自然循環式においては自然循環水頭を妨げないために，また強制式においては循環ポンプの揚程を少なくするために，継手や弁類は，できるだけ摩擦抵抗の小さいものを使用する。

⑤ 自然循環式では，循環力が非常に小さいので，管の切断においては，まくれ（ばり）を完全に除去し，管内径の縮小のないようにする。特にパイプカッタで切断したときには十分に注意し，できるだけ配管の流水抵抗を小さくする。

⑥ ユニオン継手は，配管の伸縮により緩みを生じ，漏れの原因となるので使用しない。できるだけフランジ継手を使用する。

⑦ 逃し管は一種の安全弁であるが，ボイラや貯湯槽には別に安全弁を取り付け，膨張管の凍結，その他の事故に備える。

　冬季0℃以下になることが予想される場合には保温を行う。

⑧ ボイラや貯湯槽への給水管の配管は，必ず給湯返り管に連結する。冷水を返り湯に混合させることによって，ボイラや貯湯槽に急激な温度変化を与えないようにする。

⑨ 給湯管の主管から枝管を取り出す場合は，直接の取り出しは避け，必ず2個以上のエルボと短管を組み合わせたエルボ返し配管（スイベル接続という）を行い，管の伸縮による応力が，ねじ部に集中することを避ける（図2-21(a)参照）。

⑩ 貯湯槽は，加熱コイルを引き出すスペースや，マンホールからの人の出入りにさしつかえないように，回りの空間の余裕を見て据え付ける。

⑪ 給湯送り管及び返り管とも，修理などの場合に備え，要所に仕切弁を取り付ける。
　また，配管の最も低い位置には，配管中の湯を完全に排水できるように，排水弁を取り付ける。

⑫ 流量制御などのために，玉形弁を使用する場合は，空気だまりができないように，また，ドレンが停滞しないように，弁軸を水平にして取り付ける。

⑬ 給湯配管中の空気を排出するため，膨張タンク又は，空気抜き弁に向かって先上りこう配をつけて配管する。

⑭ 貯湯槽や配管系は，熱損失をできるだけ少なくするため，保温被覆を行う。

⑮ 配管施工が完了したら，ボイラ，貯湯槽の機器と接続する前に，配管だけの水圧試験を行う。
　試験は管の被覆施工前に，実際に使用する最高圧力の2倍以上（最低0.4MPa）の圧力を，通常30分間以上加えて行い，漏れのないことを確かめる。

(2) 配管上の留意事項

a．配管の分岐，合流

配管を分岐又は合流させる場合には，圧力損失を少なくし，流れを円滑にするために，図2-10，図2-11のように行う。

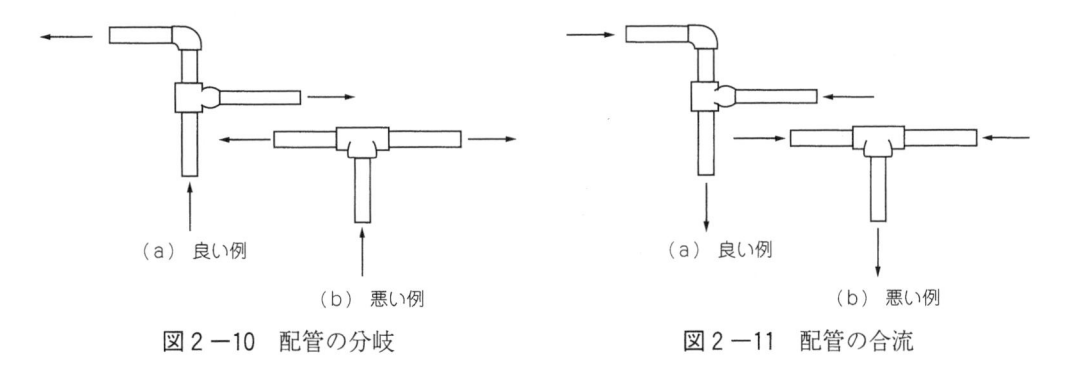

図2-10　配管の分岐　　　　　図2-11　配管の合流

b．逆止め弁の取付け

循環式配管においては，最後の湯栓，すなわち，返り管に近い湯栓を開くと，湯は返り管から逆に流れて温度の低い湯が出てしまう。これを防止するため，図2-12に示すように，返り管の下端に逆止め弁を取り付ける。

逆止め弁がスイング式の場合は，配管を45度傾けて，その部分に弁が垂直にたれ下がるように取

り付けるか，又は，水平配管部に取り付ける。

c．湯水混合器具に対する等圧配管

湯水混合器具を使用するときは，図2－13 (a) に示すように給水管と給湯管の静水頭が等しくなるように配管することが望ましい。

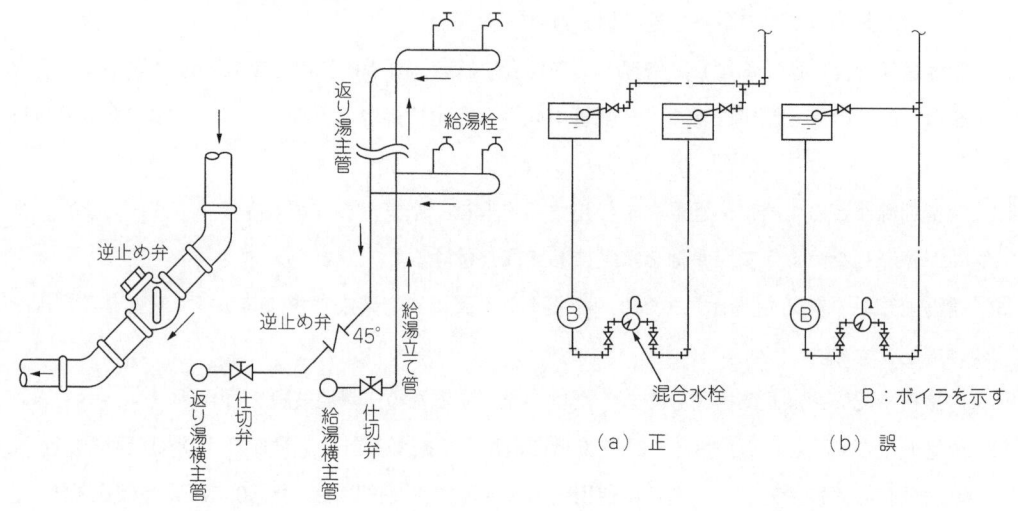

図2－12　逆止め弁の取付け

図2－13　湯水混合器具に対する配管

1．3　膨張タンクと逃し管

(1) 水の膨張と空気の分離

水は4℃のとき，単位重量当たりの体積が一番小さい。温度が4℃より上がっても，また，下がっても体積は増加する。

例えば，表2－2に示すように，4℃の水100lが100℃まで上昇すると約4.3lの体積が増加する。

表2－2　水の密度及び比体積

温度（℃）	密度（kg/l）	比体積（l/kg）	温度（℃）	密度（kg/l）	比体積（l/kg）
0	0.999840	1.000160	50	0.988033	1.012112
4	1.000000	1.000000	60	0.983193	1.017094
10	0.999700	1.000300	70	0.977761	1.022745
20	0.998204	1.001799	80	0.971788	1.029031
30	0.995648	1.004317	90	0.965311	1.035936
40	0.992215	1.007846	100	0.958357	1.043452

この例から，給湯設備の設計，施工に当たっては，常に水の膨張に対して余裕をもたせる必要がある。したがって，ボイラ，貯湯槽などの密閉した器で水を熱するときは，その膨張体積を逃がすために，逃し管及び安全弁を設けなければならない。

また，水の中には，わずかではあるが，空気が含まれている。この空気は，温度が低いほど多く含まれ，高くなるにつれて空気中へ分離する。例えば，表2－3に示すように，10℃の水100lが

80℃まで上昇すると,その間に1.64 lの空気が水中から分離することがわかる。

表2－3 水1m³が含む空気量

温度（℃）	0	10	20	30	50	80	100
空気量（m³）	0.0286	0.0224	0.0183	0.0154	0.0114	0.0060	0.0000

水中から分離した空気は,配管系統中に存在すると悪影響を及ぼすので,逃し管,又は空気抜き弁にて大気中へ排出させる。

(2) 膨張タンク

① 湯栓における給湯圧力は,湯栓と膨張タンク内の水面との落差に基づくものである。このため,最高部の湯栓の位置と膨張タンクとの高低差を少なくとも5m以上とってタンクを設置する。

② 膨張タンク回りの配管例を図2－14に示す。

③ 膨張タンクの上部には大気に開口した通気管を配管する。このようにしたタンクを開放形膨張タンク又は開放形重力タンクという。

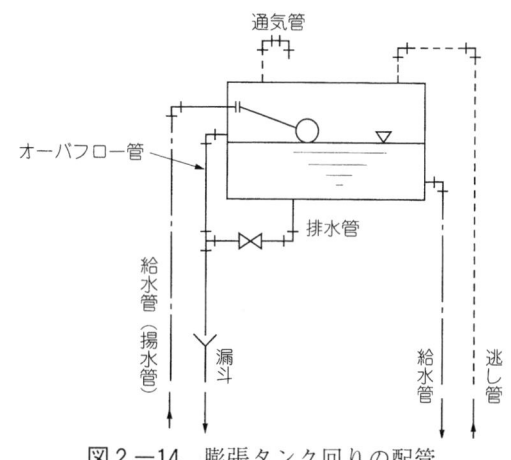

図2－14 膨張タンク回りの配管

④ 膨張タンクには給水管を配管し,ボールタップを取り付けて,いつも一定量の水が貯水されているようにする。また,タンク内に取り付けた電極棒によって水面の水位を検知し,揚水ポンプによりタンクへ給水する方法も多く用いられている。

⑤ 膨張タンクの排水は,排水管に排水弁を取り付け,オーバフロー管と接続させ,間接排水により排水させる。

⑥ 膨張タンクは冬季0℃以下となることが予想される場合には保温を行う。

(3) 逃 し 管

① 逃し管は給湯送り管の最上部を延長して所定の高さまで立ち上げるか,又は膨張タンク上部に開口させる。ボイラ又は貯湯槽から直接に立ち上げる場合も同様に配管する。

給湯送り管の最上部から逃し管を配管する場合は,ボイラ又は貯湯槽から逃し管分岐部までの給湯立て主管は逃し管を兼ねているので,法規上逃し管とみなされる。

② 逃し管には弁類を設けてはならない。

③ 逃し管を取り付けない場合には,ボイラー構造規格第62条によりボイラ及び貯湯槽に安全弁を取り付けなければならない。

④ 逃し管の途中には,空気だまりや,水だまり部を作ったり,また管径を規定の管径より細く

⑤ 逃し管の内径はボイラの伝熱面積により表2－4のように規定されている。小さなボイラでも内径が最小25mm以上必要であるので注意を要する。

⑥ 貯湯槽へ給水する場合，立ち上げる逃し管の高さは，図2－15に示すように，膨張タンク内の最高水位の水面よりHだけ高くする。このように配管しないと貯湯タンクが加熱されている間中，逃し管から湯があふれてしまう。このHの値は，貯湯槽へ入る水の温度，貯湯槽から出る湯の温度及び貯湯槽槽底から膨張タンク水面までの高さhによって定まり，次式で求める。

$$H = h\left(\frac{\rho}{\rho'} - 1\right) \cdots\cdots\cdots\cdots\cdots (2-1)$$

ここに，ρ：水の密度kg/l
ρ'：湯の密度kg/l

表2－4　逃し管の内径

ボイラの伝熱面積 (m²)	逃し管の内径 (mm)
10未満	25以上
10以上　15未満	30以上
15以上　20未満	40以上
20以上	50以上

（ボイラー構造規格第150条）

例えば，貯湯槽へ入る水の温度が10℃，貯湯槽から出る湯の温度が80℃の場合，給水管の最下位から膨張タンク水面までの高さhが30mのときは，Hは0.86mとなる。

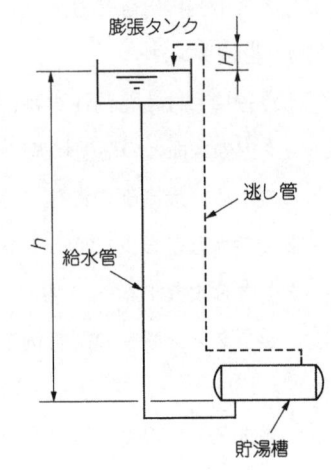

図2－15　逃し管の立ち上げ

1.4　配管のこう配

水は熱せられると，水中に含まれる空気が分離する性質がある。このため，この空気が管系統中に滞留し，湯の循環を阻害する恐れがある。この空気を逃し管又は空気抜き弁から排除するために，先上りこう配を付けて配管する。また，点検・清掃を行うため管内の湯水を全量排水できるよう，配管の最低部に向かって先下りこう配を付けて配管を行う。

（1）こう配の方向

給湯配管のこう配は，上向き式給湯配管の場合は，給湯送り管は先上りこう配，返り管は先下りこう配とする。下向き式給湯配管の場合は，送り管，返り管とも先下りこう配とする。

（2）こう配の値

給湯配管におけるこう配の値は，湯の循環をよくするために，また，空気抜きのために現場の許すかぎり急こう配とすることが望ましい。少なくとも1/300以上のこう配とし，一般には，強制循環式の場合には1/200，自然循環式の場合には1/150で配管する。

なお，配管の立て管が伸縮により，その先端又は分岐点が変位する場合は，それらの横走り管には，立て管の伸縮を考慮し，十分なこう配をつけて配管する（図2－16）。

1.5 空気抜き

配管系統中に生じた水からの分離空気を除去するため,逃し管の開口部,湯栓,空気抜き弁などから空気が抜けるように配管する。配管にやむを得ず凸部ができる場合は,その凸部に空気抜き弁を設けて排除する。

(1) 空気抜き

図2-17に空気抜きの要領を示す。図(a)及び図(b)の場合は,最高部の器具の湯栓から空気を排除する。図(c)の場合は,逃し管により膨張タンクへ排除するか,立て管の横走り部のⒶ部に自動空気抜き弁を取り付けて排除する。また,(c)では,Ⓐ部から上取りに配管を取り出して,ある高さを持たせ,Ⓑ部の湯栓に接続して空気抜きを行うこともできる。

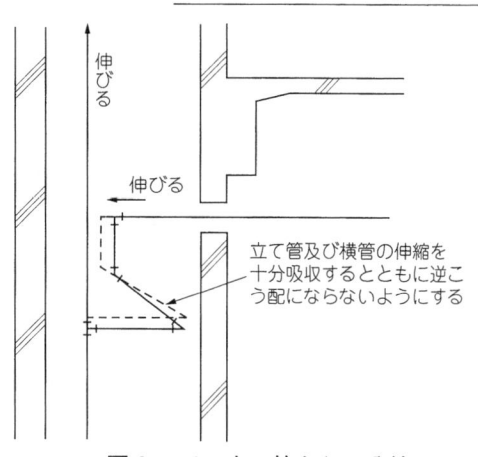

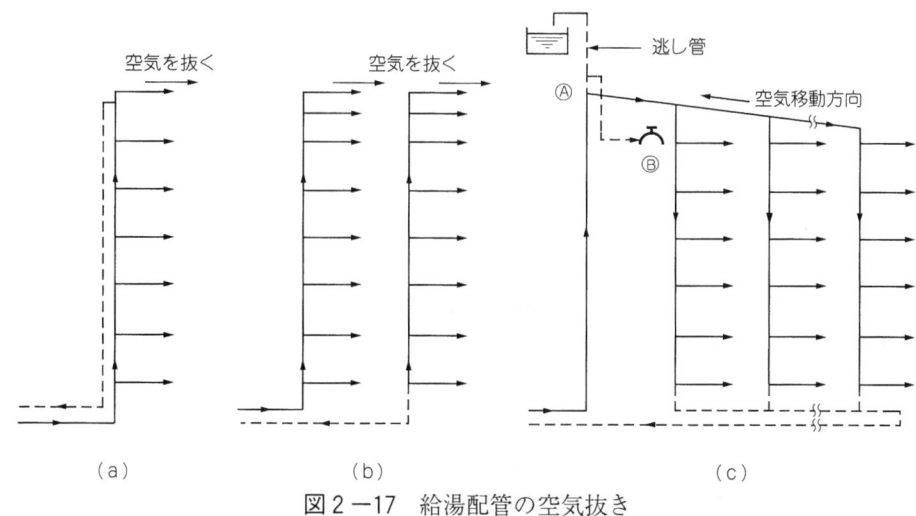

図2-16 立て管からの分岐

図2-17 給湯配管の空気抜き

(2) 空気抜き弁の取付け

配管中に空気だまりを作らないように配管しなければならないが、やむを得ずできたときは、図2-18(a)、(b)に示すように空気抜き弁を取り付けて完全に排気できるようにする。

空気抜き弁を取り付けるところには、空気が集まりやすいように空気だまりを設ける。この空気だまりの上部から排気管を取り出し、空気抜き弁を取り付ける。

排気管を取り出す場合、図(c)に示すような小さな管径の排気管を接続すると、十分な排気ができないので、このような配管を行ってはならない。

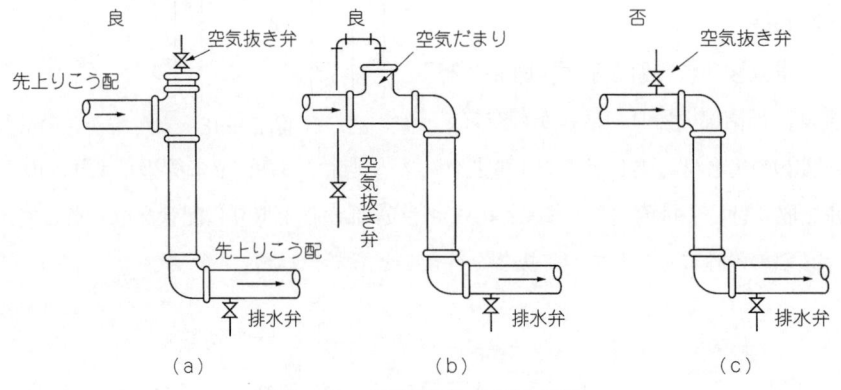

図2-18 空気抜き弁の取付け

また、空気抜き弁には、自動空気抜き弁と手動空気抜き弁とがある。手動空気抜き弁を使用する場合は、操作の困難な天井裏などに取り付けないで、図(b)に示すように操作のしやすい位置まで排気管を導き、そこに取り付ける。

なお、図(b)においてはT（ティー）継手により空気だまりをつくって排気管を配管しているが、空気をより分離しやすくするために、図2-19に示すエアセパレータなどが利用されることもある。

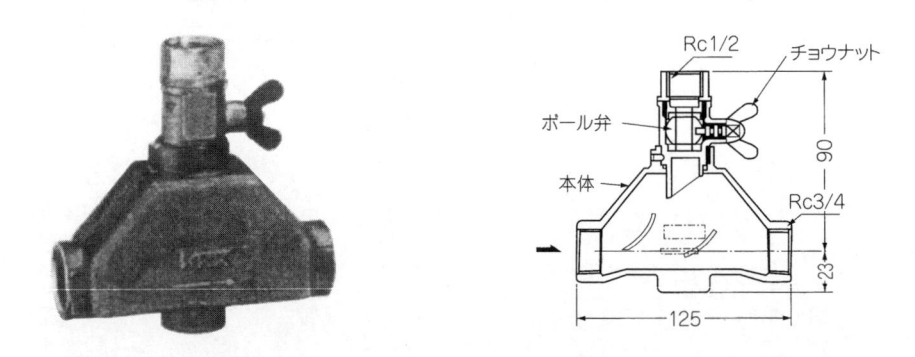

図2-19 エアセパレータの構造図

(3) 空気抜き弁の種類

図1-66にJIS B 0100による空気抜き弁を示したが、このほかに市販されている空気抜き弁を図2-20に示す。

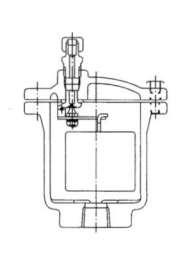

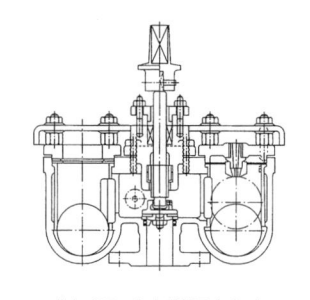

(a) 自動空気抜き弁　　(b) (双口)水道用空気弁　　(c) 水道用急速空気弁

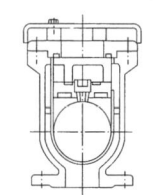

図2-20　空気抜き弁の種類

1．6　配管の伸縮対策

(1)　管の伸縮

温水によって暖められた管は長手方向に伸び，また，温度が下がれば元の長さにもどり，伸びたり，縮んだりしている。このため，この伸縮量を何らかの方法で吸収してやらないと，配管の接合部から漏れたり，管が曲がったり，又は機器の接合部が損傷したりしてしまう。この伸縮量に対処するために伸縮継手を用いる。

管の伸び量は，管の太さに関係なく，管の長さと温水の温度変化に比例し，次式により計算することができる。

$$r = 1000 L C \varDelta t \cdots\cdots\cdots\cdots\cdots\cdots\cdots\cdots\cdots\cdots\cdots\cdots (2-2)$$

ただし，r：管の伸び量（mm）

　　　　L：温度変化の起こる前の管の長さ（m）

　　　　C：管の線膨張係数（表2-5参照）

　　　　$\varDelta t$：温度変化（℃）

表2-5　各種管の線膨張係数

鋼　　　管	0.000011
鋳　鉄　管	0.000011
銅　　　管	0.000017
鉛　　　管	0.000029
硬質塩化ビニル管	0.00007

例えば，温度20℃のとき，鋼管で長さ100mの配管をした場合，この配管に湯を通して温度80℃になったときの管の伸び量は，

$$r = 1000 \times 100 \times 0.000011 \times (80-20) = 66\text{mm}$$

である。このように，鋼管で配管されている場合は，長さ100mの配管においては，温度が1℃上がるごとに配管が1.1mm（約1mm）伸びることがわかる。

(2)　伸縮管継手

a．伸縮管継手の種類

配管内の湯の温度変化による管の伸縮に対処するために伸縮管継手を用いる。伸縮管継手には次の種類のものがある。

(a)　スイベル継手

図2-21(a)に示すように，2個以上のエルボと短管を用い，短管のねじれを利用して，配管の伸

縮をこの部分に吸収させる。

（b） 伸縮曲管

図(b)に示すように，ループ状の伸縮曲管を作り，そのたわみによって配管の伸縮を吸収させる。

（c） スリーブ形伸縮管継手

単式と複式があり，図(c)に示すように，本体の内部に滑動することのできるスリーブを有し，配管の伸縮をこのスリーブの滑りによって吸収させる。図は単式を示す。

（d） ベローズ形伸縮管継手

すべり形伸縮管継手と同様に単式及び複式がある。図(d)は単式の場合で，本体内にベローズを有し，配管の伸縮をこのベローズによって吸収させる。

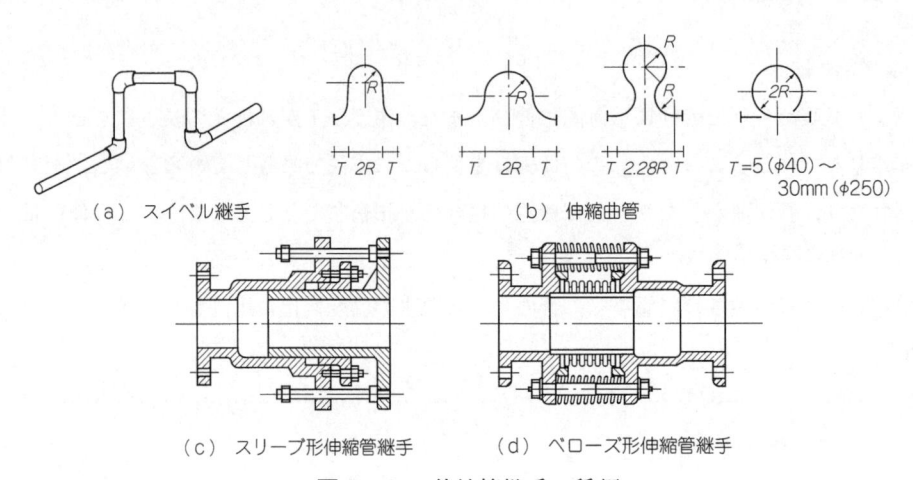

図2－21　伸縮管継手の種類

b．伸縮管継手の取付け

伸縮管継手は，伸縮による応力が継手の作動部に正しく伝わるようにする。単式伸縮管継手を使用する場合は，図2－22(a)に示すように，その近くにおいて配管を固定し，複式の場合は，図(b)，図(c)のように継手自体を固定する。

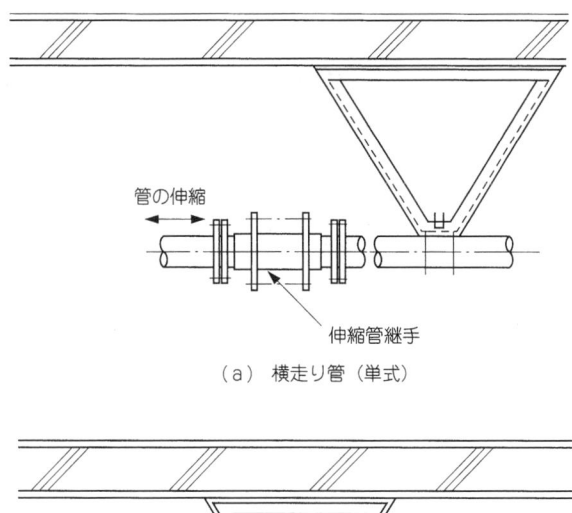

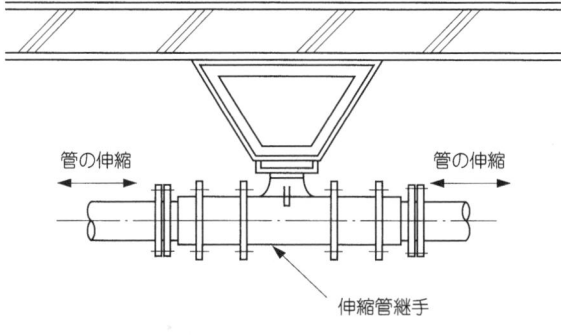

第 2 章　給湯設備の配管施工法　81

(a) 横走り管（単式）

(b) 横走り管（複式）

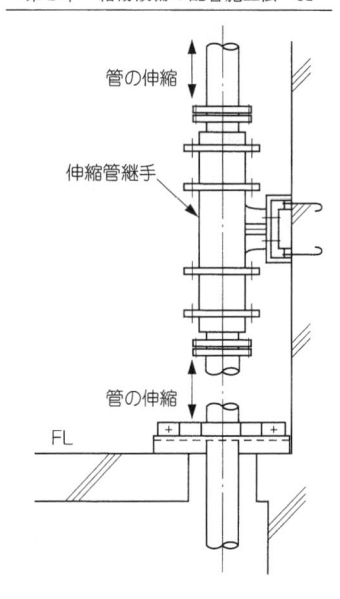

(c) 立て管（複式）

図 2 − 22　伸縮管継手の取付け

また，伸縮管継手の取付け間隔は，表 2 − 6 の値を目安とする。

表 2 − 6　伸縮管継手の取付け間隔

	単　式	複　式
鋼　　管	30 m に 1 個	60 m に 1 個
銅　　管	20 m に 1 個	40 m に 1 個

(3) 主管からの分岐

主管から枝管を分岐する場合は，2個以上のエルボと短管を組み合わせたスイベル継手配管とし，配管の伸縮をこの部分で吸収し，ほかに影響を与えないようにする。

a．立て主管からの分岐

図2-23に立て主管からの分岐を示す。

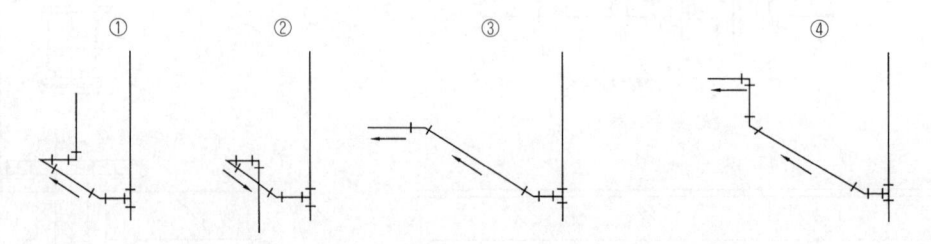

（注）はり貫通，壁貫通の場合はスリーブを大きくして立て管の伸縮をはり，壁に伝達しないようにする。
　　　→は配管こう配を示す（先上り）

図2-23　立て主管の分岐

b．横走り管の分岐

① 立上がり分岐

図2-24に立上り分岐を示す。

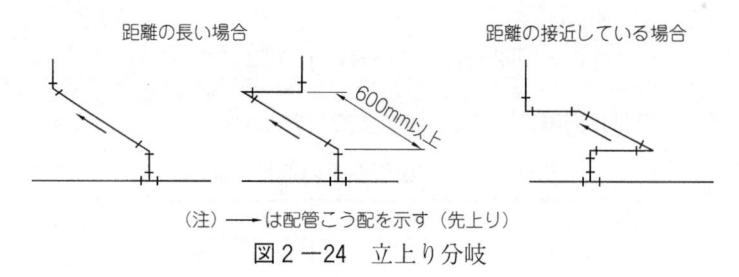

距離の長い場合　　　　　距離の接近している場合

600mm以上

（注）→は配管こう配を示す（先上り）

図2-24　立上り分岐

② 立下り分岐

図2-25に立下り分岐を示す。

距離の長い場合　　　　　距離の接近している場合

3エルボ　　　　　　　　4エルボ

（注）→は配管こう配を示す（先上り）

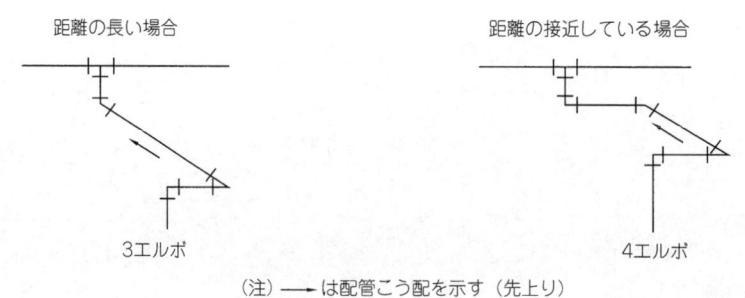

図2-25　立下り分岐

c. 横分岐

図2－26に横分岐を示す。

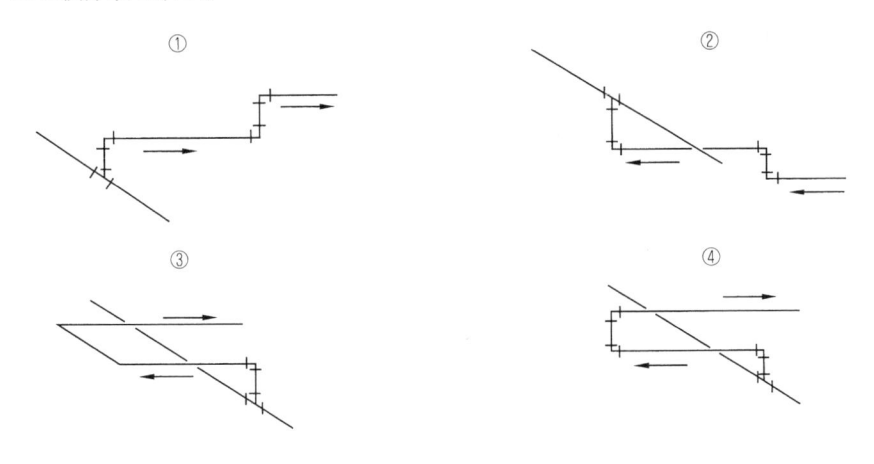

① ② ③ ④

（注）→は配管こう配を示す（先上り）

図2－26　横分岐

(4) 壁, 床を貫通する配管

コンクリートの壁を貫通する箇所は, スリーブを取り付け, その中に配管する。スリーブ外部は, 図2－27に示すように, 配管後固練りモルタルで埋戻しを行い配管外周は, ロックウールなどの不燃材を充てんする。

給湯管が便所, 浴室など, 防水層のある部屋の床を貫通する場合は, 図2－28に示すように, 配管の外側にスリーブを入れ, このスリーブへ防水層を立ち上げる。スリーブは床から50mm程度上げ, 床からの排水が入らないようにする。

図2－27　壁を貫通する配管

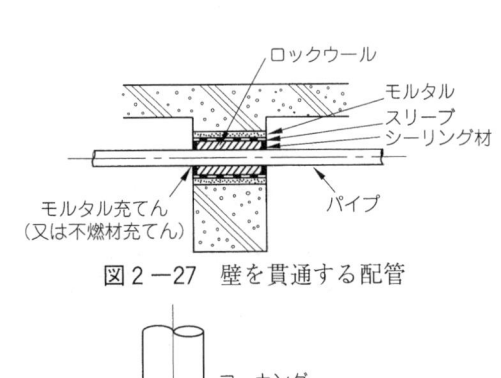

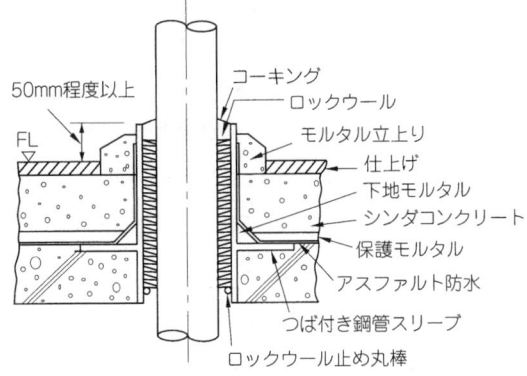

図2－28　防水床を貫通する配管

1．7　給湯管の管径と循環ポンプ

（1）給湯管の管径

給湯管内では，スケールの付着が常温の水を扱う給水管の場合よりもはるかに多くなる。したがって，管内径が縮小して流水による摩擦抵抗が増大するので，器具別給湯量などから算出した管径より一回り大きい管径のものを選ぶ。

返り管の管径は一般に送り管の管径のおおむね1／2とする。表2－7に返り管の標準管径を示す。

表2－7　返り管の管径　　　（単位：mm）

送り管径	20～25	32	40	50	65～80
返り管径	20	20	25	32	40

なお，送り管，返り管とも20mm未満の管は使用しないようにする。

（2）循環ポンプ

a．口径と揚程

循環ポンプの口径は，給湯返り管と同径のもの，すなわち給湯主管の管径より一回り小さいものを使用する。

循環ポンプは一般に返り管の最末端，貯湯槽への流入口の手前に設けて，湯の循環を促進させる。循環ポンプは給湯配管系の摩擦抵抗に打ち勝つために設けるのであるから，揚程は2～5m程度とし，必要以上に大きな揚程のものを用いてはならない。

循環ポンプの概算揚程は次の式から求められる。

$$H = 98 \left(\frac{L}{2} + l \right) \quad \cdots\cdots\cdots\cdots\cdots\cdots\cdots\cdots\cdots\cdots\cdots (2-3)$$

ただし，H：循環ポンプの揚程（Pa）

　　　　L：給湯送り主管の全延長（m）

　　　　l：給湯返り主管の全延長（m）

例えば，送り主管の全延長が90m，返り主管の全延長が50mの場合の循環ポンプの揚程は，

$$H = 98 (90/2 + 50) = 9310 \text{Pa} = 0.931 \text{m}$$

b．循環ポンプの選定

循環ポンプは低揚程で高温に耐えられるように工夫がしてあり，図2－29に示す配管途中に取り付けるラインポンプと，図2－30に示す床に設置して使用する床置渦巻ポンプがある。小規模の給湯配管ではラインポンプが多く使用されている。ポンプの選定に当たっては，メーカの性能表を参照し，運転音の小さいバランスのよくとれたものを選ぶようにする。

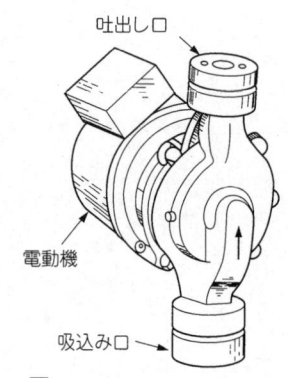

図2－29　ラインポンプ

図2-31にラインポンプの性能線図の例を，表2-8に渦巻きポンプの仕様の例を示す。

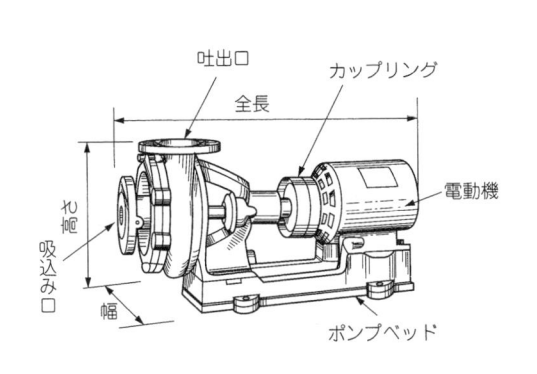

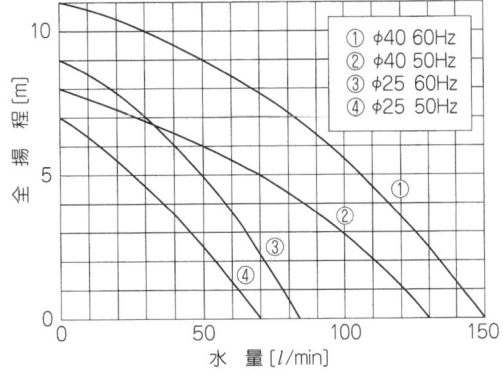

図2-30　床置渦巻ポンプ

図2-31　ラインポンプ性能線図（例）

表2-8　渦巻ポンプの仕様（例）

ポンプ				電動機	
口径（mm）	水量（l/min）	全揚程（m）	出力（kW）	回転数（min^{-1}）	
				50Hz	60Hz
40	90	2 3	0.2 0.2	1500	1800
50	150	2 4	0.2 0.4	1500	1800
65	250 300	2 4	0.4 0.7	1500	1800
75	360 450	2 4	0.4 0.7	1500	1800

(3) ラインポンプの取付け

a. 取付け方向

図2-32にラインポンプの取付けについて示す。ラインポンプは吸込み口と吐出し口が同一線上にあって，配管途中に水平にも，垂直にも自由に取り付けることができる。しかし，図(e)のように本体の電動機部を下向きにして取り付けてはならない。このようにすると接続部から湯が漏れた場合に，ポンプのモータ部に伝わり，故障の原因となる。

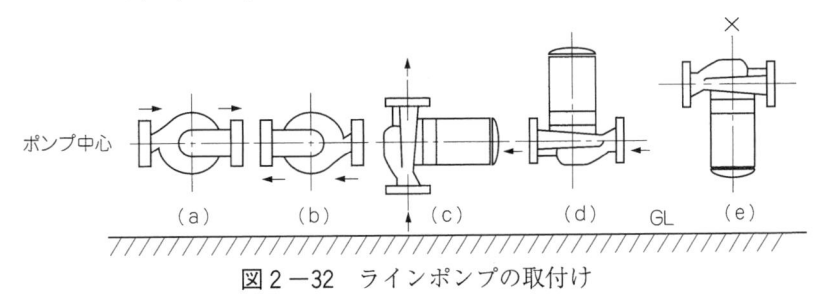

図2-32　ラインポンプの取付け

b．取付け位置

ラインポンプは図2-33のように配管の凸部に取り付けてはならない。

c．ポンプの支持

図2-34(b)に示すように，配管の重量がポンプに加わらないように，できるだけポンプの近くを支持する。また，バルブを取り付ける場合は，バルブ直前の管のフランジぎわを支持金物で強固に支持し，ポンプ下部をコンクリートブロックなどで支える。

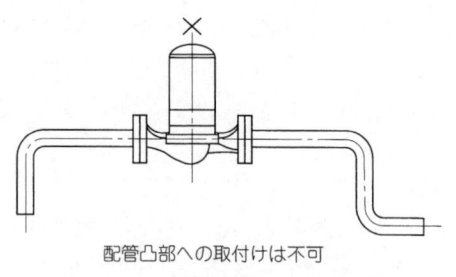

図2-33　配管凸部への取付け

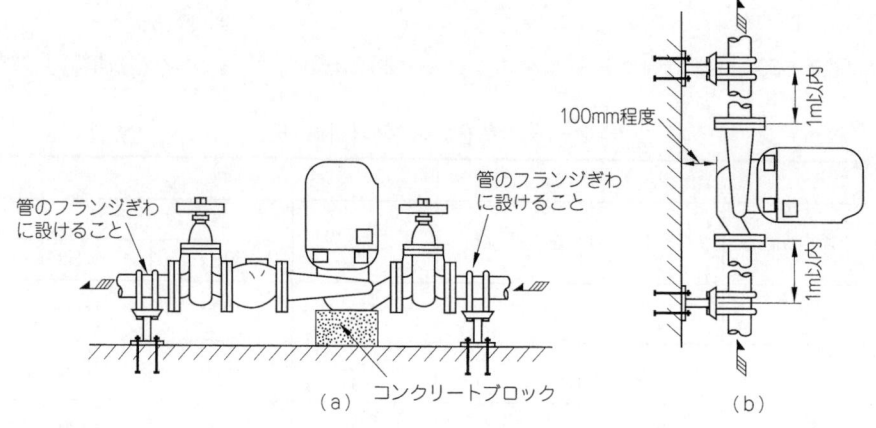

図2-34　ラインポンプの支持方法

1.8　配管の支持

(1) 一般留意事項

給湯配管では，給水管とちがって温度変化に伴なう管の伸縮が起こるので，これを吸収するために伸縮管継手を用いる。配管を固定支持するところは，図2-35に示すように，伸縮管継手又は，その近くとし，その他は配管が自由に伸縮移動できるように，ルーズに自由支持して伸縮量を無理なく伸縮管継手で吸収できるようにする。

伸縮管継手を用いない配管においては，その一端又は中央部を固定し，管の伸縮を片側又は，両側に逃がすようにする。

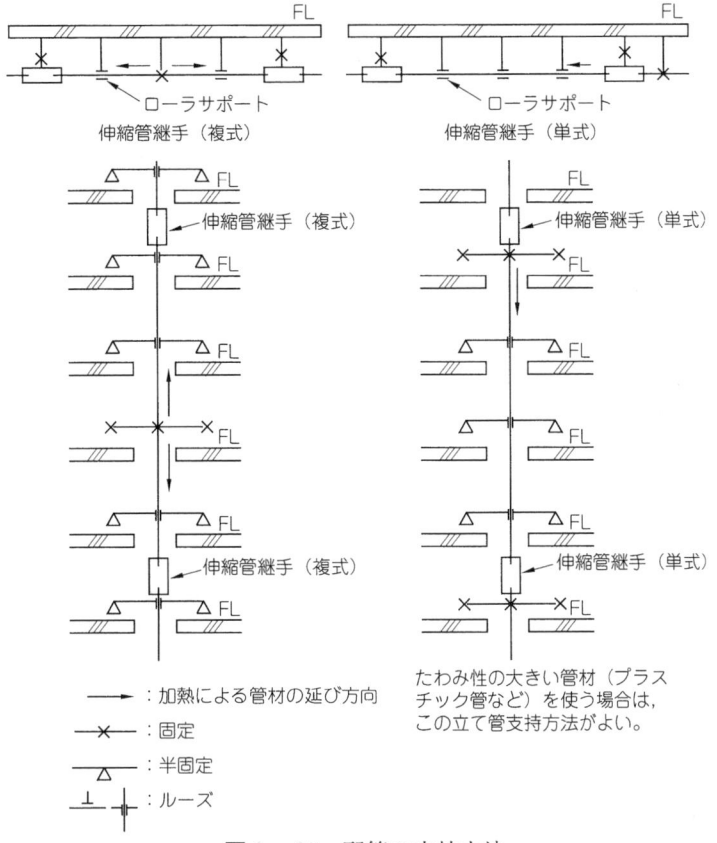

図 2-35 配管の支持方法

(2) 水平配管の支持

a. 自由支持方法

つり金物による方法と，下から支える支持金物による方法がある。いずれの方法も配管が自由に伸縮できるようにし，特に太い管に対してはローラなどで受ける方法が望ましい。図 2-36 に水平配管支持金物による支持方法を示す。

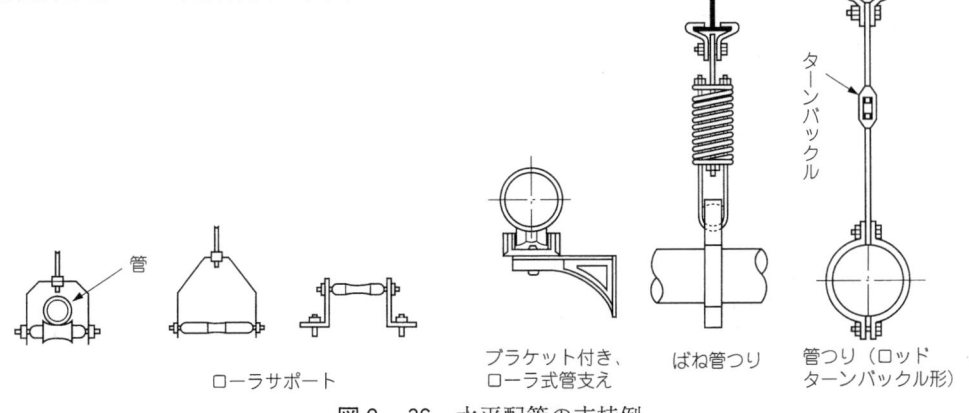

図 2-36 水平配管の支持例

配管に起こる振動や騒音を防止するためには，図2-37に示す防振ゴム又は，スプリングをはさんだ防振金物による支持方法が用いられる。

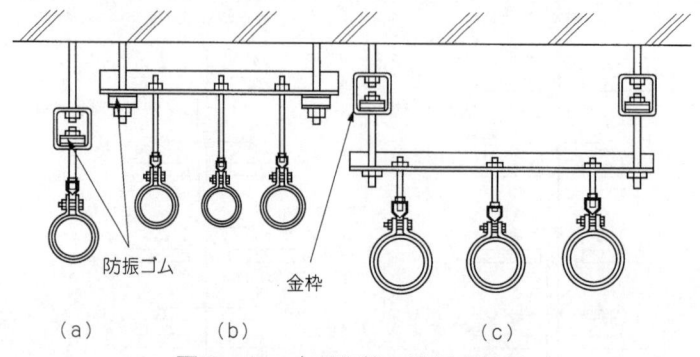

図2-37 水平配管の防振支持例

b．固定支持方法

配管の伸縮方向を一定に保つため，配管を固定する場所は，はり（梁），スラブなどを利用して行う。図2-38，図2-39に示すように，はり，スラブにブラケットを取り付け，Uボルトなどで固定する。

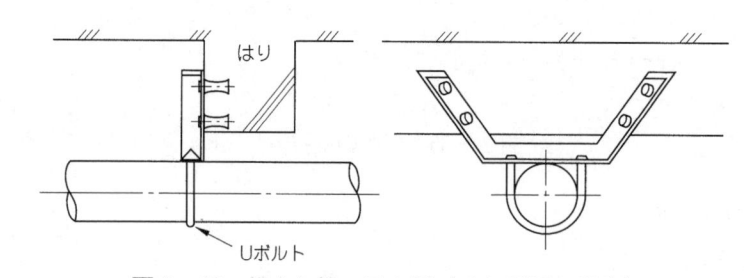

図2-38 横走り管の固定例（はり利用の場合）

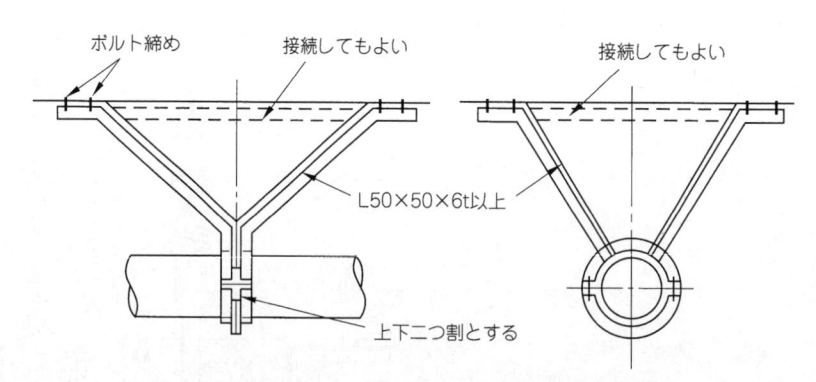

図2-39 横走り管の固定例（スラブ利用の場合）

なお，図2-40に示す配管において，ローハ間の距離が比較的短く，伸縮管継手を設ける必要のない場合は，ローハ間を固定しないで，その継手の反対側付近を固定する。

図2－40　短い配管の固定

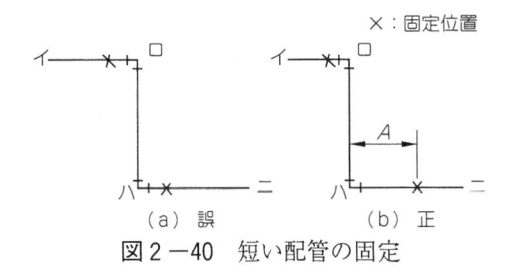

ただし，その場合には，図(b)のように一方の継手は，継手のすぐ近くを固定してよいが，他方は必ず適当な距離Aだけ離して固定する。この距離Aは，管の太さ及び管の伸縮量（温度差）によって異なる。条件が同じであれば，管径が大きいほどAを大きくとらなければならない。例えば，50Aの鋼管でロ－ハの距離が1mの配管の場合，温度差100℃でAの値は約350mmとなる。

(3) 立て配管の支持

a．自由支持方法

立て管が上下方向に自由に伸縮できるように，管の振れ止めをする程度に軽く締め付ける（図2－41）。

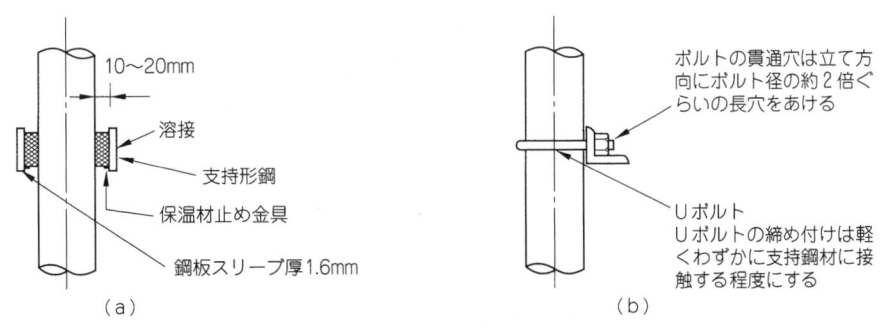

図2－41　立て管の支持例

b．固定支持方法

立て管の固定は，スラブ（床），壁などを利用して行う。床を利用する場合は，図2－42に示すように，山形・溝形などの形鋼を用いてUボルトで固定するか，又は，床バンドを使用して固定する。

壁を利用する場合は，図2－43に示すように，壁にインサート又は，アンカボルトを取り付けて行うか，若しくは，壁内に支持金具を直接埋め込んで行う。

90　配管施工法

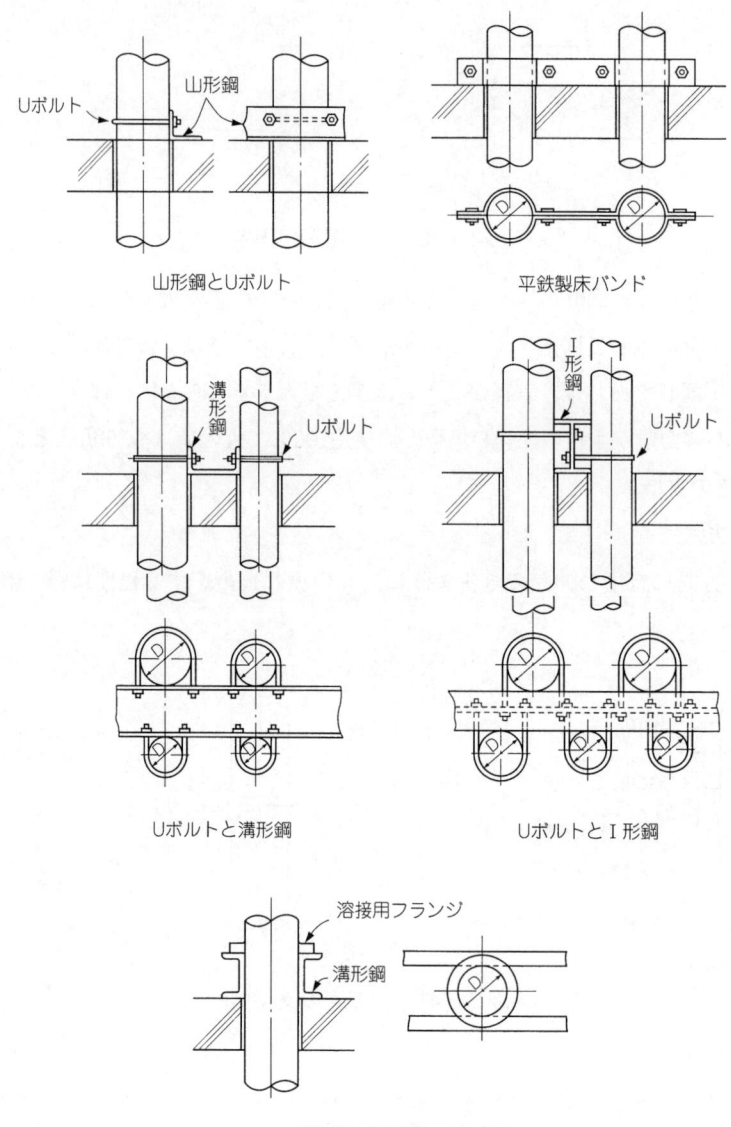

山形鋼とUボルト　　　　　平鉄製床バンド

Uボルトと溝形鋼　　　　　UボルトとI形鋼

溝形鋼と溶接用フランジ

図2－42　立て管の固定例（床利用の場合）

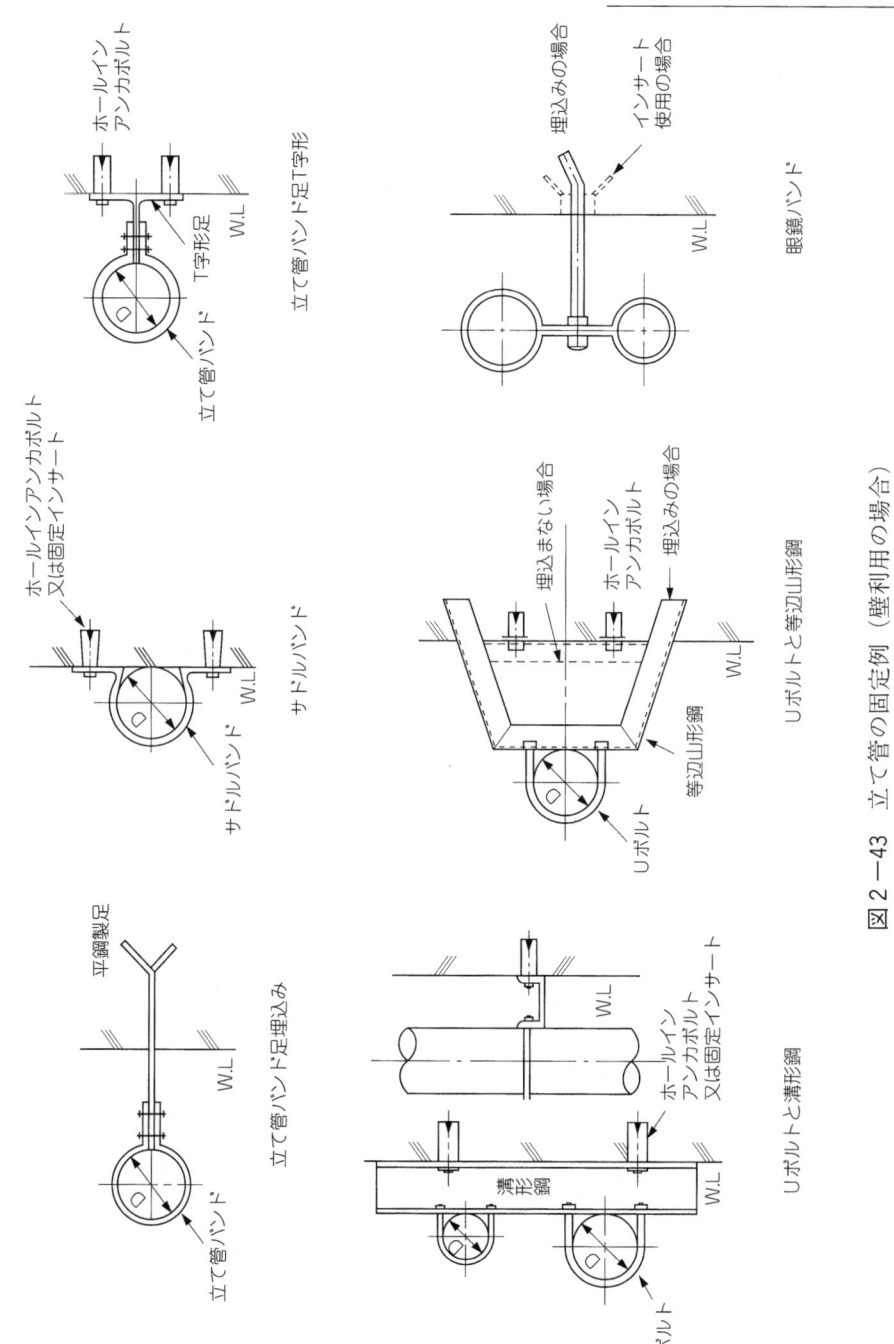

第2章 給湯設備の配管施工法　91

図2−43　立て管の固定例（壁利用の場合）

1.9 給湯配管材料

温水は冷水より金属材料に対する腐食作用が大きいので，給湯配管には，耐食性のある材料を使用することが望ましい。

(1) 管　材　料

a．ステンレス鋼管

JIS G 3448「一般配管用ステンレス鋼管」に規定されている。SUS304TPD，SUS316TPDの2種があり，通常はSUS304TPDを使用するが耐食性はSUS316TPDの方が優れている。熱による管の伸縮に適応性がよく，施工性も良好であるが，プレス式管継手などのゴム輪を使用した接合法は，ゴムの耐久性に問題が生じることがあるので注意を要する。

b．銅管（黄銅管）

JIS H 3300銅及び銅合金継目無管とJIS H 3320銅及び銅合金溶接管に規定され，多くの場合，りんで脱酸して水素ぜい化をなくしたりん脱酸銅継目無管が使用される。鋼管に比べ価格が高いが，耐食性に優れ，また，作業性も良好であるので，給湯配管に適している。種類は，Kタイプ，Lタイプ，Mタイプの3種があり，肉厚はKタイプが一番厚く，Lタイプ，Mタイプの順に薄くなっている。給湯配管においてはMタイプが多く使用される。

黄銅管も給湯用に適しているが，継手も含めて価格がさらに高いので，銅管に比べ使用されることは少ない。銅管や黄銅管は，極軟水に弱いので，病院の手術用滅菌水や蒸留水などに用いる場合は，内部にすずめっきを施す。

c．水道用耐熱性硬質塩化ビニルライニング鋼管

JWWA K-140で規定されている。鋼管の剛性と硬質塩化ビニルの耐食性が複合され，給湯用として優れているが，比較的高価である。

d．水道用架橋ポリエチレン管

JIS K 6787で規定され，主に屋内の給水配管に使用する可とう性の配管材料であるが，水あかが付着しにくく軽くて施工が容易であることから95℃以下の給湯用として最近普及している。この管を合成樹脂製可とう電線管の中に通し，ヘッダ（分岐管）に接続して各水栓器具に給湯する「さや管ヘッダシステム」に多く利用される。

e．耐熱性硬質塩化ビニル管

JIS K 6776で規定され，他の硬質塩化ビニル管と同様に価格が安く，施工も簡単であるが他の管に比べ耐久性はあまり期待できず強度上の不安があるため現在は使用されない傾向にある。

(2) 弁　　類

弁は仕切弁又はボール弁を使用する。抵抗が大きく，空気だまりをつくりやすい玉形弁は使用しない。

仕切弁は，半開きの状態で使用するとディスクが局部的に摩耗して，全閉したとき漏れやすくなるので，全開か全閉の状態で使用する。

逆止め弁は，抵抗の大きいリフト式を使用しないで，スイング式を使用する。湯が上から下へ流れるときに逆止め弁を用いる場合は，いったん横引き配管とし，逆止め弁を取り付けてから管を立ち下げる。

(3) 管継手

特に自然循環式給湯法においては，摩擦抵抗をできるだけ少なくするため，エルボやTはなるべく避け，ベンド管やY字継手を使用する。

(4) 給湯栓

構造は給水栓と同一であるが，こまパッキンは専用の耐熱パッキンを使用する。ゴム，皮，ファイバ類のものを用いてはならない。

第2章の学習のまとめ

給湯配管は，中・高温の水を供給するものであるため，温度変化による管の伸縮や管内の圧力変化に対する処置，析出した気泡の処理など，給水配管とは異なった施工上の注意が必要である。また，衛生上の問題，例えばレジオネラ菌の発生抑制なども欠かすことはできない。配管の計画・実施に当たっては適切な方法で臨むことが大切である。

【練習問題】

局所式給湯法で，単管式配管法を用いたとき湯沸器から湯栓までの距離が長いと不都合である理由について述べなさい。

第3章　排水，通気及び衛生設備の配管施工法

　いろいろな用途に使用された後の水を下水道など，排水処理施設に導水する施設を排水設備，排水管内に新鮮な空気を導入して管内を清潔にし，臭気や下水ガスの居住空間への逆流を防ぐ管を通気管，浴槽・便器・洗面器など水・湯・汚物を受け止め排出する設備を衛生設備という。

　これらの設備・管は衛生上重要なものであって，環境を汚染させずに下流側の処理施設へ円滑に汚水を移送しなければならない。

　本章ではこれらの設備・管の施工法について概説する。

第1節　排水及び通気配管の構成

1．1　排水トラップの設置

　排水管内の臭気，有毒ガスなどが洗面器，便器，浴槽などの衛生器具の排水口から屋内に入るのを防ぐため，器具の近くには排水トラップを設ける。

1．2　屋内排水管の構成

　一般のビルなどの屋内排水管は，図3－1に示すように器具排水管，排水横枝管，排水立て管及び建物排水横主管で構成されている。水平配管部には，排水の流れる方向に先下がりの配管こう配をつけ，排水が流れやすくする。排水立て管の上端は延長して，伸頂通気管として大気中に開放する。

　また，排水管には，排水の詰まり，点検などの場合のために掃除口を設ける。

1．3　通気管の配管

　排水管には，次の目的のために通気管を配管する。
　①　サイホン作用及び背圧から排水トラップの封水を保護する。
　②　排水管内の流れを円滑にする。
　③　排水管内に新鮮な空気を流通させて，排水管系統内の換気を行い，管内を清潔に保つ。

　なお，通気管は，排水トラップの近くから立ち上げ，その頂部は建物の屋上まで配管し，ベントキャップを取り付けて，大気が自由に出入りするようにする。

1.4 排水及び通気配管材料

排水及び通気配管材料としては，ダクタイル鋳鉄管，配管用炭素鋼鋼管，硬質塩化ビニル管，鉛管などが用いられている。硬質塩化ビニル管は，他の材料に比べ耐久性は劣るが，耐食性があり，また，価格も安いので，鋼管，鉛管の代用として使用されている。

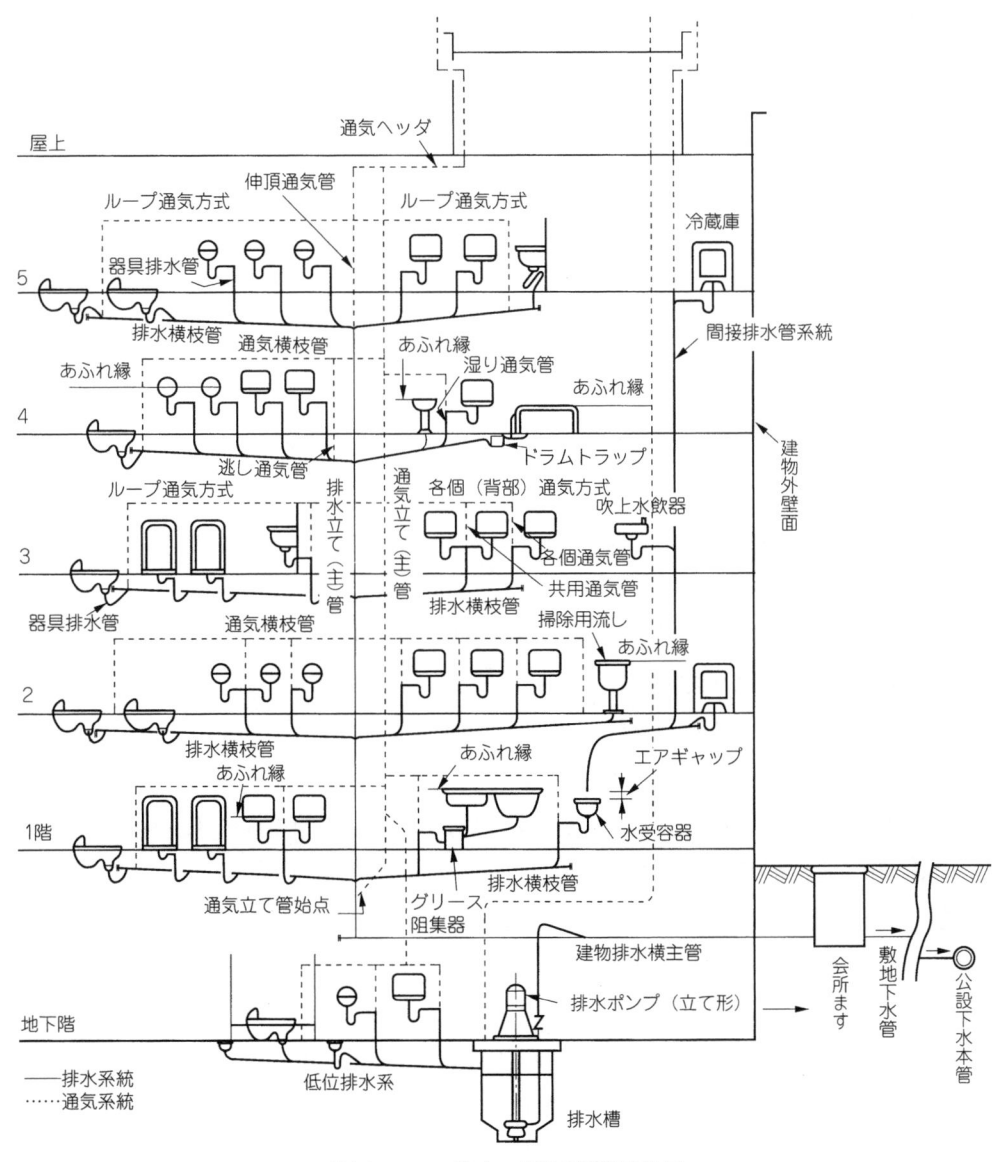

図3－1 排水，通気配管系統図

第2節　排水配管の施工法

2．1　排水配管施工上の留意事項

排水配管の施工に当たっては，次の事項に留意して行う。

① 配管の施工に先だち，他の設備管類及び機器との関連事項を詳細に検討し，こう配を考慮して，その位置を正確に決定する。また，建物内に施工する場合は，工事の進行に伴ない，支持金物及び配管用スリーブを取り付けて，遅滞なく行う。

② 鋼管を土中に埋め込むときは外面被覆管を使用するか，防食テープ巻きを行う。また，鉛管をコンクリート内に埋め込むときはアスファルトジュートを巻き，重なり目はバーナで焼き付けるか，又はビニルテープを巻き付ける。

③ 配管に漏水のあるときは，速やかに正規の修理を行う。鋼管，鋳鉄管及び鉛管に対しては，コーキングなどによる修理をしてはならない。

④ 排水横枝管などが合流する場合は，必ず45°以内の鋭角とし，水平に近いこう配で合流させる。

⑤ 排水横枝管は，点検，修理のときのことを考慮し，配管の曲がり部，分岐点などには，必ず掃除口を設ける。

⑥ 排水立て管，横走り管とも堅固な支持金物で取り付け，排水立て管の最下部には必要に応じて，支持台などを設けて固定する。

⑦ 排水は二重トラップとしてはならない。

⑧ 雨水立て管に排水管を連結してはならない。

⑨ 排水配管に鋼管，硬質塩化ビニル管を用いる場合は，必ず専用の排水用管継手を使用する。一般用の配管継手を使用してはならない。

⑩ 排水系統に鋳鉄管を用いる場合，すべて受口を上流側にして接合する。しかし，配管の納まりその他，やむを得ない箇所には継ぎ輪を使用してもよい。立て管には継ぎ輪を用いてはならない。

⑪ 次のものからの排水は，汚水管又は雑排水管に直結してはならない。必ず間接排水とする。
　a）食料の貯蔵，調理及びその取扱いに使用される容器又は装置
　b）冷媒又は熱媒として使用する用具若しくは装置
　c）消毒器，殺菌器，水蒸留器，皿洗い器
　d）水槽，貯湯槽，熱交換器，その他に属する各種水槽
　e）給湯，給水用各種ポンプ装置，その他同種の機器

f）消火系統又はスプリンクラ系統のドレン管

　　g）ボイラの吹出し管及びドレン管，蒸気管のドリップ管

　　h）水泳プール

⑫　間接排水管は，水受け器，その他あふれ縁から，その排水管径の約2倍の空間を保持して，開口しなければならない。

⑬　自動車車庫内の手洗い器や床排水は，ガソリンを含むから，オイル阻集器に集め，ガソリンを分離，発散させたのち，下水管に放流する。

⑭　化学実験室，化学工場などの特殊工場からの排水は，水質汚濁防止法の排水基準と総量削減量をクリアしていることが確認されない限り，下水管などに放流してはならない。

⑮　軟弱地盤で，将来，沈下損傷が予想されるような場所に配管する管材は，強じんな材質のものを選び，相当な厚さの砂利類で基盤を固め，堅固に施工を行う。

2．2　管の接合方法

(1)　鋼管の接合

a．ねじ接合

　排水配管で，鋼管のねじ接合に用いる継手は，通称ドレネージ継手と呼ばれる排水専用のねじ込み式排水管継手（JIS B 2303）を使用する。一般用の継手は異物の集積を起こすから使用してはならない。

　排水用継手を使用したとき，垂直立て管に対して横走り管には，1°10′（約1/50）のこう配がつく。

　鋼管のねじ切りにおいては，管用テーパねじを規定どおりに正しく切り，シール剤を塗布するか，シールテープを巻いて継手を取り付ける。この際，鋼管と継手の基本径を十分に一致させ，図3－2(b)に示すように，鋼管の端面と継手のリセスの肩が触れる直前までねじ込み接合する。

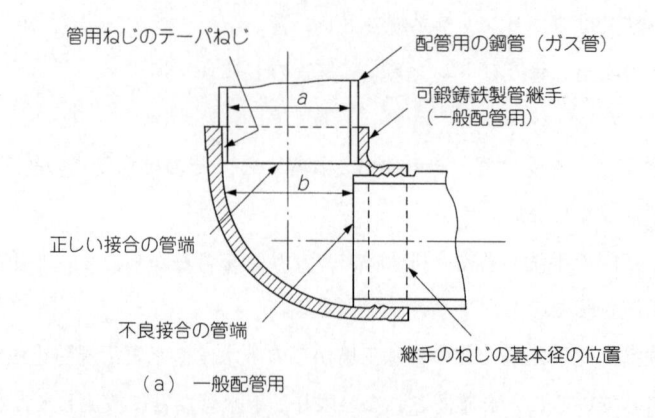

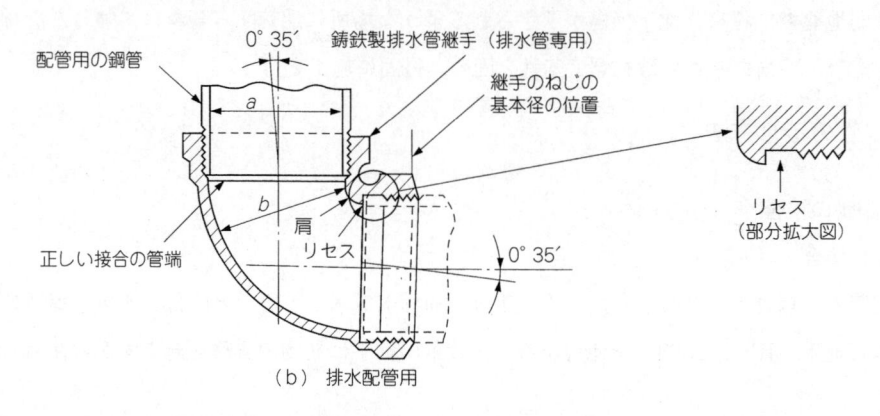

図3−2　一般配管用と排水配管用継手のねじ込み

b．溶接接合，フランジ接合

ねじ接合とともに，中・高層建築物の排水通気用に使用される。給水設備の配管施工法と同様であるので，第1章3.4(2)項を参照されたい。

c．継手接合

低層建築物の排水・通気用に排水鋼管用可とう継手（MDジョイント）が最近多く用いられている。構造を図3−3に示す。パッキンにより，±2°まで屈曲が可能で，鋼管の管端は面取りした後，滑剤を塗布して継手へ挿し込む。構造上，内圧が高いと漏水する可能性があるので採用に当たっては注意を要する。

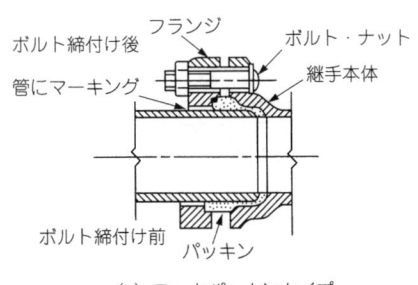

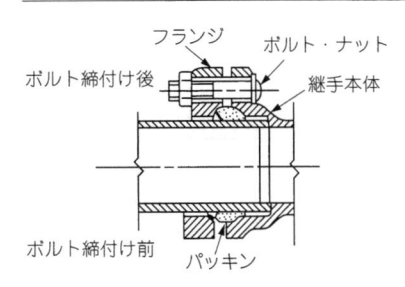

(a) ロックパッキンタイプ　　　(b) クッションパッキンタイプ

図3－3　排水鋼管用可とう継手

（2）ダクタイル鋳鉄管の接合

下水道用ダクタイル鋳鉄管は，日本水道協会JSWAS G-1に規定されているT形，K形の2種があり，第1章3.4(1)項の接合法と同様である。下水の排水に用いるときは，受口を上流側として漏水が滴下しないようにする。

（3）硬質塩化ビニル管の接合

排水配管では，硬質塩化ビニル管のVU又はVPを使用し，継手は専用の排水用硬質塩化ビニル管継手（JIS K 6739）を使用する。継手の内面には，テーパがつけられている。接合は，通常管を加熱する必要のない冷間接合で行う。継手の内面と管の外面をウエスなどできれいにし，接着剤を塗って所定の深さまで挿入する。管の挿入時は10秒ぐらい力を入れて押さえておく。はみ出した接着剤はよくふきとって接合を完了する（図3－4参照）。

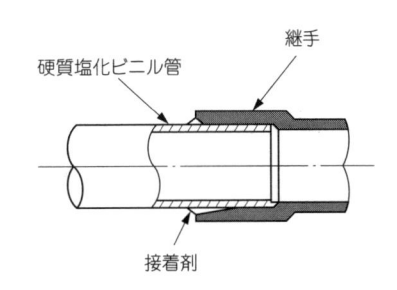

図3－4　硬質塩化ビニル管の冷間接合

2．3　排水管の合流接続方法

（1）器具排水管と排水横枝管の接続

器具排水管と排水横枝管の接続は図3－5に示すように，水平に対して45°以下の角度で接続する。これは器具配水管の流速が大きいので，排水横枝管の水深が部分的に満水状態となり，排水が器具へ逆流するのを防ぐためである。

ただし，通気管を必要としない場合は，排水横枝管の真上に90°の角度で接合してもよい。

(a) 誤　　(b) 正

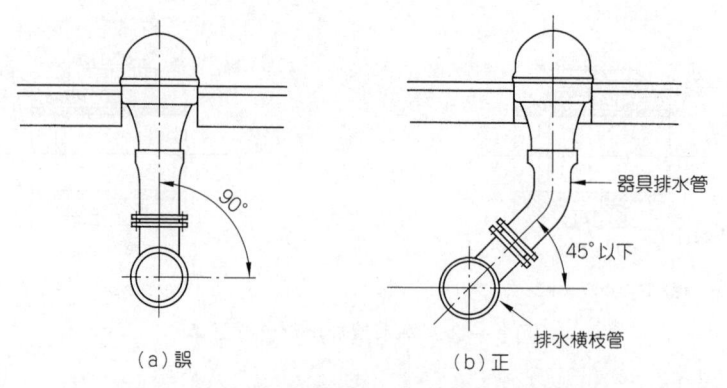

図3－5　器具排水管と排水横枝管の接続方法

(2) 排水横枝管の合流方法

排水横枝管が合流する箇所は，図3－6(b)に示すように，45°Y管と45°曲管を組み合わせて曲率半径を大きくし，流水の抵抗をできるだけ少なくするために，45°以内の角度で合流させる。合流するときのこう配は水平合流とする。

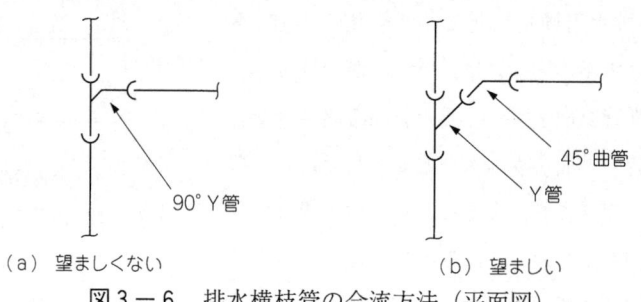

(a) 望ましくない　　(b) 望ましい

図3－6　排水横枝管の合流方法（平面図）

（3） 正しい配管と望ましくない配管例

図3－7に正しい配管と望ましくない配管例を示す。

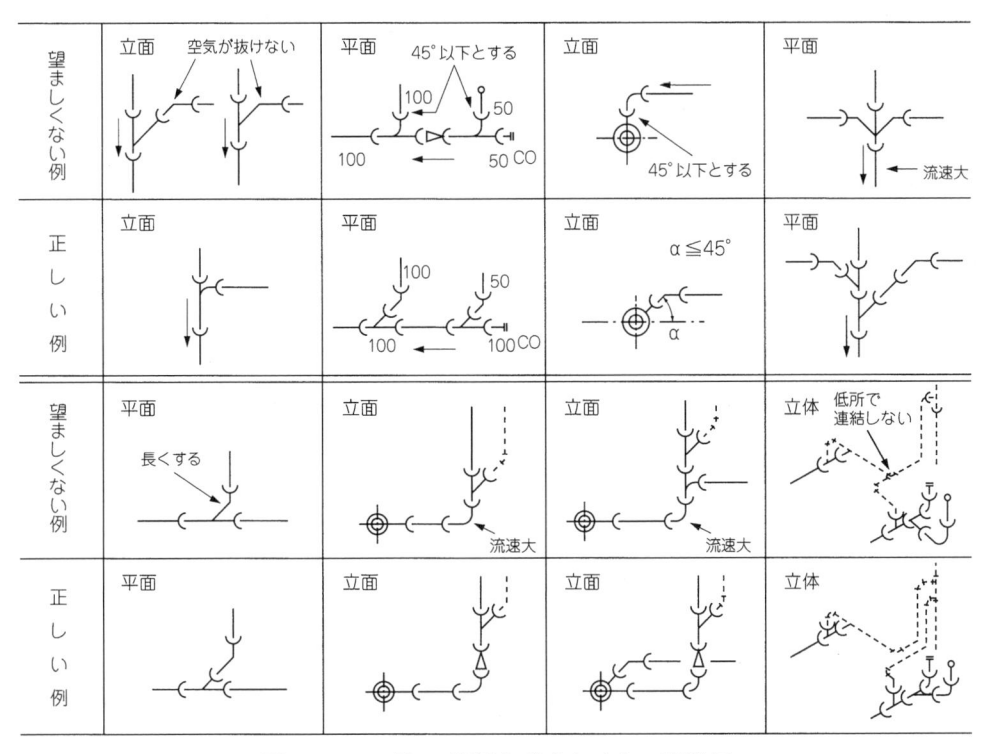

図3－7 正しい配管と望ましくない配管例

（4） 雨水排水管と汚水排水管の接続

公共下水道が合流式である場合，雨水排水管を汚水配水管に接続するときは，図3－8に示すように，必ず雨水排水管に排水トラップを設ける。また，雨水排水管の接続部は，排水横主管上で汚水立て管接続部よりも3m以上下流とする。

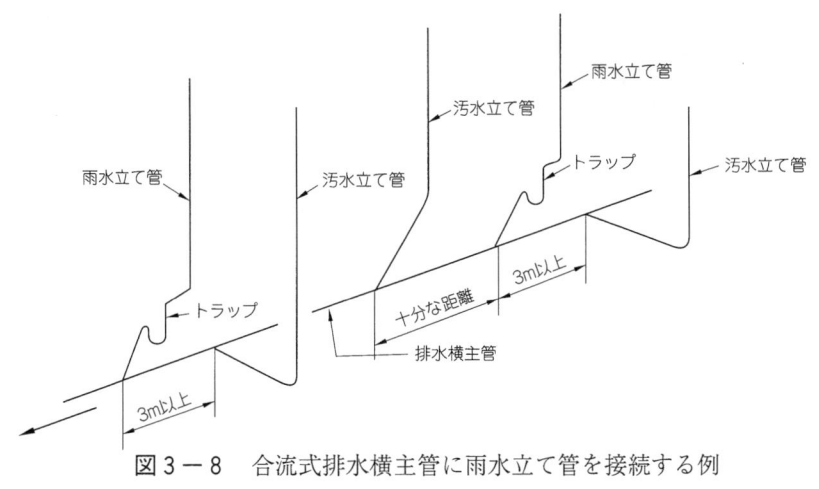

図3－8 合流式排水横主管に雨水立て管を接続する例

2.4　配管の支持と支持間隔

配管系統が十分にその機能を果たすには，配管に対する支持が完全でなければならない。管の重量，管内を流れる流体の重量など，すべての重量を支持し，地震その他，外力が加わっても動かないように，支持金物などにより壁，床，天井などに堅固に取り付ける。

(1) 配管の支持

配管を支持するには，それぞれの管に適した支持金物を，あらかじめ天井などのコンクリート中に埋め込んだインサート，アンカボルトなどに取り付けて配管する。

図3－9に，インサートとつり金物による横走り管の支持例を示す。立て管を支持するには，一般に図3－10に示すように，床又は壁に形鋼を取り付け，それに配管する。また，立て管の最底部には，立て管の総重量が加わるので，図3－11に示すように，受台などにより配管を支持する。

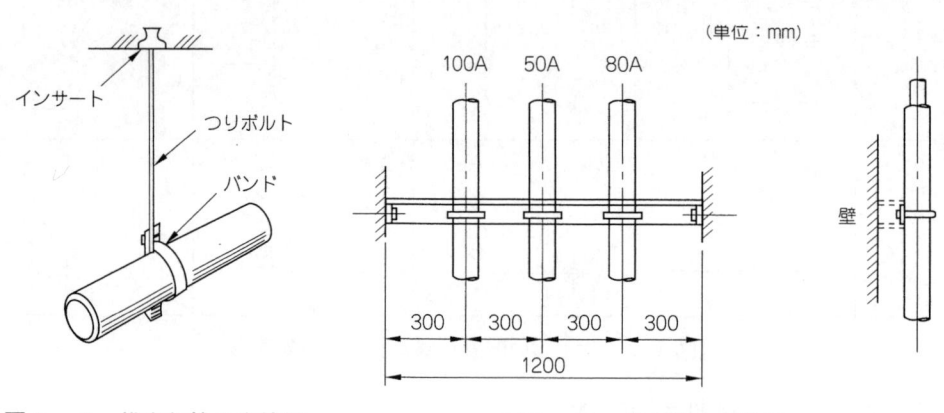

図3－9　横走り管の支持例　　　図3－10　立て管の支持例

図3－11　配管最底部の支持例

(2) 配管の支持間隔

配管の支持間隔は，管の材質と配管の状態によって定める。一般に用いられている支持間隔を表3－1に示す。

表3-1 配管の支持間隔（SHASE S 010）

(a) 立て配管

摘要			間隔
鋳鉄管	直管		1本につき1箇所
	異形管連続	2個	いずれか1箇所
		3個	中央の1箇所
鋼管 ステンレス鋼管・銅管 硬質塩化ビニル管・鉛管			各階1箇所以上

(b) 横走り管共通

摘要		間隔
鋳鉄管	直管	1本につき1箇所
	異形管	1個につき1箇所
鋼管 （0.5mを超えるとき）		配管の変形のおそれのある場合は，厚さ0.4mm以上の亜鉛鉄板の半円といで受け，1.5mごとに支持する

(c) 支持ボルト一本つりによる横走り配管の支持間隔とつりボルト径

棒鋼つり一本つりの場合	鋼管	呼び径	15	20	25	32	40	50	65	80	100	125	150	200	250	300
		支持間隔[m]	2.0					3.0						2.0		
		つりボルト	M10									M12				
	一般配管用ステンレス鋼管	呼び径	15	20	25	32	40	50	65	80	100	125	150	200	250	300
		支持間隔[m]	2.0					3.0								
		つりボルト	M10									M12				
	銅管	呼び径	10	15	20	25	32	40	50	65	80	100	125	150		
		支持間隔[m]	1.0					1.5		2.0		2.5	3.0			
		つりボルト	M10													
	硬質塩化ビニル管	呼び径	13	16	20	25	30	40	50	65	75	100	125	150	200	250	300
		支持間隔[m]	0.75		1.0				1.2			1.5			2.0		
		つりボルト	M10														M12
	耐火二層管	呼び径	40	50	65	75	100	125	150								
		支持間隔[m]	1.5														
		つりボルト	M10		M12												

(d) 形鋼などによる横走り配管の支持間隔

摘	要	間隔 [m]	摘	要	間隔 [m]
鋼　　　管	呼び径20以下	1.8 以内	銅　　　管	呼び径20以下	1.0 以内
	25～40	2.0 以内		25～40	1.5 以内
	50～80	3.0 以内		50	2.0 以内
	90～150	4.0 以内		65～100	2.5 以内
	200以上	5.0 以内		125以上	3.0 以内
一般配管用ステンレス鋼管	呼び径20以下	1.0 以内	硬質塩化ビニル管	呼び径16以下	0.75 以内
	25～40	1.5 以内		20～40	1.0 以内
	50	2.0 以内		50	1.2 以内
	65～100	2.5 以内		65～125	1.5 以内
	125以上	3.0 以内		150以上	2.0 以内

2．5　排水管のこう配

排水管は配管の途中に凹凸部を作らないように，また，逆こう配にならないように，適正な一定のこう配で配管する。表3－2に排水横管のこう配を示す。

配管をあまり急こう配にすると，管内の流れの深さが浅くなり，排水のみが急速に流下して，固形物を残すことになるので，最小こう配の2倍以上にしないようにする。

表3－2　排水横管の最小こう配

排水管径（mm）	最小こう配
65以下	1/50
75, 100	1/100
125	1/150
150以上	1/200

2．6　間接排水配管

料理流しなど飲食品類に関係のある器具類が，もし，一般排水系統に直結しているときは，その系統の不測の事故などから汚水や有毒ガスが逆流して汚染されないとは限らない。こうしたことのないように，安全確保のため配管を絶縁することを間接排水配管という。器具からの排水管の末端は，図3－12に示すように，排水管径の2倍以上の排水口空間をとり，ろうと（漏斗）又は，ホッパで受けて排水する。

ろうと以下の配管径 d は，器具からの排水管径 D より一口径太くする。

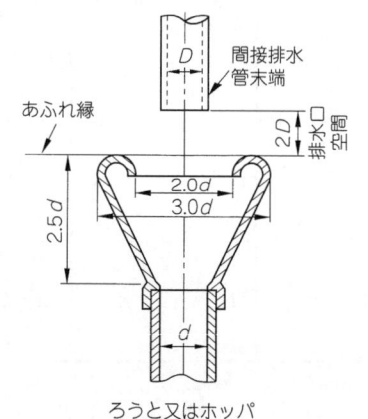

図3－12　間接排水のろうと部の詳細

2.7 掃除口

(1) 掃除口の設置

排水管には排水の詰まり，点検などのために，配管の曲がり部や分岐点などには，必ず掃除口を設ける。掃除口の位置は掃除道具が操作しやすいように，周囲のスペースを考慮して決める。掃除口の大きさは，排水管の管径が100mm以下の場合は配管と同径とし，排水管の管径が125mm以上の場合は100mm以上とする。

(2) 掃除口を必要とする箇所（図3－13）

① 排水横枝管及び排水横主管の起点
② 排水管が45°以上の大きな角度で方向を変える箇所
③ 延長が長い横走り管の途中
　　排水管の管径が100mm以下の場合は15m以内ごとに，排水管の管径が125mm以上の場合は30m以内ごとに設ける。
④ 排水立て管の最下部又はその付近
⑤ 排水横主管と敷地排水管の接続箇所に近いところ
⑥ 各種トラップの掃除，点検に必要な箇所

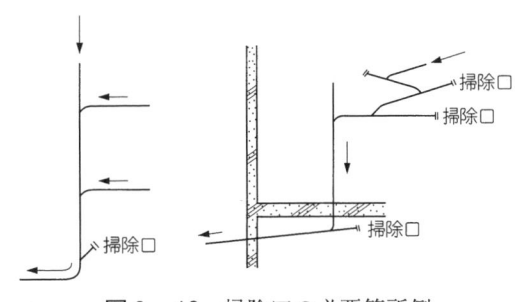

図3－13　掃除口の必要箇所例

(3) 掃除口の種類

掃除口には床下の排水管に直接掃除口を取り付ける床下掃除口と，床上から掃除用具を挿入することができる床上掃除口がある。

図3－14，図3－15に床下掃除口を，図3－16，図3－17に床上掃除口を示す。床下掃除口は，開口したとき汚水が流出する恐れがあるので45°エルボなどで立ち上げた箇所に設けることが望ましい。

　a．床下掃除口

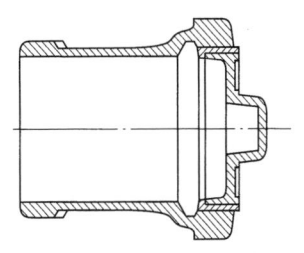

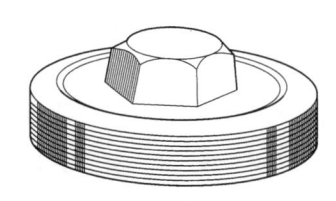

図3－14　排水用鋳鉄管用

図3−15　ビニル管用

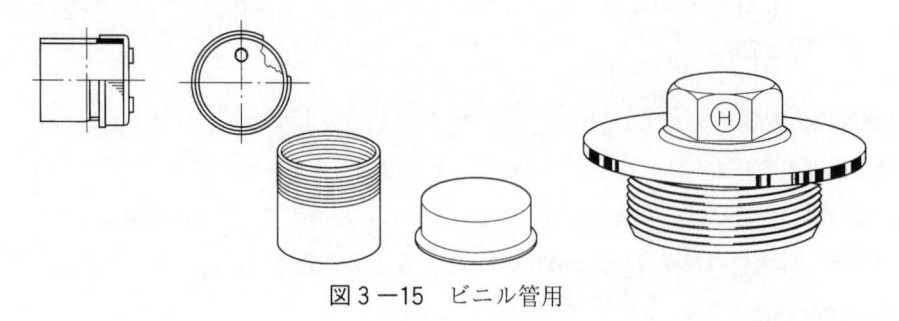

b．床上掃除口

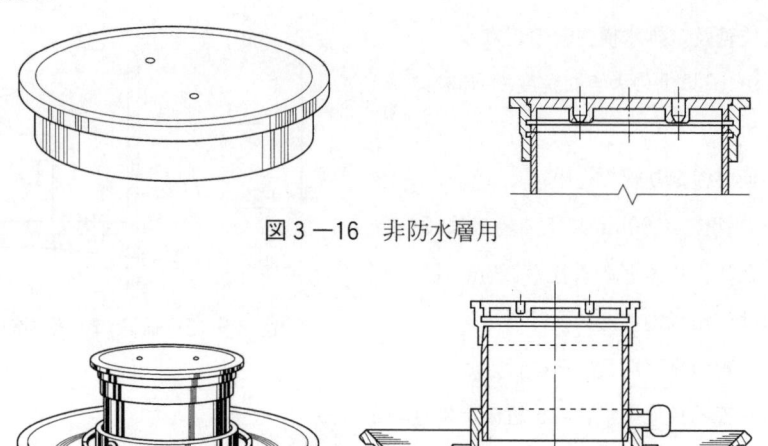

図3−16　非防水層用

図3−17　防水層用

2.8　ますの施工

屋外排水管には，流入管を取りまとめて円滑に下流管に誘導する役目と，排水管の検査，掃除の目的のために排水ますを設置する。

排水ますには，大・小便器とそれに類似した器具から排水された汚水用の汚水ます，建物の屋根と敷地に降った雨水用の雨水ます，大小便器以外の器具から排水された雑排水用の雑排水ます，ますにトラップ機能を持たせたトラップますなどがある。

(1) ますの設置

① ますの位置は，原則としてその建築物の下水排出口から1m以内とする（図3−18）。屋外排水管の距離が長い場合は，管径の120倍以内の距離ごとにますを設ける。

② ますは接続する排水管の内径，埋設の深さに応じて，検査又は掃除に支障のない大きさとする。

③ 所定の位置にますの設置が困難な場合は，その箇所に適応した掃除口を設ける。

④ 車両など重量物の通る箇所に設けるますは，沈下破壊のないように，予想される重量に十分に耐えることができる構造のますとする。

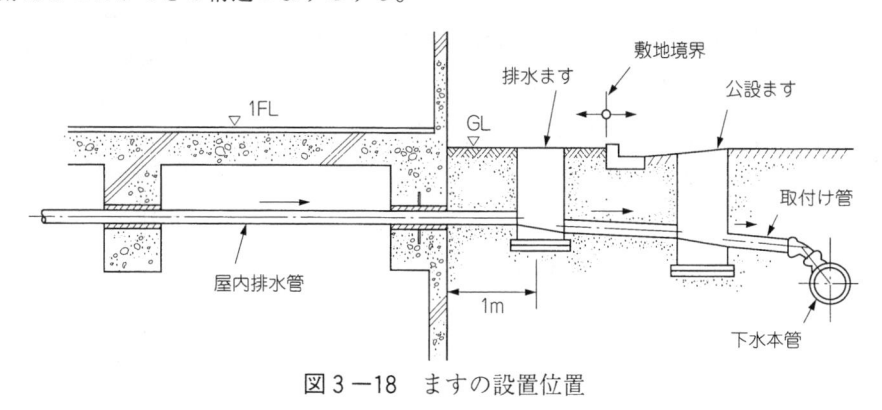

図3-18 ますの設置位置

(2) ますの施工

a. 汚水ます

図3-19に示すように，汚水ますは汚物，その他固形物などを下水本管又は，し尿浄化槽に流すため，底部を逆アーチ状の構造（インバート構造）とする。

ますの深さ別内径又は内のり

内径又は内のり (mm)	ますの深さ (mm)
300	300～600未満
360	600～900未満
450	900～1200未満
600	1200～1500未満

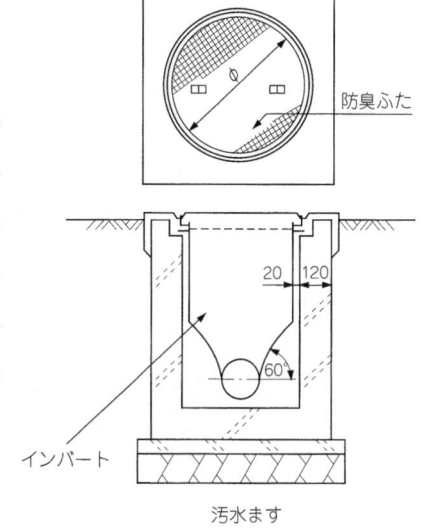

図3-19 汚水ますの構造例

合流用汚水ますにおいては，上流側管底と下流側管底との間には20mm以上の落差をつける。

インバートの表面は平滑な半円形に仕上げ，その肩には水切りをよくするため適度のこう配をつける。ますの内部に管がつき出ないようにし，また，モルタルが管内に入らないように入念に施工する。汚水ますのふたは，防臭上，密閉ぶたを用いる。

b．雨水及び雑排水ます

ますの底部には，150mm以上の泥だめをつけ，排水中に混入した雑物をこの泥だめで取り除き，下流へ泥が流出するのを防ぐ構造とする。合流用ますにおいては，汚水ますと同じように上流側管底と下流側管底との間に20mm以上の落差をつける。

図3−20に雨水ますの構造例を示す。

c．トラップます

トラップますは，ますに臭気をしゃ断するトラップ機能を持たせたものである。トラップの封水深さは，50mm以上100mm以下とする。図3−21〜図3−24に各種トラップますを示す。

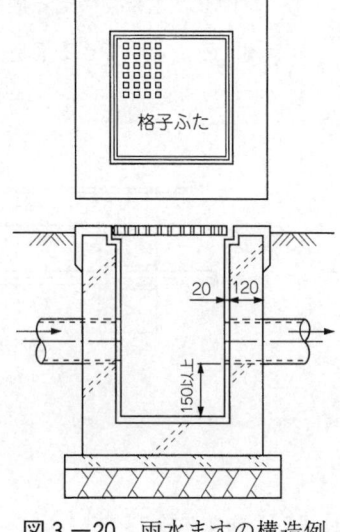

図3−20　雨水ますの構造例

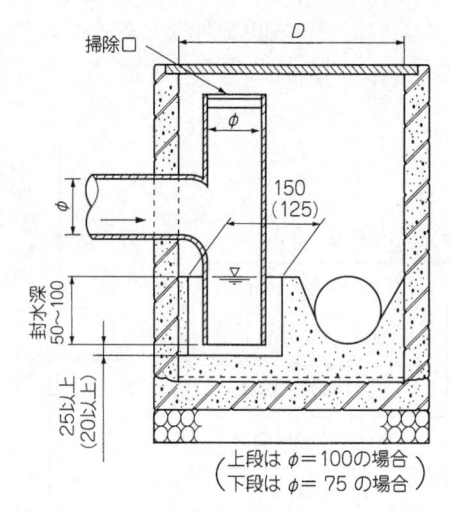

注1　現場打ちの場合内径又は内のり，(D) は450mm以上とする。
　2　工場製品の場合，ϕ100mmのとき内径又は内のり (D) は350mm以上、ϕ75mmのとき内径又は内のり (D) は300mm以上とする。

図3−21　T形トラップますの例（汚水用）

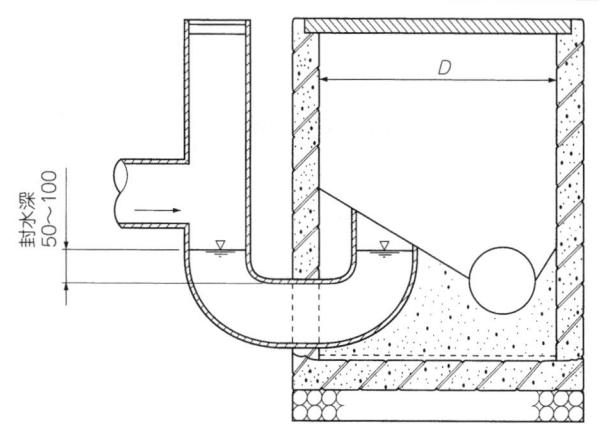

第3章 排水，通気及び衛生設備の配管施工法　109

注　内径又は内のり(D)は300mm以上とする。
図3－22　J形トラップますの例（汚水用）

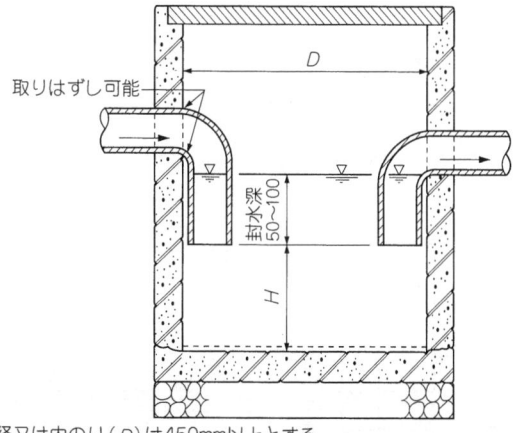

注1　内径又は内のり(D)は450mm以上とする。
　2　泥だめ(H)は150mm以上とする。
　3　下流側の曲管は固着するものとし，上流側の曲管は取り外しが可能なものとする。
図3－23　2L形トラップますの例（食堂，食料品店などの雑排水用）

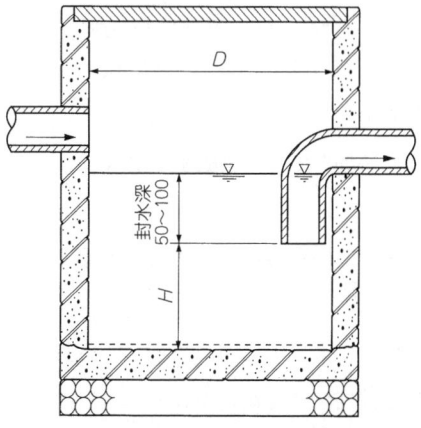

注1　内径又は内のり(D)は300mm以上とする。
　2　泥だめ(H)は150mm以上とする。
図3－24　1L形トラップますの例（雨水最下流用）

d. ドロップます

建物が高台地にあり，放流する公共下水道管がそれより相当低い位置にある場合，又は建物から汚水配管が急傾斜であるときには，ドロップますを設けて急落下させる。

ドロップますの落下高さは，深くても1箇所5m以内とする。図3−25にドロップますの一例を示す。

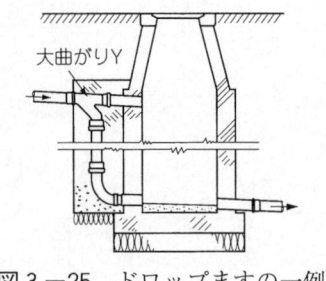

図3−25 ドロップますの一例

第3節 通気配管の施工法

3.1 通気配管施工上の留意事項

排水管内を常に大気圧付近に保ち，管内の空気の圧縮・吸引による圧力変動を避けるために設けるのが通気管である。通気方式には器具トラップの下流ごとに通気管を設ける各個通気方式（図3−26(a)），排水横枝管の最上流の器具排水管接続点に通気管を設けるループ通気方式（図(b)），排水立て管の頂部をそのまま延長させて通気管とする伸頂通気方式がある。通気管に関する注意事項は以下のとおりである。

（a）各個通気方式　　　　　　　　　　　（b）ループ通気方式

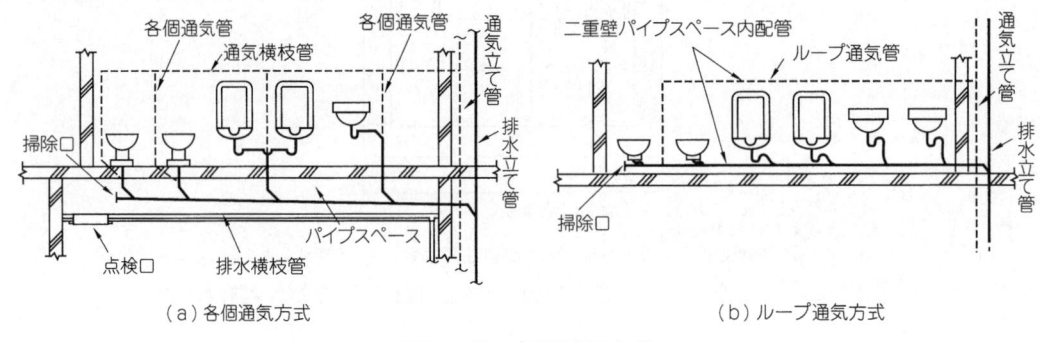

図3−26 各種通気方式

① 通気管は，排水横走り管の上部から垂直ないし45°以内の角度で取り出し，水平に取り出してはならない（図3−27参照）。
② 各階で通気管を立ち上げて通気立て管に連結する場合は，その階の器具のあふれ縁から15cm以下で連結してはならない。
③ 汚水管と雑排水管を別系統として配管する場合は，原則として汚水，雑排水の通気管も別系統とする。
④ し尿浄化槽の排気管は，単独で大気中に開口する。一般通気管と連結してはならない。
⑤ 通気立て管を雨水排水管と連結してはならない。
⑥ 汚水槽，雑排水槽には，通気管をとらなければならない。また，一般の通気管と連結しない

で，単独で大気中に開口する。

⑦ 間接排水管の伸頂通気及び通気立て管は，単独通気管とし，他の通気管と連結してはならない。

⑧ 排水立て管の上部は，延長して伸頂通気管とし，大気中に開口する。

⑨ ループ通気管は，排水横枝管の最上流の器具排水管が接続された直後の下流側から取り出す。

⑩ 通気系統の配管にねじ込み式可鍛鋳鉄製管継手を用いるときは，ユニオン，フランジなどパッキンを必要とする継手の使用はなるべく避ける。

⑪ 通気枝管どうしの接続を，器具のあふれ縁以下の位置で行うことは，原則として避ける。

⑫ ガソリンなど，可燃性物質を含むオイル阻集器の通気管は，他の通気管と兼用させず，単独で地上4m以上に立ち上げて大気中に開口する。

⑬ 通気配管に使用する継手は一般用のものを用い，排水用のものを使用しない。

3．2 通気管の取出し接続方法

(1) 通気管の取出し方法（図3-27）

通気管は水平に対して45°以上の角度で接続する。

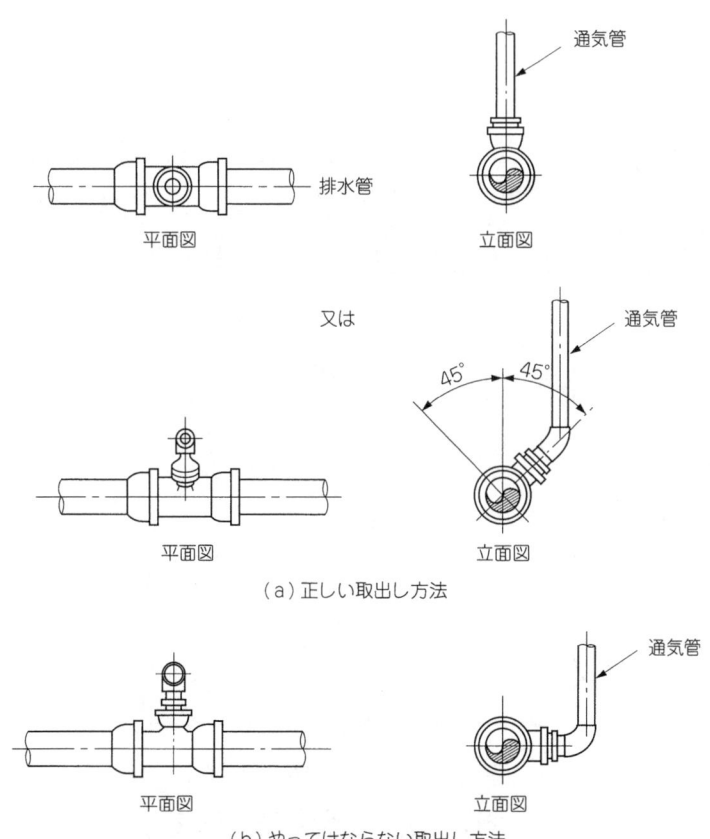

図3-27 通気管の取出し方法

（2）ループ通気における通気管の配管方法

横走りする通気管は，その階の最高位置にある器具のあふれ縁より150mm以上の高さで横走りさせる。やむを得ず高さが確保できない場合は，通気立て管との接続高さを最高位器具のあふれ縁より150mm以上とする（図3－28(a)及び(c)）。図(b)は，横走り排水管が詰まったとき汚水が通気管に充満してふさがり通気の機能をはたさなくなるので採用してはならない。

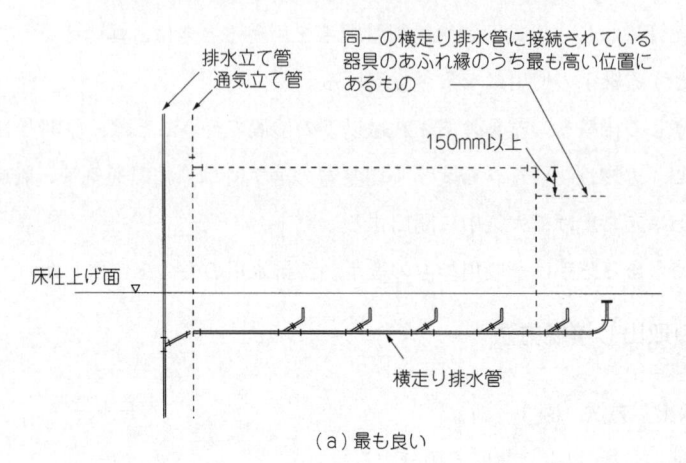

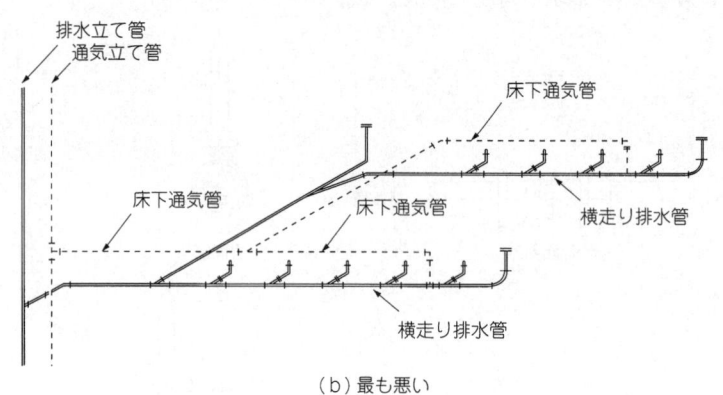

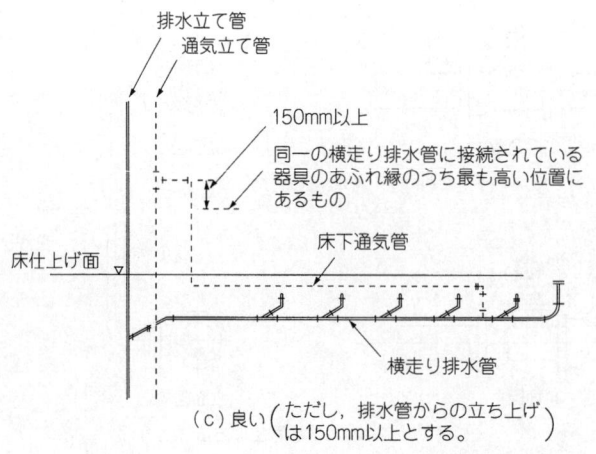

（a）最も良い

（b）最も悪い

（c）良い（ただし，排水管からの立ち上げは150mm以上とする。）

図3－28　ループ通気における通気管の配管方法

(3) 通気管の末端開口部

通気管の末端には，図3−29に示すベントキャップを取り付ける。

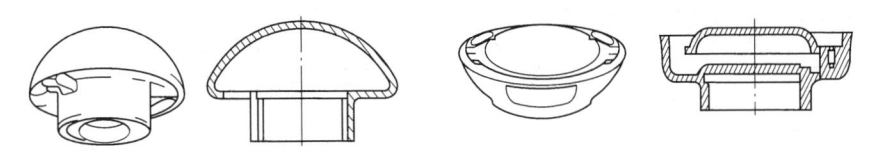

露出形ベントキャップ　　　　　　埋込形ベントキャップ

図3−29　ベントキャップ

また末端開口部は，次に示す条件を満足させなければならない（図3−30参照）。

① 出入口，窓，その他の開口部より，少なくとも600mm以上立ち上げる。600mm以上立ち上げられないときは，それらの開口部から水平に3.0m以上離して開口する。

② 開口部の断面積は，通気管の断面積より小さくしてはならない。また，開口部が北面になる場合は，開口部の管径を通気管の管径より一口径大きくする。

③ 寒冷地における末端開口部は，積雪深度以上に立ち上げ，かつ雪が管内に入り込まないようにする。

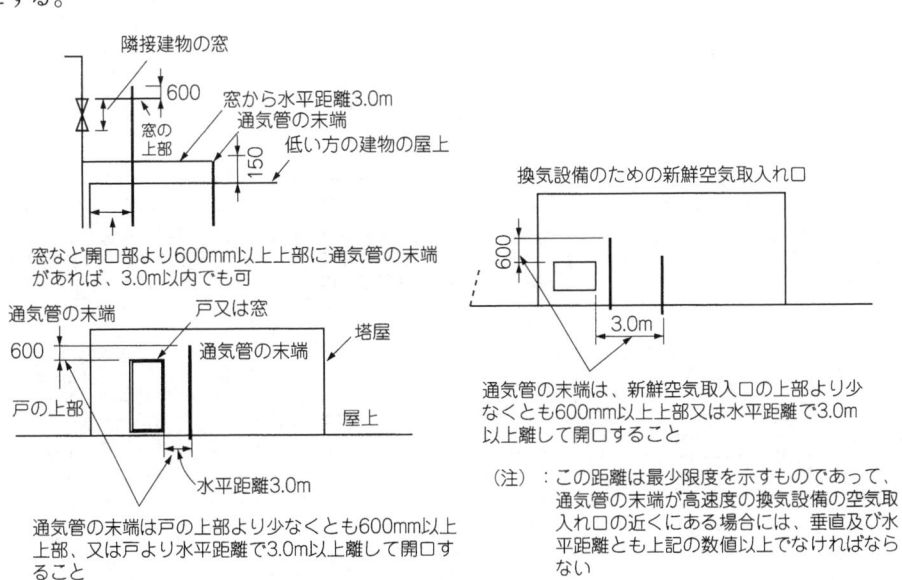

図3−30　通気管の末端開口部

3.3　配管の支持と支持間隔

すべての通気管は，管内の水滴が自然流下によって流れるように，開口部に向かって上がりこう配で配管し，支持金物により支持する。配管の支持方法及び支持間隔については，2.4項の"配管の支持と支持間隔"を参照されたい。

3.4 排水通気配管施工正誤対照図

種々の誤りやすい排水及び通気配管法を図3-31に示す。

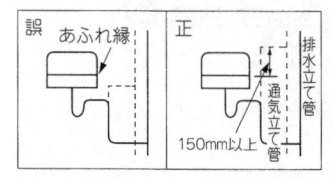

(イ) 通気管は，あふれ縁以上まで立ち上げてから，通気立て管に連結しなければならない。

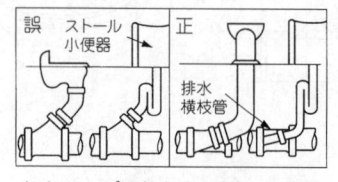

(ロ) ループ通気方式の場合は，器具排水管は排水横枝管の真上に連結してはならない。

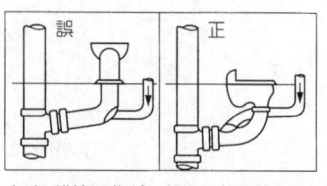

(ハ) 鉛管の曲がり部に，他の排水枝管を接続してはならない。

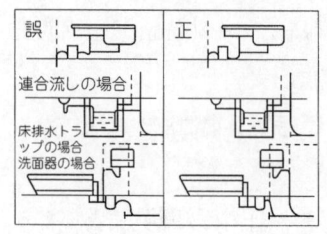

(ニ) 二重トラップをつくってはならない。

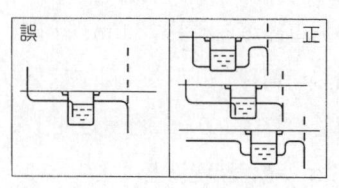

(ホ) トラップの掃除口を開いたとき，すぐ臭気が漏れてはならない。

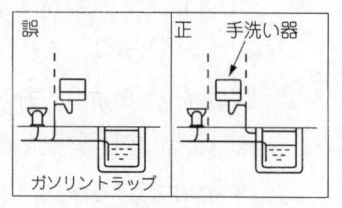

(ヘ) 自動車車庫の手洗い器の排水管は，単独でガソリントラップ内に導かなくてはならない。

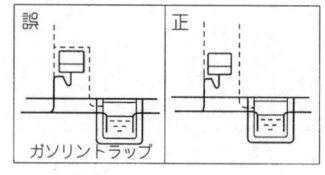

(ト) ガソリントラップの通気管は，単独に屋上まで立ち上げ，大気中に開口しなければならない。

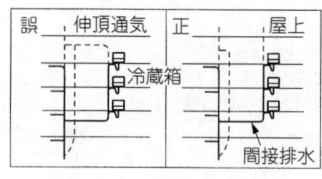

(チ) 間接排水立て管の伸頂通気は，他の一般排水立て管の伸頂通気，又は通気立て管に連結せず，単独に屋上に立ち上げ，大気中に開口しなければならない。

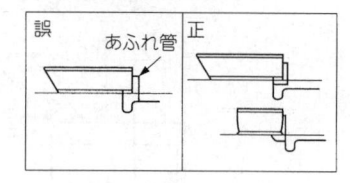

(リ) あふれ管は，トラップの流入口側に連結しなければならない。

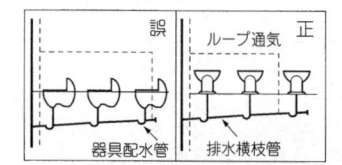

(ヌ) ループ通気管は，最上流器具からの器具排水管が，排水横枝管に連結した直後の下流側から立ち上げなければならない。

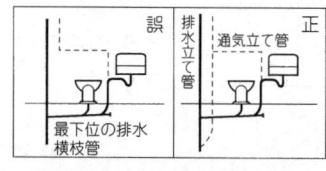

(ル) 通気立て管は，最下位の排水横枝管よりもなお下の点で，排水立て管と45°Y字継手により連結しなければならない。

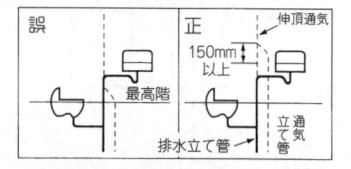

(ヲ) 通気立て管の頂部はそのまま屋上まで立ち上げるか，若しくは最高階器具のあふれ縁よりなお高い点で，排水管の伸頂通気管に連結しなければならない。

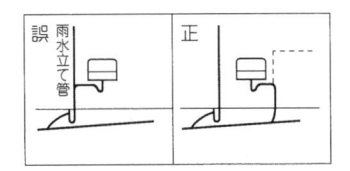

第3章　排水，通気及び衛生設備の配管施工法　115

(ワ) 雨水立て管に，排水管を連結してはならない。

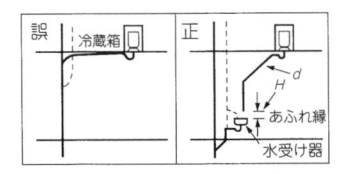

(カ) 冷蔵箱からの排水を，一般排水管に連結してはならない。必ず間接排水管として，水受け器に排出しなければならない。(吐水口空間Hは排水管径2d以上とする)

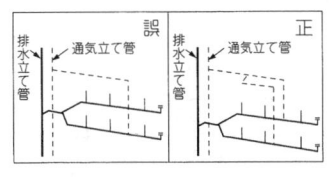

(ヨ) 背中合わせに2列に設置した器具類を，ループ通気した1本の排水横枝管に受け持たせてはならない。

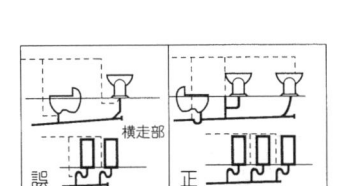

(タ) 床下で取り出す各個通気管に，横走り部を形成させてはならない。

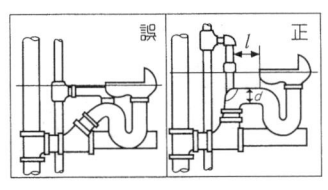

(レ) 頂部通気付きトラップをつくってはならない。(lは2dより短くしてはならない。)

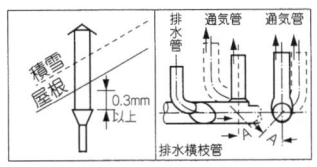

(ソ) 凍結，降雪により通気開口部を閉鎖される恐れがある地方では通気立て管より太くする。

(ツ) 排水横枝管より通気管を取り出す場合，管頂から垂直に立ち上げるか，Aは45°より小であること。

図3－31　排水通気配管施工正誤対照図

第4節　配管用スペース

4.1　立て配管用スペース

　一般に多数の立て管が集合する場合は，パイプシャフトが設けられるが，2～3本の場合では部屋の片隅又は壁中に配管されることもある。
　配管上の必要スペースは，管の接合に使用される工具の作業性が第一で，管径に比例して大きく取る必要がある。
　次いで管の被覆材の厚さが関係し，一般には被覆後仕上げ加工された後の管の周囲間隔を最小で60mm必要とされている。これは仕上げ巻き又は塗装の際の必要最小寸法である。
　露出配管の場合は，管相互が接触したり，壁に密着させるのは保守点検上及び外観上望ましくない。
　また，立て管に限らず，例えば地下室の天井などに並列配管される場合にも同様である。
　管の必要間隔を表3－3に示す。

表3-3 配管間隔の最小寸法例

呼び径 (A呼称)	端	20										
20	85	120	25									
25	85	120	120	32								
32	90	125	125	130	40							
40	95	130	130	135	140	50						
50	100	135	135	140	145	150	65					
65	110	145	145	150	155	160	170	80				
80	140	175	175	180	185	190	200	205	100			
100	160	195	195	200	205	210	220	225	245	125		
125	170	205	205	210	215	220	230	235	250	265	150	
150	210	245	245	250	255	260	270	275	290	305	320	200
200	235	270	270	275	280	285	295	300	315	330	345	370	250
250	260	295	295	300	305	310	320	325	340	355	370	395	420	300
300	285	320	320	325	330	335	345	350	365	380	395	420	445	470

注 保温厚は20A〜80Aは20mm,100A〜300Aは25mmとして計算
　　管の保温外面間の「アキ」は20A〜65Aは50mm,80A〜125Aは75mm,150A〜300Aは100mmとして計算
　　隣り合う管径の異なる場合は大なる方の管径で「アキ」を決定。

4.2 床下・便所・天井及びふところのスペース

(1) 床下

　木造建物などで床下が土間の場合の給排水管は，一般に土中埋設配管となり，スペースは大きな問題とならない。しかし，配管に断熱被覆が必要な給湯管，冷温水管は一般に根太下（ねだした）につり下げ配管とする。この場合は，作業に必要なスペースを確保しておく必要がある。

(2) 便所

　便所回りの配管のうち，給水管は一般に壁中埋込み配管とする。

　排水管は洋風便器，和風便器ともに，接続管径は一般に75mmで，一部の床上接続形を除き，ほとんど便器下部で接続される。接続された管はいずれも横走り管となり，便器取付け床面から，曲げ加工された，又はエルボを取り付けた最上流便器の管底までの寸法が必要最小スペースとなる。

　一般には，図3-32で示すように，洋風便器では床面から最小約181mm，和風大便器では約470mmが必要になる。

　一般に給水管その他の配管は，汚水管上部を通す場合が多い。

　通気，給水管が交差する寸法の一例を図3-33に示す。

　これらはいずれも計算上床厚を無視した必要最小寸法で，木造床の場合は，床材厚と根太（ねだ）の高さを，コンクリートスラブの場合は，スラブ厚さと，防水仕上厚さをそれぞれ加算しなければならない。

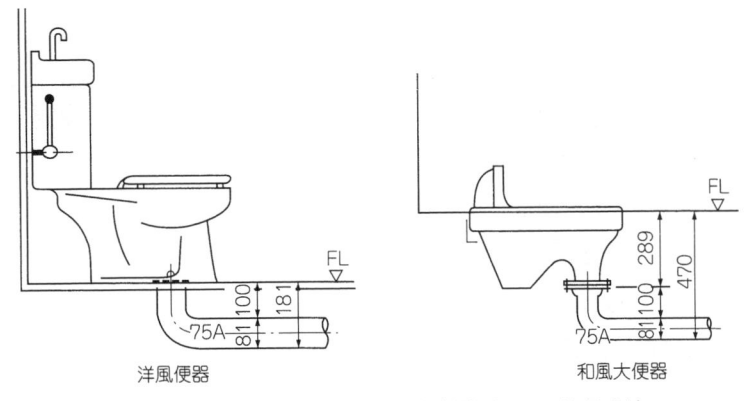

第3章 排水,通気及び衛生設備の配管施工法　117

図3-32 床仕上げ面から排水管底までの必要寸法

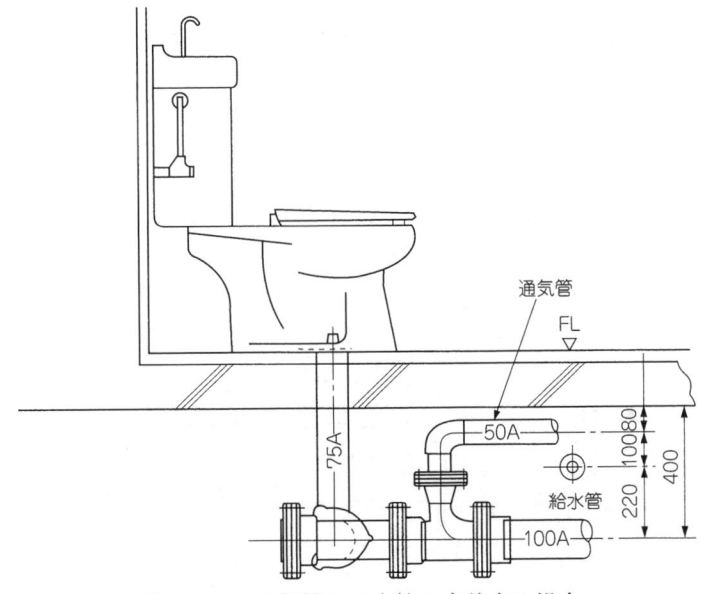

図3-33 通気管と給水管が交差する場合

（3）天井（ふところのスペース）

　空調,衛生設備関係の配管類は一部の床上転がし配管を除いて,下の階の天井裏スペース内の配管になる。この場合の必要有効高さは,すべての管が交差するものと考えれば,各管の保温,防露仕上げした外径の総和と,最上部配管（通常通気管）の上部空間100mm,他に排水管の最下流までのこう配による落差寸法を加算した値となる。

　衛生設備配管における配管類は一般に上部から次の順とする。

　　（A）通気管
　　（B）ガス管
　　（C）給湯管
　　（D）返り湯管

(E) 給水管

(F) 雑排水管

(G) 汚水管

いま仮にそれぞれの仕上げ外径寸法を，

A′ 通気管（50A　外径60mm）

B′ ガス管（25A　外径34mm）

C′ 給湯管（25A　保温仕上外径60mm）

D′ 返り湯管（20A　保温仕上外径55mm）

E′ 給水管（40A　防露保温仕上外径80mm）

F′ 雑排水管（80A　防露保温仕上外径110mm）

G′ 汚水管（鋳鉄管メカニカル形100A　直管部防露仕上外径130mm）

とし，汚水管必要落差を100mmと仮定した場合は，汚水管最下流の管底までの天井内有効必要高さは図3－34に示すように730mmとなる。

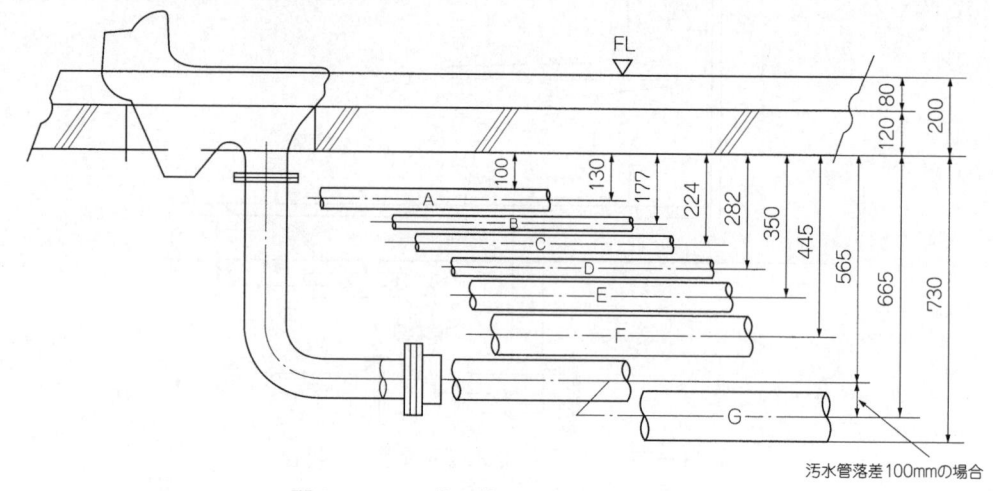

図3－34　天井配管必要スペース設置例

以上は一例であるが，実際には小ばりなどの障害物もあり，かつ有効高さが500mm前後あればよい方で，実施に当たっては，管の交差を避けるなど設備側で詳細な検討を加え，絶対必要寸法を算出のうえ，建築担当者と協議して最終的には小ばり高さの縮小，天井高さの切下げなどにより解決しなければならない。

4.3　パイプシャフトの位置及びスペース

建物の各階を通じて建築設備用の立て管などを収納するための筒状箇所を，パイプシャフトという。一般に，便所内や機械室の一隅に設けられる場合が多い。

パイプシャフト内には，揚水管，給水管，給湯管，返り湯管，雑排水管，汚水管，通気管，ガス

管などが納められ，場合によっては空調関係の冷温水管その他が入ることもある。必要スペースは，シャフト内配置詳細図に各立て管の配置を描き検討・決定する。

各立て管の中心間隔は，表3－3に示す値より小さくしてはならない。

この場合の留意事項としては，その階の給水用仕切弁，給湯・返り湯用の仕切弁，ガス開閉弁などが，点検扉から容易に操作できることを条件にまず占有位置を決定する。

各弁類は，各立て主管から床上1.5mくらいの高さで分岐取り出され，床下に立ち下がるので，シャフト内の立て管本数はその数だけ多くなる。

通気管も，排水横枝管から取り出され，シャフト内で立ち上がり，通気立て管に接続される場合が多いので，この分も本数が増加する。

図3－35に給水管，ガス管，通気管の平面図を実際にパイプシャフト内配管した場合の立て管本数の増加した状態を示す。

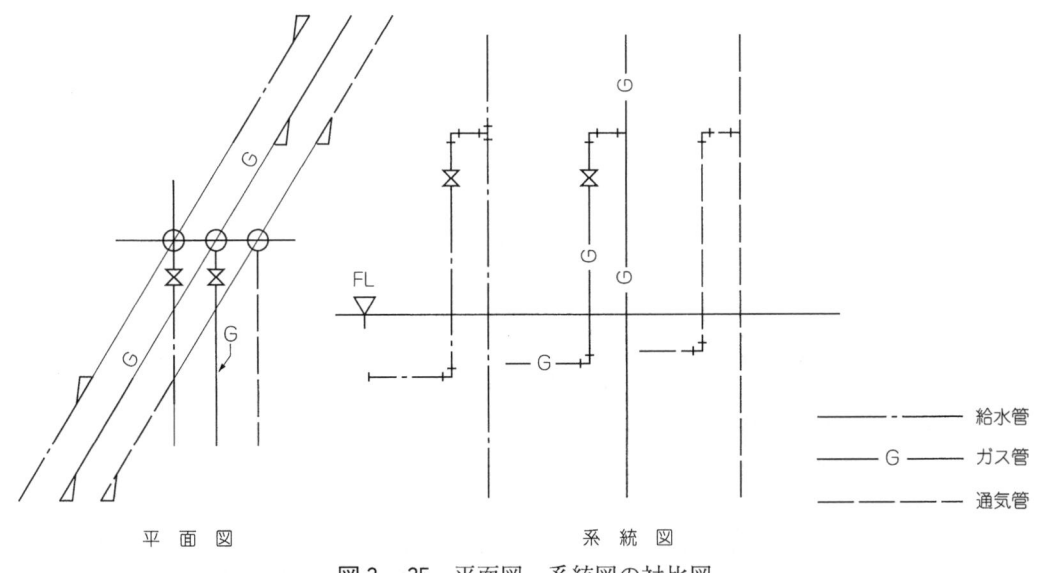

図3－35　平面図，系統図の対比図

また，雑排水管，汚水管も床下で各立て主管に接続されるが，給水管，通気管，その他の管と違い，極力屈曲箇所を少なく配管できる位置を検討する。これらの管を奥のほうに設定すると，シャフト内を横枝管が平面的に占有し，その分，立て管を立ち上げるスペースが減少する。その他の揚水管，通気管，給水管，ガス管を奥の方に配置する。

パイプシャフトの位置は一般に，便所，機械室などの建築構造上柱，はりの交点付近が多く，平面図では広いスペースがあっても，有効平面が案外小さくなることが多い。

建築施工図によりパイプシャフト部の平面詳細図を作成し，柱，はりを除いた部分を図上で求めるとその有効平面を知ることができる（図3－36参照）。その上で立て管位置を配置決定する。

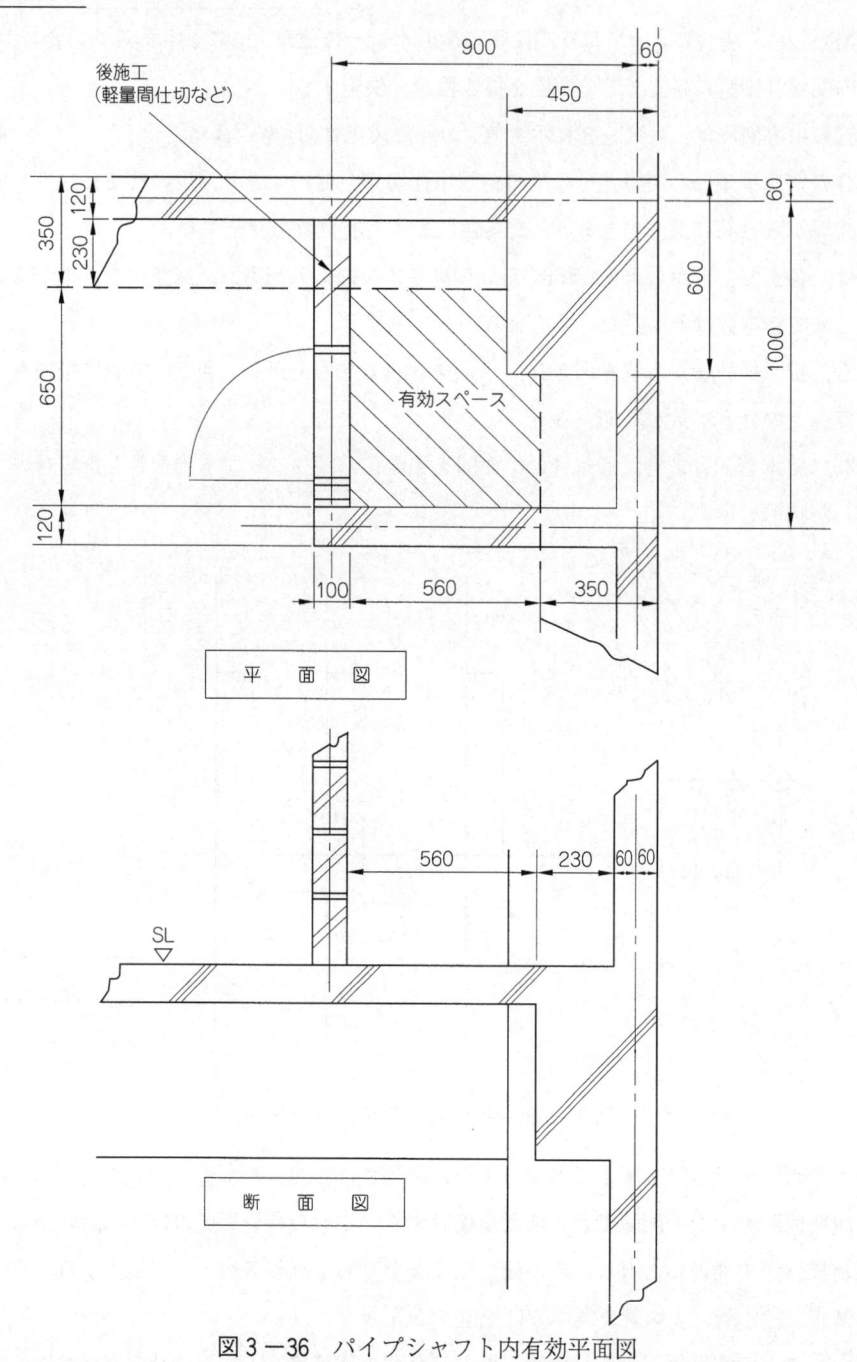

図3-36 パイプシャフト内有効平面図

第5節　衛生器具の取付け

5.1　衛生器具用材料の種類及び用途

建築物において，給水，給湯及び排水を必要とする場所に設ける器具を総称して衛生器具といい，それに付属して取り付けられる金具を付属金具という。

衛生器具は陶器が最も広く使用され，その他に，ステンレス製，ほうろう鉄器製，プラスチック製などがある。

5.2　衛生器具取付け上の留意事項

衛生器具及びその付属金具類の取付け，施工に当たっては，次のことに留意して行う。

① 搬入された器具類が仕様と一致しているか，さらに破損の有無などについても確認しておく。
② タイル張りの目地に合わせて器具を取り付ける場合は，事前に関係者と十分に検討しておく。
③ 器具を壁に取り付けるとき，コンクリートの場合はAYボルト（図3－37）又はアンカボルトで直接取り付けるが，木造壁又はコンクリートブロック壁の場合は，当て木を取り付け下地を強固にしてから取り付けを行う。

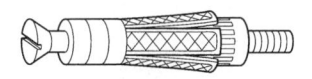

図3－37　AYボルト

④ 陶器の締付けは，片締めにならないように均一に力が加わるようにし，陶器が破損することのないよう，締付けの強さには十分に注意する。
⑤ 金属を締め付けるときは，直接締め付けないで，ゴムパッキンその他のパッキンを介して締め付ける。
⑥ 陶器は温度による伸縮性がなく，かつ，もろいので，コンクリート内に埋め込む場合は，コンクリート又はモルタルと陶器との接触面には，緩衝材としてアスファルトを厚さ3mm被覆し，直接密着しないように保護する。
⑦ パッキンは接続部分の漏れを防ぐために必ず用い，また所定のものを使用する。

5.3　洗面器，手洗器の取付け

洗面器，手洗器の本体を建物の壁面又は，カウンタに取り付ける前に，あらかじめ排水金具などを陶器に取り付けておく（図3－38）。

① 排水金具の締付けは，上部にパッキンを挿入してから，ねじ部の上方にシール剤を塗布するか，シールテープを巻いた後に行う。締付けによりはみ出したシール剤，テープはきれいに取り去る。

② バックハンガにより器具を取り付ける場合は，バックハンガを正確に所定の位置に取り付ける。まず，バックハンガを図3－39(a)のように，だ円穴Aのみで仮止めして，洗面器を掛け，B部をよく押さえて所定の位置になるように調節した後，3本の木ねじで固定する。それでもなお狂いが生じた場合，洗面器を上げたいときはバックハンガの下部bに，下げたいときは上部aに金属片のかいものをして調整する。

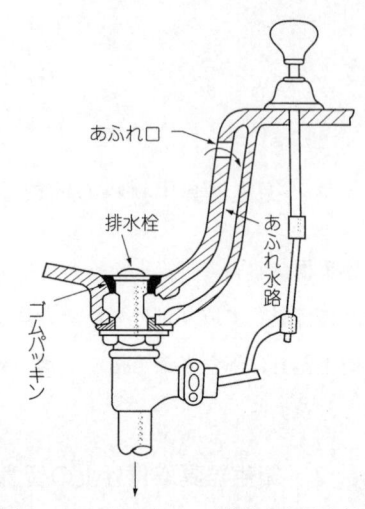

図3－38 ポップアップ式排水金具取付図

③ 壁止め金具の取付けは，洗面器が正しくかかっていることを確かめた後，図3－40(a)のように，壁止め金具の湾曲側の先端を，洗面器の取付け穴の下面の中ほどに当てがい，木ねじの取付け位置を壁面に印し，案内穴をあけて木ねじで締め付ける。

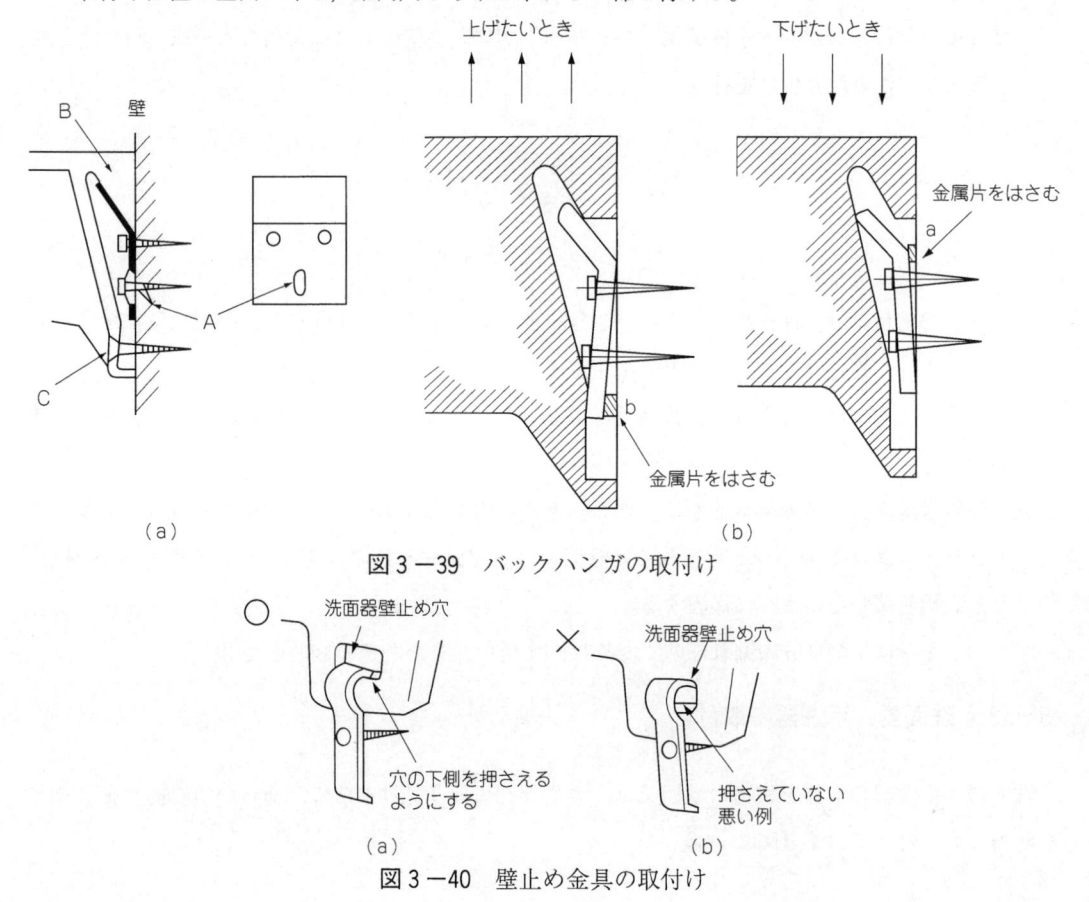

図3－39 バックハンガの取付け

図3－40 壁止め金具の取付け

④ 洗面器，手洗器の取付け寸法（例）を，図3－41～図3－44に示す。

(単位：mm)

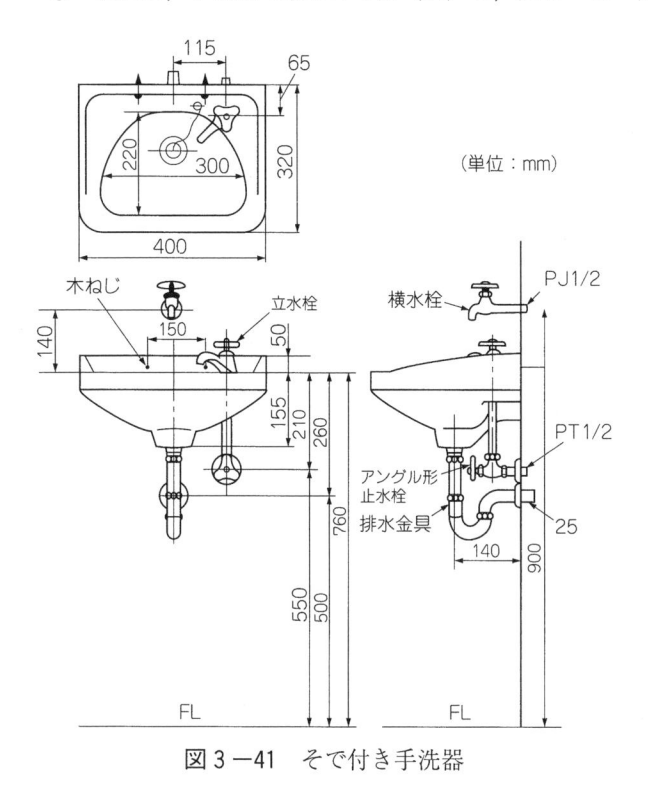

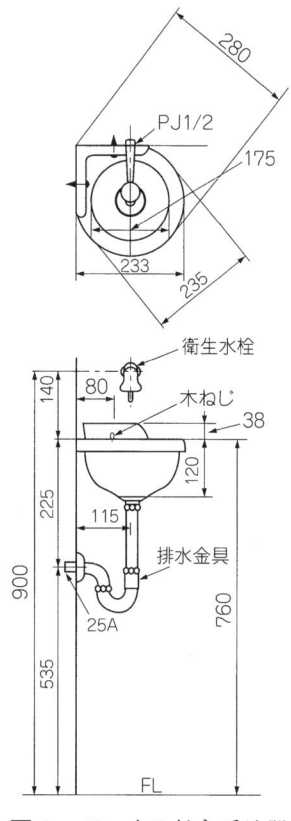

図3－41 そで付き手洗器

図3－42 すみ付き手洗器

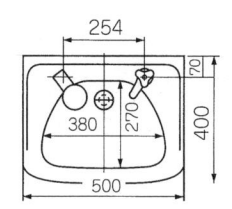

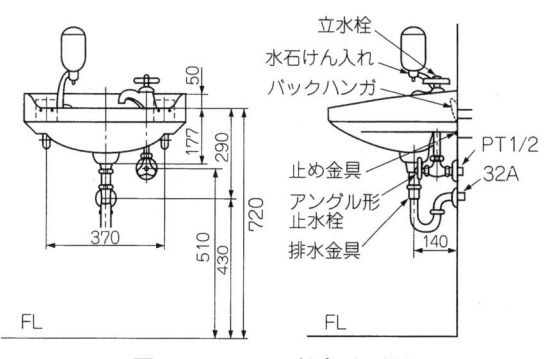

図3－43 そで付き洗面器

図3－44　はめ込み形洗面器

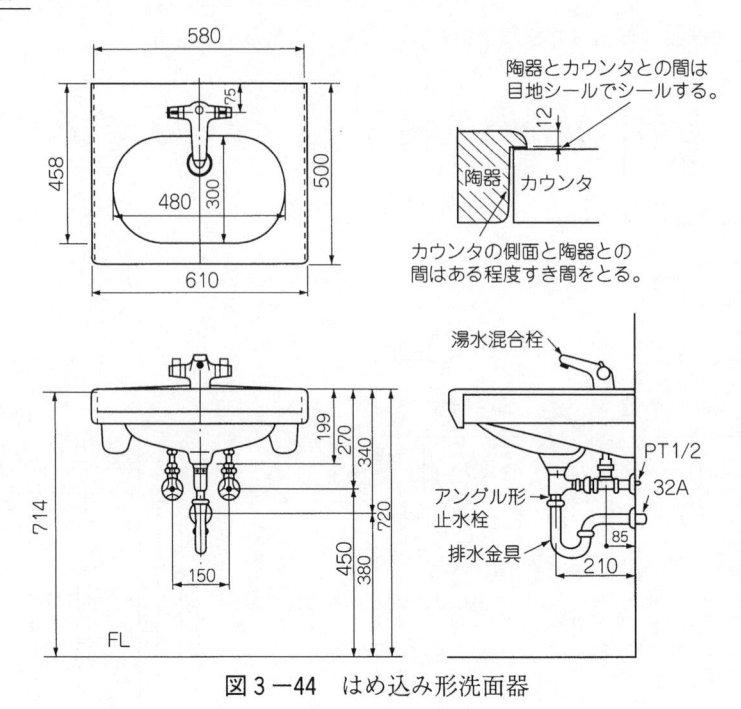

なお，最近は自立形で鏡と収納箱とが一体化した洗面化粧台が多く用いられる（図3－45）。

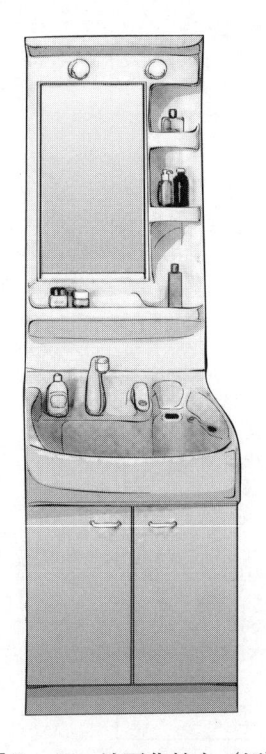

図3－45　洗面化粧台（例）

5．4　大便器の取付け

(1) 洋風便器の取付け（温水洗浄便座の例）

図3－46に示す洋風便器の取付け方法について述べる。

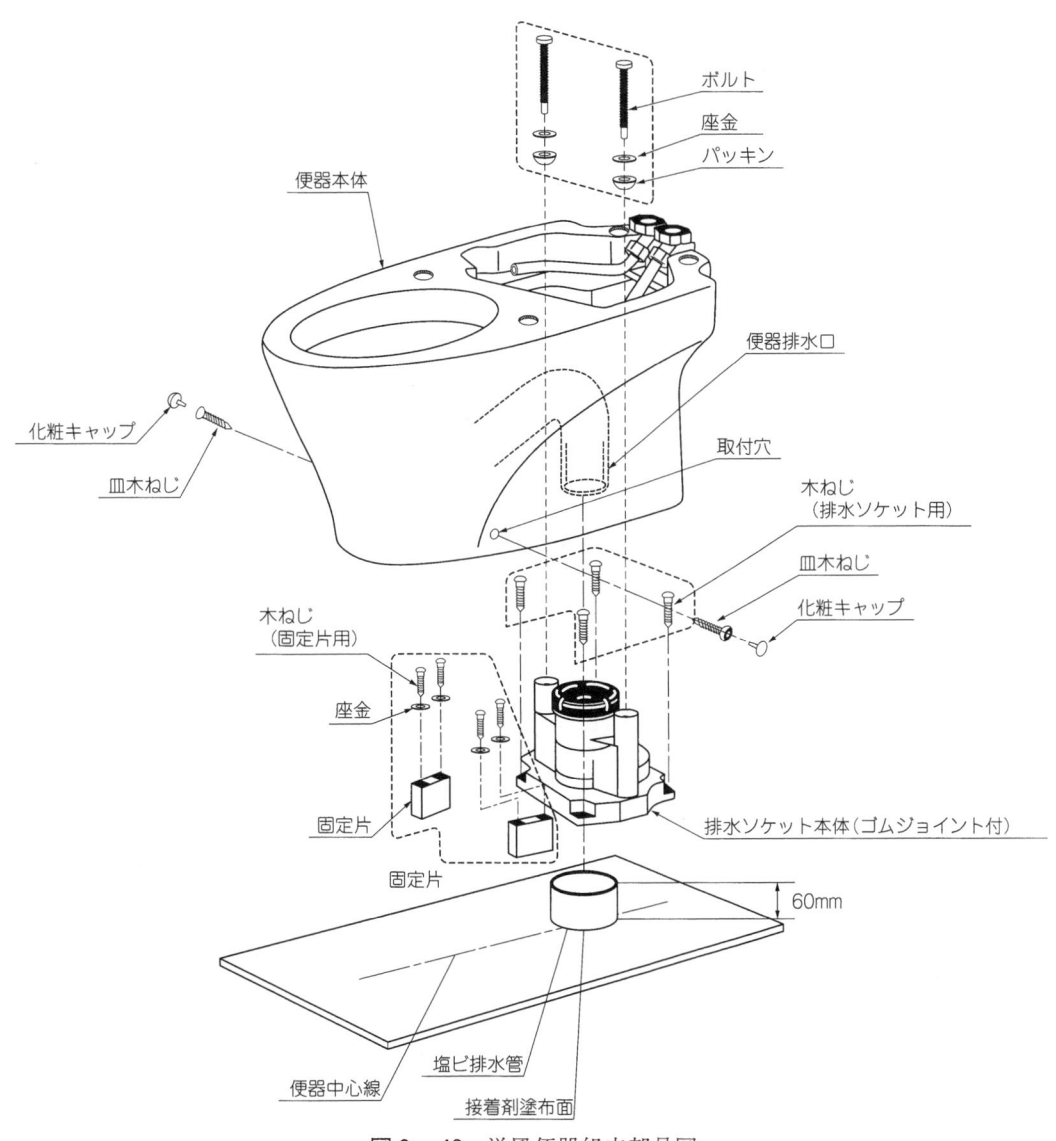

図3－46　洋風便器組立部品図

① 床面に立ち上げられた塩化ビニル排水管に，指定された高さ（図では60mm）へ輪ゴムを巻き付け目印をつける。
② その位置で，のこぎりにより排水管を切断する。切断面はやすりによって平滑に仕上げる。
③ 排水管のセンタを出し，床面に便器中心線を描く。

④ 排水ソケット本体を排水管にかぶせ，便器中心線と排水ソケット中心が一致するようにしたら，ソケット4隅の木ねじ穴にきりを挿し込み下穴を開ける。

⑤ いったん排水ソケットを取り出し，排水管の外側と排水ソケットの内側に塩化ビニル管用接着剤を塗り，排水管にいっぱいまで押し込む。

⑥ 排水ソケットの4隅に先ほど開けておいた下穴へ向かって木ねじを入れ強固に締め上げる。

⑦ 付属している型紙を利用し，固定片2個の位置ぎめを行い，木ねじで床に固定する。

⑧ 便器本体の便器排水口を排水ソケットに差し込んで着座させ，便器後側の取付穴（2ヶ所）にボルト・座金・パッキンを差し込み，排水ソケットに便器本体を固定する。

⑨ 便器前側の取付穴に皿木ねじを差し込み，固定片に便器を固定し，ねじの頭に化粧キャップをはめる。

⑩ 便器の下部と床との間に水が入り込まないように，便器の下部周辺にシリコンシール剤を塗布する。

⑪ 次に，図3－47の温水洗浄便座を便器の上に乗せる。

⑫ 便座背面にある便器洗浄ホースと便器洗浄ホース接続口を接続ねじ4本で連結する（図(b)）。

⑬ 便座と便器をボルト4本で結合し，化粧キャップをはめる（図(c)）。

⑭ 便座背面にある給水エルボに連結ホースを差し込み，止水栓と連結する。

⑮ 電源プラグを電源に差し込み，リモートコントローラ（リモコン）を壁に取り付ける。

⑯ 取扱説明書に従い，水漏れ点検，機能の確認を行い，最後に便座背面の化粧カバーを取り付ける。

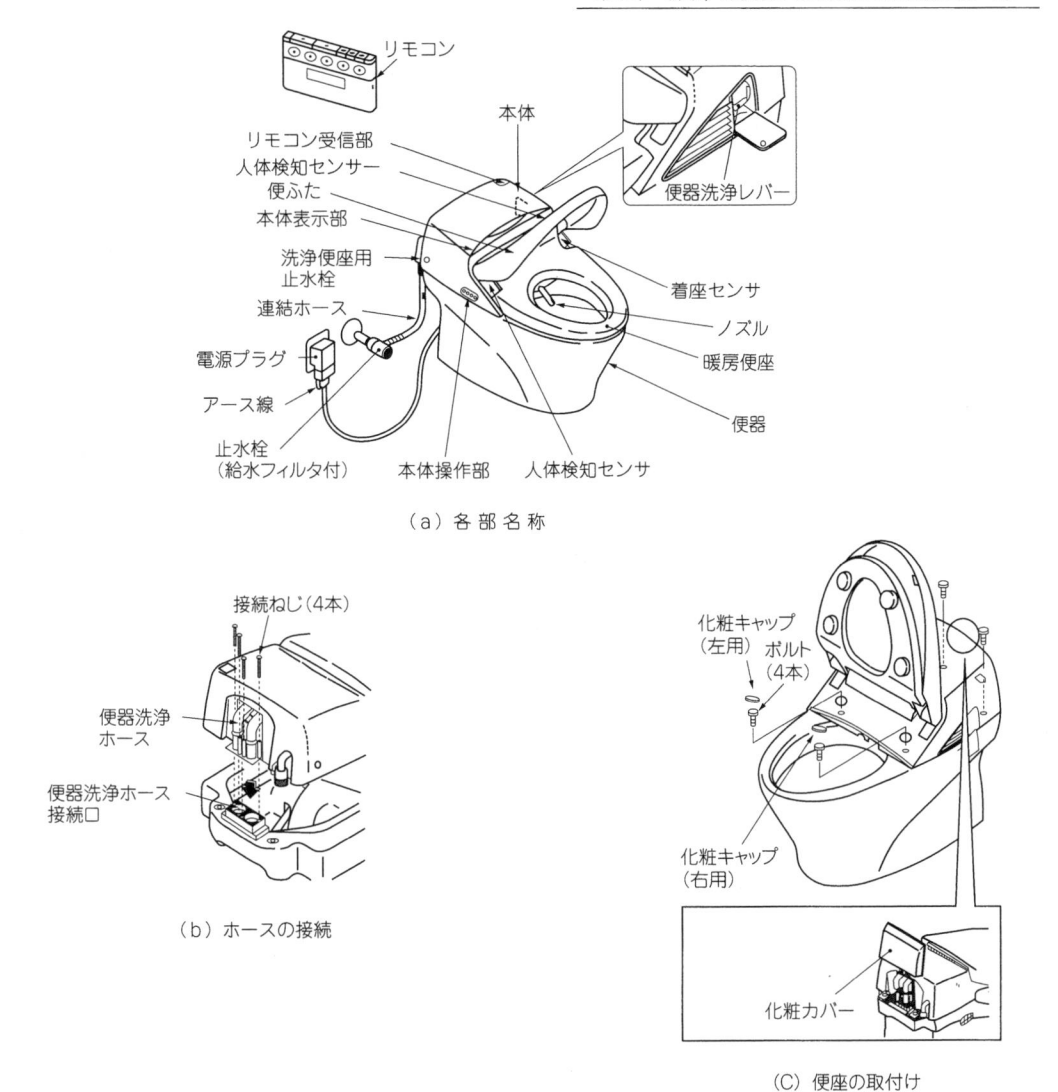

図3−47　温水洗浄便座

(a) 各部名称
(b) ホースの接続
(C) 便座の取付け

(2) 和風大便器の取付け

ここでは，最も一般的な例として，和風大便器をコンクリートスラブに据え付ける場合について述べる。

① 施工図で便器の据付け位置が決定したら，コンクリート打ちに先だって，便器の外周よりやや小さい型枠（約200mm×500mm）を床部せき板に取り付け，コンクリート打ちを行う。便器はこの角穴に据え付ける。

② 大便器をコンクリートスラブで支えるために，図3−48のような支えブロックをあらかじめ用意しておく。

図3－48 支えブロック

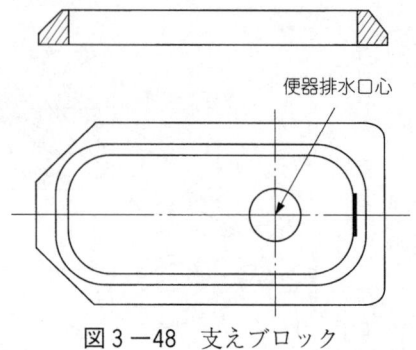

③ 大便器外側の，コンクリート，モルタル，タイルなどの接触部分に，あらかじめ防水性物質（アスファルトなど）を厚さ3mm以上塗布する。

④ 大便器の据付けに当たっては，スラブ貫通部にあらかじめ用意した支えブロックをのせ，正確な位置及び高さに据え付け，モルタルでブロックを固定し，これに便器をはめ込む。

⑤ 防水層の施工は，図3－49に示すように，スラブにならしモルタルを施したのちに行う。防水層の端は，大便器の縁下端まで巻き上げて，大便器と密着させる。

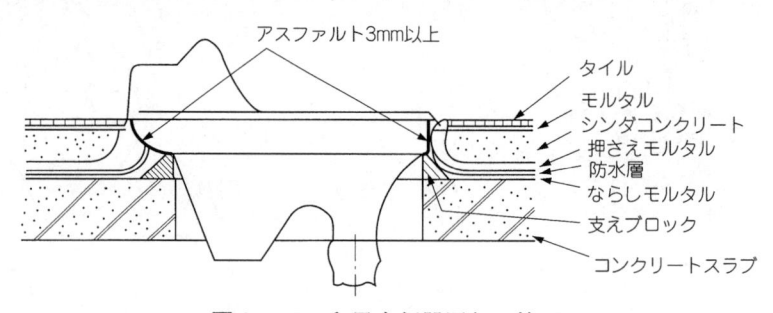

図3－49 和風大便器回りの施工

⑥ 床面の仕上げは，防水層の上を押さえモルタルで押さえ，シンダコンクリート打ちした後，モルタルを流し，タイルなどで仕上げる。床仕上がり面が大便器の縁下より上にくる場合は，便器の縁下面と仕上がり面を密着させないで，少なくとも3mmのすき間を設け，弾性のある充てん剤（シール剤）で埋める。

⑦ 和風大便器の取付け寸法（例）を，図3－50，図3－51に示す。

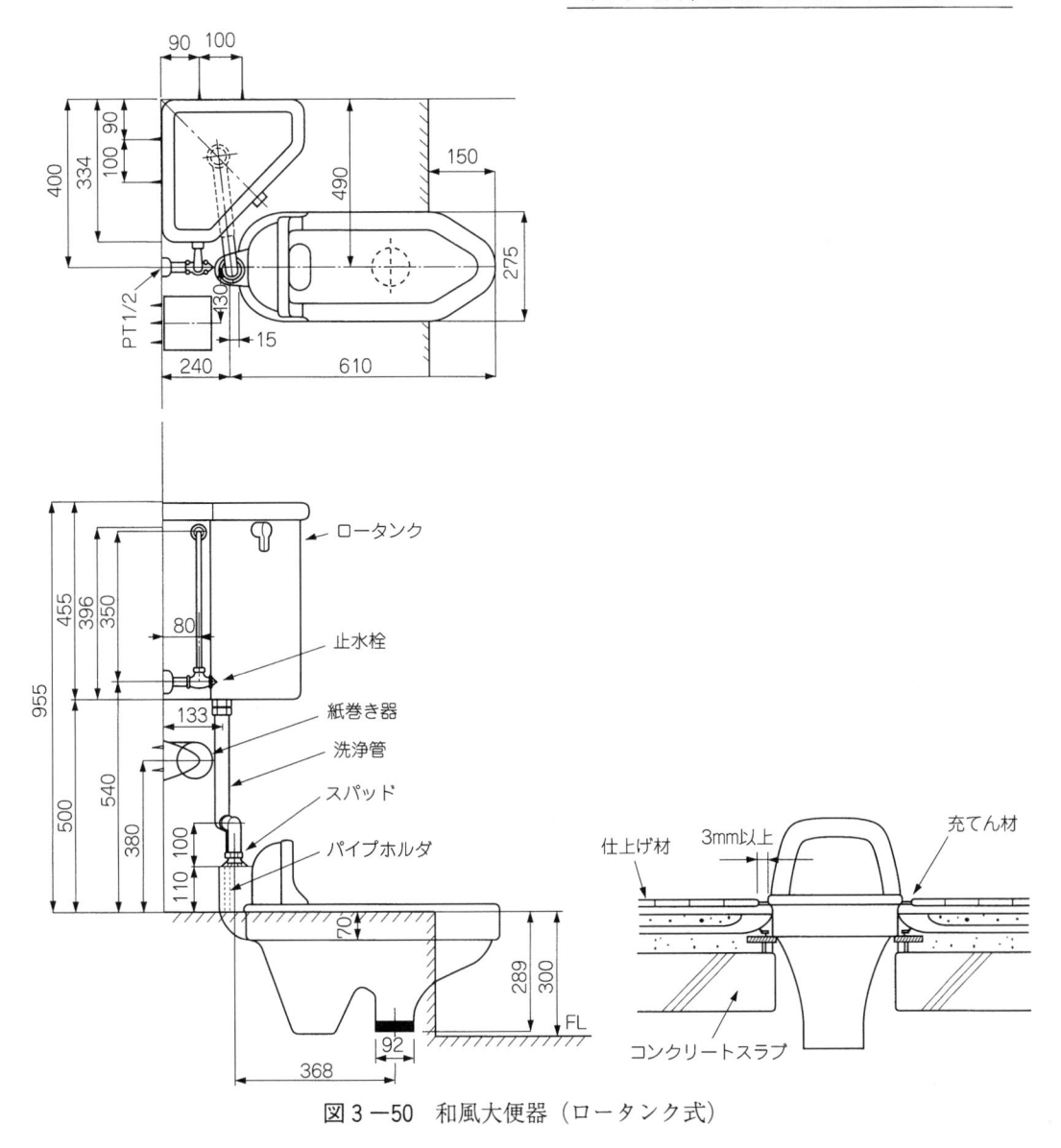

第3章 排水，通気及び衛生設備の配管施工法 129

図3-50 和風大便器（ロータンク式）

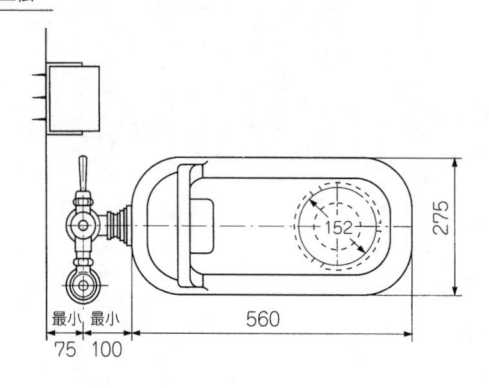

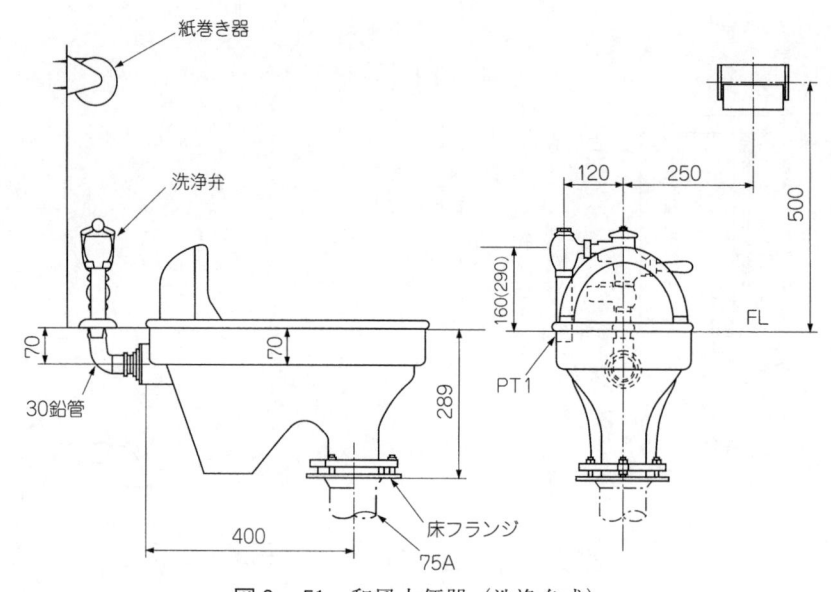

図3－51 和風大便器（洗浄弁式）

(3) 洗浄弁，ロータンクの取付け

a．洗浄弁の取付け

① 洗浄弁の取付けに当たっては，水圧が0.07MPa以上であるか，給水管管径が呼び径25A以上であるかを確認する。もし，水圧が0.07MPa未満であるときは低圧形洗浄弁又はロータンク式に変更する。

② 洗浄弁は，排水の逆流を防ぐため，バキュームブレーカを弁の吐出側に取り付ける。

③ 洗浄弁の下端又は，下部に取り付けられているバキュームブレーカの下端より，便器上縁までの距離は150mm以上としなければならない。

b．ロータンクの取付け

① ロータンクの取付けに当たっては，木造住宅の場合は，あらかじめタンク取付け位置に補強板を取り付けておく。

② タンクの取付けは4本の木ねじで行うが，そのうちの1本の木ねじには，図3－52(b)に示す特殊座金を用いる。

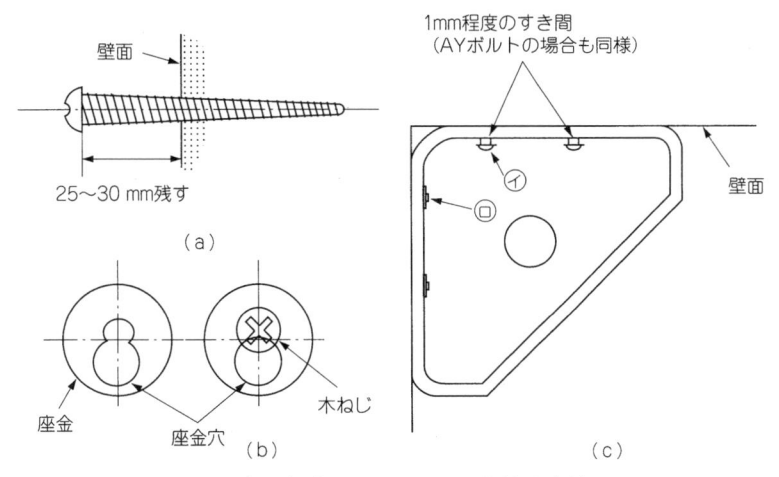

図3－52 すみ付きロータンクの取付け方法

③ 図(c)のⓘ又はⓡの木ねじ1本を，壁面から25～30mm残るようにねじ込む（図(a)参照）。
④ タンクの取付け穴をこの木ねじに引っかけた後，図(b)の座金の穴径の大きい部分から通し，穴径の小さい位置に座金をずらして締め付ける。
⑤ 残りの3本の木ねじは通常の方法で締めるが，建物のひずみによりタンクが破損することがあるので，図(c)のように，片面の木ねじ2本は1mm程度すき間を持たせる。

5．5 小便器の取付け

（1）壁掛け小便器の取付け（壁フランジ使用の場合）
① 排水管の種類によって，それぞれの管に適合した壁フランジを選ぶ。
② 壁フランジを壁に取り付けるために，前もってカールプラグ（鉛筒）を打ち込んでおく。
③ 便器の取付けボルト2本をフランジにはめ込んで，フランジを木ねじで壁に取り付ける。
④ 排水管が鉛管の場合は，鉛管の切り口を大便器の床フランジと同様に，フランジ面に沿って十分に広げ，はんだ付けする。
⑤ 小便器の排水口の外周に不乾性シール剤を詰めてから，小便器を所定の位置に当てがい，図3－53に示すようにナットで固定する。
⑥ 壁掛け小便器の取付け寸法（例）を図3－54に示す。

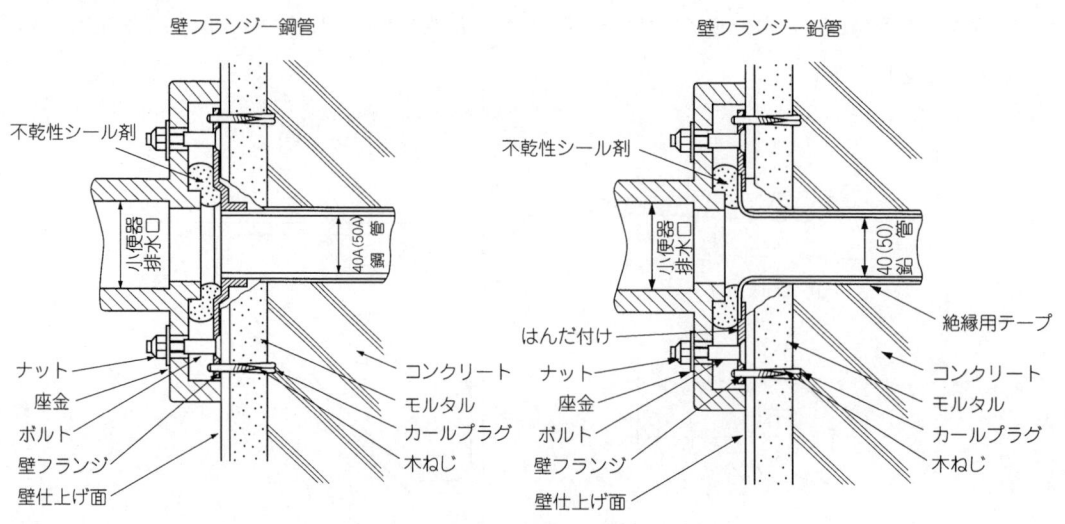

図3—53　壁掛け小便器の壁フランジ取付け

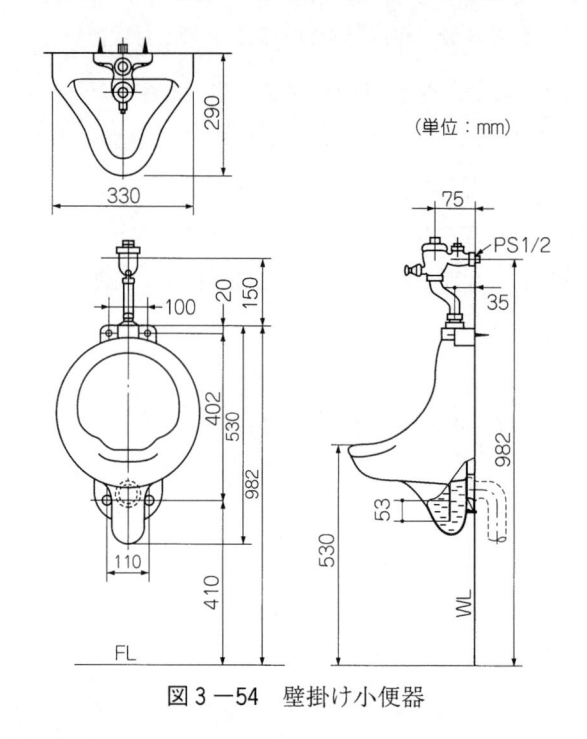

図3—54　壁掛け小便器

(2) ストール小便器の取付け

ストール小便器には，便器にトラップが付いているものと，付いていないものがあり，後者は別にトラップを設ける必要がある。ここではトラップなしの場合の取付け方法を述べる（図3—55参照）。

① 排水鉛管は，あらかじめ床仕上がり面から適当に立ち上げ，先端をつぶしておく。

② 床仕上げ後，小便器が所定の位置に取り付くかを確認し，図3—56のように締付け金具を，

その上面が陶器排水口の下面と心（しん）が一致する位置で，排水鉛管にはんだ付する。
③ はんだ付終了後，排水金具と小便器の間に不乾性シール剤を充てんし，排水金具を締め付けて，小便器を据え付ける。

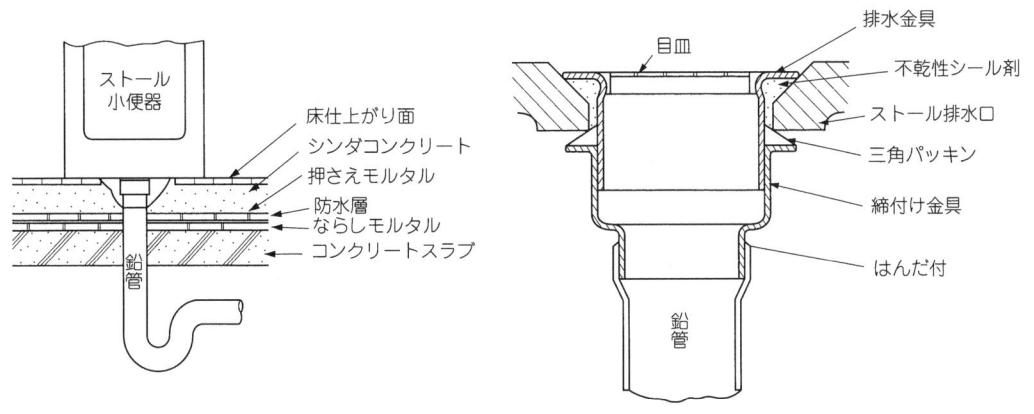

図3-55 ストール小便器の施工（床上設置）　　図3-56 排水管と排水金具の接続

④ ストール便器の取付け寸法（例）を，図3-57に示す。

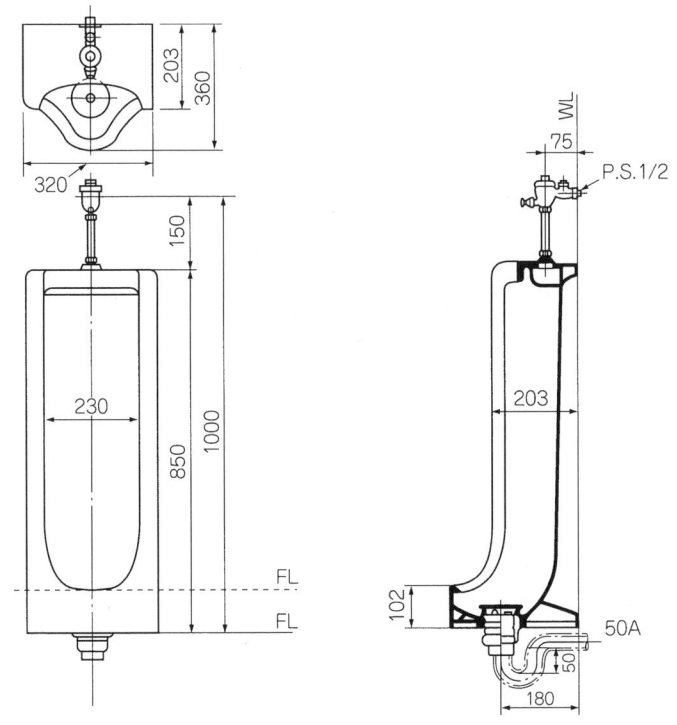

図3-57 ストール小便器

(3) ハイタンク及び自動サイホンの取付け

① あらかじめ自動サイホンをタンク内に取り付けておき，また，所定の位置にカールプラグ（鉛筒）などを打ち込んでおく。

② タンクの取付けは，ロータンクの場合に準じて行うが，図3－58のような専用の取付け金具を使用して行うと，施工が早く，楽にできる。

③ タンクから小便器までの配管途中に図3－60のようなトラップ（水たまり）部分があると，サイホン作用を起こさなかったり，タンクから水があふれたりするので，このような配管はしてはならない。また，定まった管径より小さくしたり，曲がりくねったり，必要以上に長い配管をしたりしてはならない。

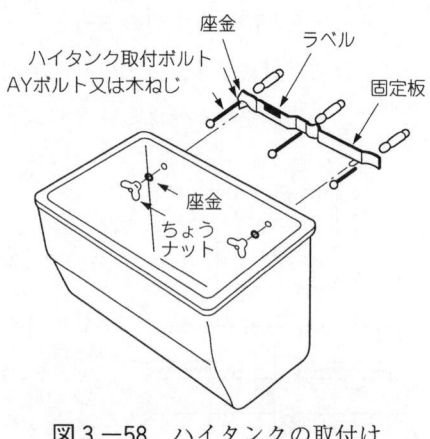

図3－58 ハイタンクの取付け

④ ハイタンクによる小便器洗浄の取付け寸法（例）を，図3－59に示す。

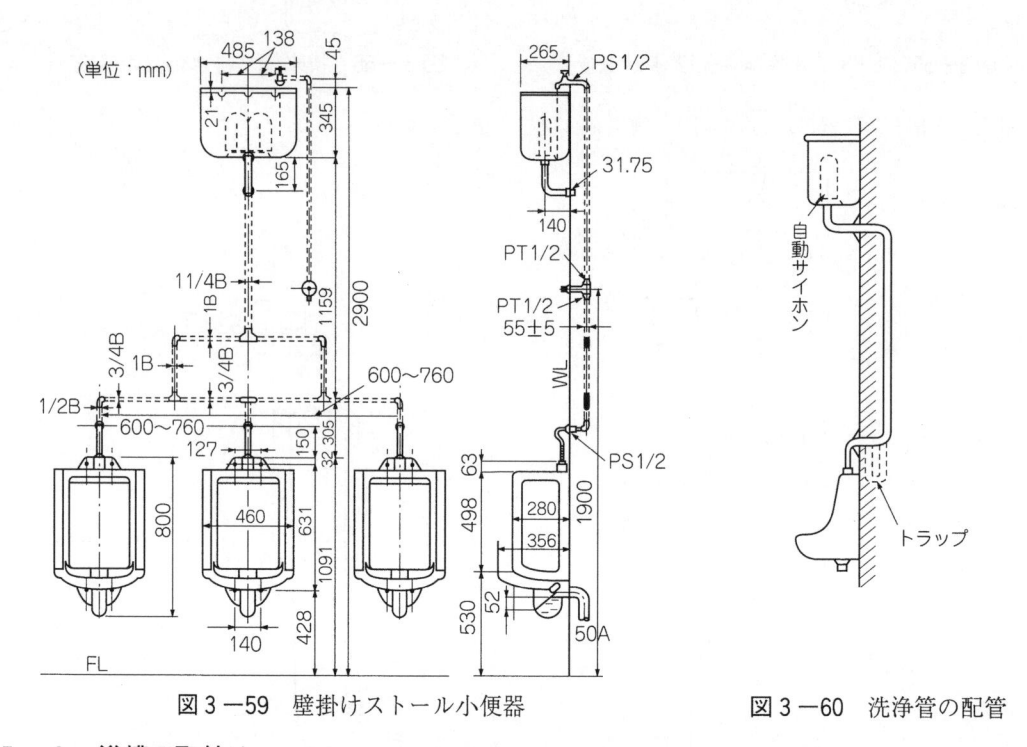

図3－59 壁掛けストール小便器

図3－60 洗浄管の配管

5．6　浴槽の取付け

（1）浴槽の排水方法

浴槽の排水方法には直接排水法と間接排水法がある。前者は浴槽に排水管を直接接続し，途中に排水トラップを設けて排水する方式で，ホテルの洋風浴槽などに多く用いられる。後者は防水バス床に排水を落とし，これを間接排水するもので和風・和洋折衷浴槽に多く用いられる。

a．直接排水法

浴槽の底部から排水管を横に引き出して，排水トラップに接続する方法と，浴槽の排水をその真下で排水管に接続する方法がある。

前者は床上（防水層）で排水管の接続ができるので，作業が比較的容易で確実にできる。後者は排水の心合わせや防水工事が難しく，天井裏でのトラップ取り付けなど作業性も悪いのであまり推奨できない。

図3－61に横引き排水による直接排水法を示す。

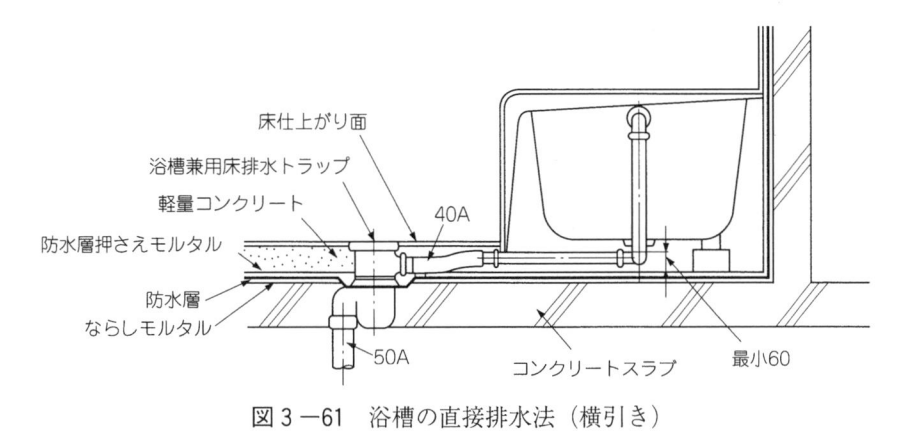

図3－61　浴槽の直接排水法（横引き）

b．間接排水法

間接排水法は，浴槽の排水の真下に防水層用排水受け金具を設け，これに浴槽の排水管を落とし込む方法で，排水はいったん空中に飛散するから，防水層はより完全なものでなければならない（図3－62参照）。

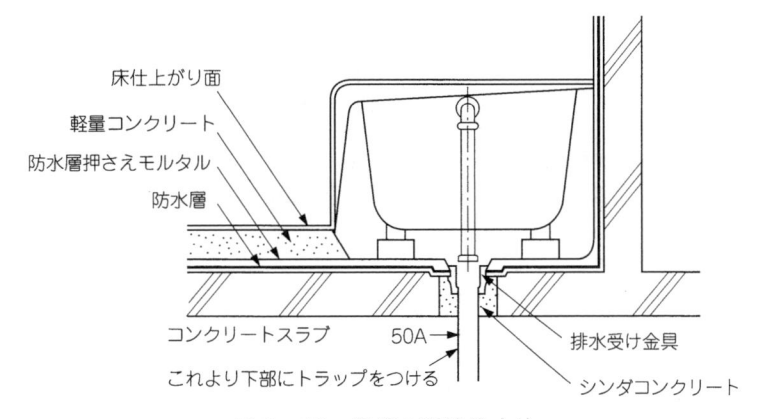

図3－62　浴槽の間接排水法

(2) 浴槽の据付け

浴槽には周囲にエプロン（化粧板）を一体整形したもの（図3-63(a)）と，エプロンなしのもの（図(b)）があり，若干工法が異なるので以下に説明する。

(a) エプロンなし

(b) エプロン付き

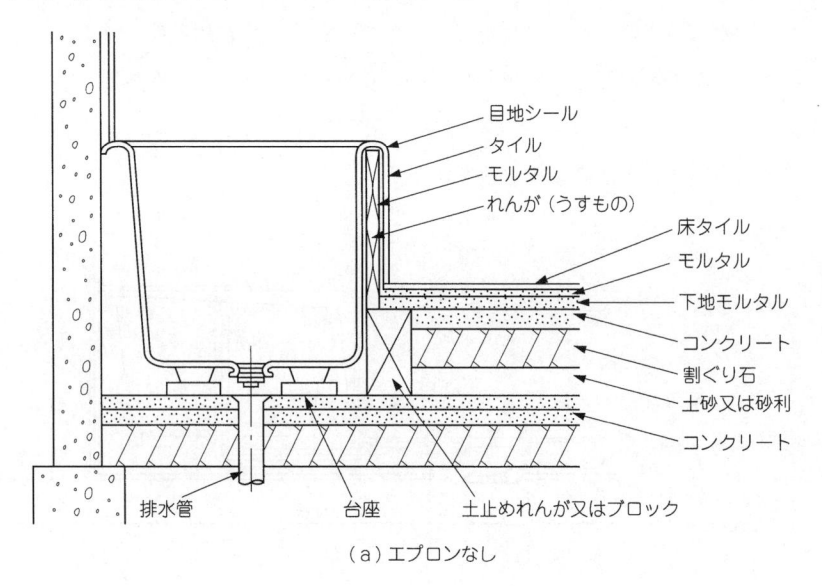

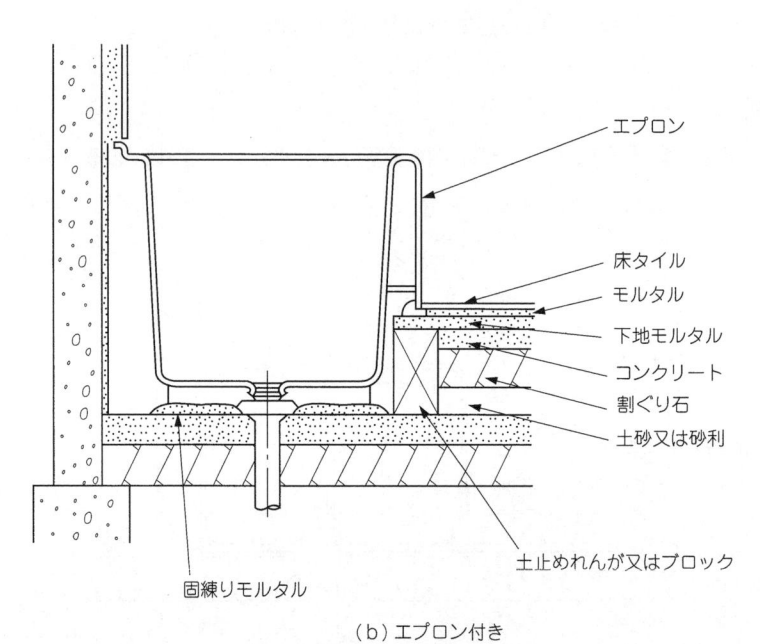

図3-63 浴槽の施工（例）

a．エプロンなしの場合

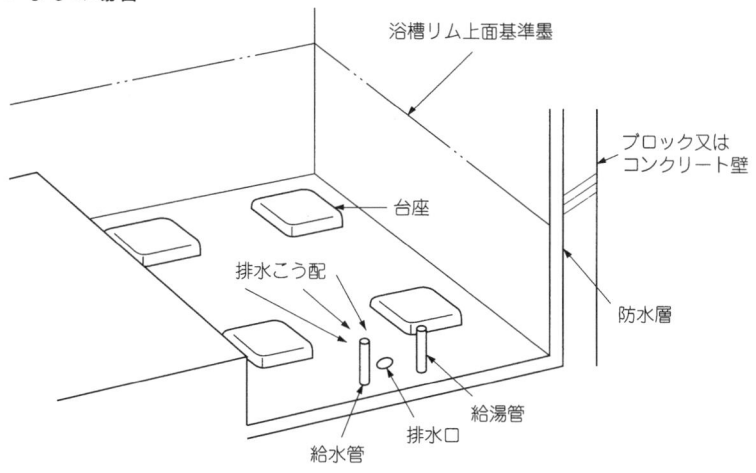

図3－64　浴槽の下地造り

① 床・壁のタイル工事を施工する前に浴槽の据付けを行う。
② 間接排水の場合は浴槽の据付け床が排水口に向かって排水こう配を持つようにする（図3－64）。
③ ブロック又はモルタルで浴槽の脚に当たるところに台座を作る。その高さはバスを据付けたときリム（浴槽縁）の上面基準線と浴槽の上縁が一致するようにする。
④ 台座に固練りモルタルを盛り上げる。このとき，浴槽本体までモルタルが付着しないように，あまり多量に盛り上げてはならない（図3－65）。
⑤ 真上から浴槽を静かに下ろしていく。このとき，浴槽と壁面とは仕上げしろ（約3mm以上）を確保するよう，当て木などを挿入する。
⑥ 浴槽の縁に水準器を当て，水平であることを確認する。
⑦ 浴槽の脚の周囲をモルタルで固定する。このときも浴槽本体にモルタルが付着しないよう注意する。

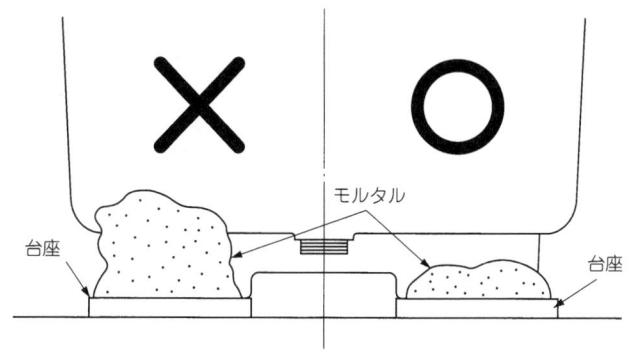

図3－65　浴槽の据付け

⑧ そのまま一昼夜以上放置してモルタルを硬化させる。

⑨ 浴槽のリム（縁）と壁タイルとの取合い例を図3－69に示す。

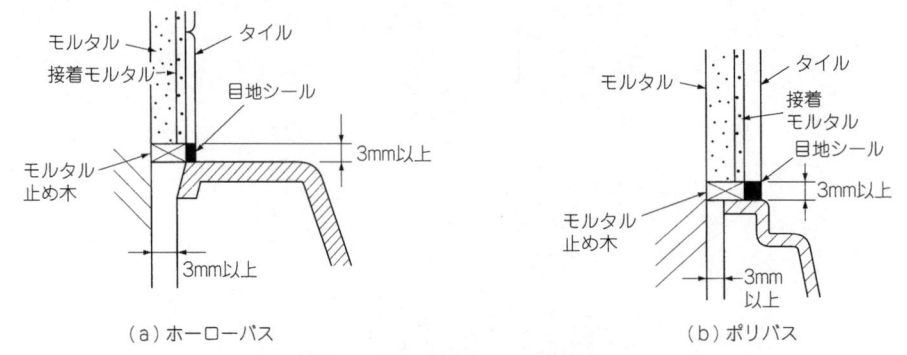

（a）ホーローバス　　　（b）ポリバス

図3－66　壁タイルとの取合い

⑩ 現場で製作するエプロンタイルと浴槽の取合い例を図3－67に示す。

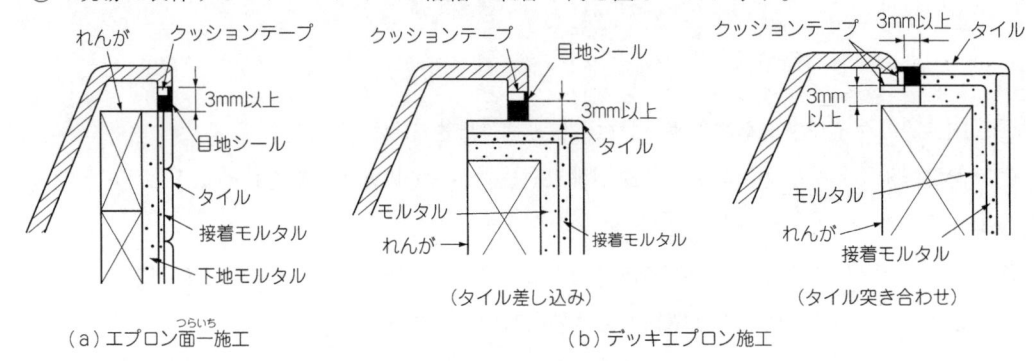

（a）エプロン面一施工（つらいち）　　（b）デッキエプロン施工（タイル差し込み）／（タイル突き合わせ）

図3－67　浴槽回りのタイル仕上げ

b．エプロン付きの場合

① 間接排水の場合は排水こう配をとる（エプロンなしの場合と同じ）。
② 浴槽の脚が当たるところに固練りモルタルを土手状に盛り上げる。
③ 真上から浴槽を徐々に下ろしていく。その際，浴槽と壁面間の仕上げしろを当て木などで確保する。
④ 所定の高さまで脚をモルタルに押し下げたらエプロンの下にくさびを入れて，それ以上下がらないようにする（図3－68）。

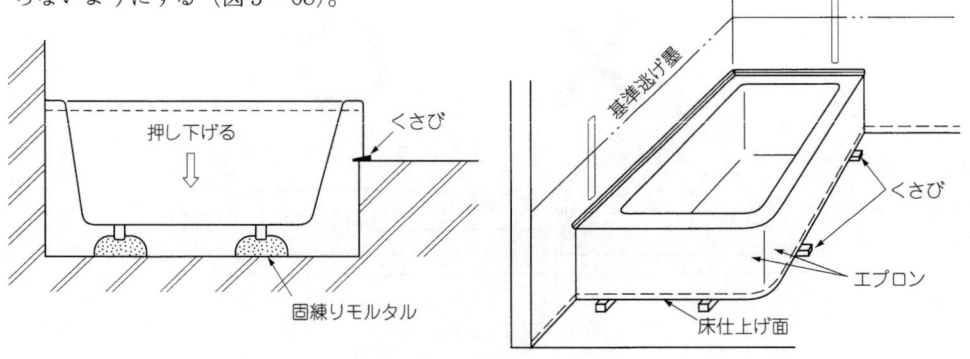

図3－68　浴槽の据付け

⑤ そのまま約一昼夜以上放置してモルタルを硬化させる。

⑥ エプロン下端とタイル床,エプロン側面と壁の取合い例を図3－69に示す。

⑦ 浴槽のリムと壁タイルとの取合いはエプロンなしの⑨と同様である。

(a) エプロン下端　　　　　(b) エプロン壁部

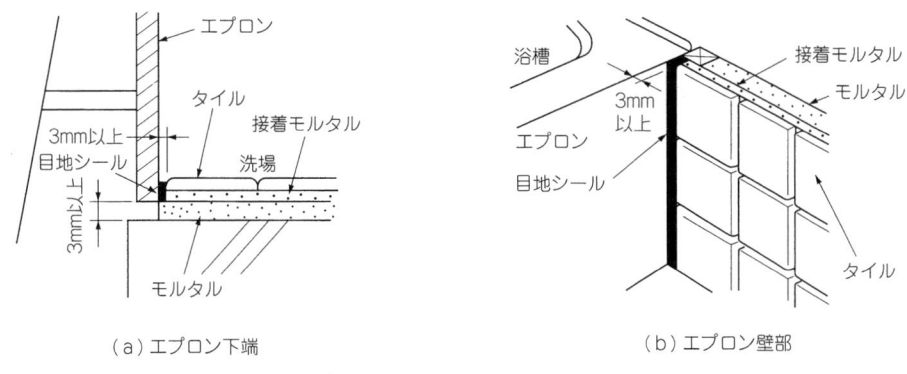

図3－69　エプロンとタイル床及び壁タイルとの取合い

5.7　掃除流し,水飲み器の取付け

(1) 掃除流しの取付け

掃除流しの排水は器具排水トラップを経て行う。排水方法には,図3－70に示すように床フランジにS形器具トラップを取り付けて行う方法と,壁フランジにP形器具トラップを取り付けて行う方法とがある。いずれの方法も,流し本体がかなり重いので,堅固に取り付けるようにする。

① S形トラップの掃除流しの取付けでは,トラップの上部受口中心が流しの排水口の中心と一致しているかを確認する。台座と床仕上がり面との間にすき間が生じた場合は,図3－71に示すようにかいものをして正しく水平を出す。トラップと排水管の接続は,洋風大便器の床フランジの取付け要領と同様にして行う。

② P形トラップの掃除流しの取付けでは,調整ボルトを調整して,トラップの中心と排水口の中心とを一致させる。トラップと排水管の接続は,壁掛け小便器の取付け要領と同様にして行う。

③ 掃除流しの取付け寸法（例）を図3－72,図3－73に示す。

(a) S 形 (b) P 形

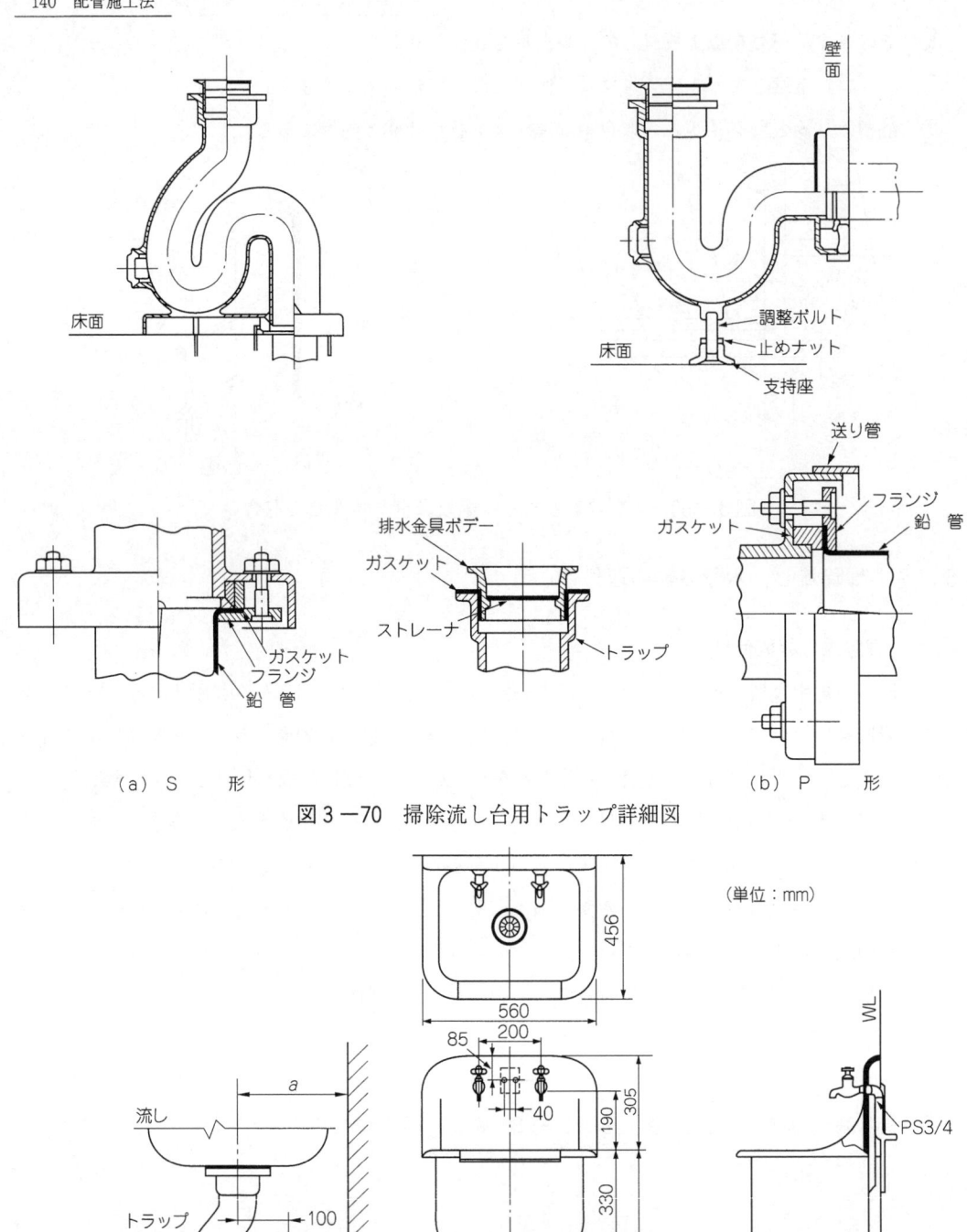

図3−70 掃除流し台用トラップ詳細図

図3−71 S形トラップ掃除流し

図3−72 バック付き掃除流し

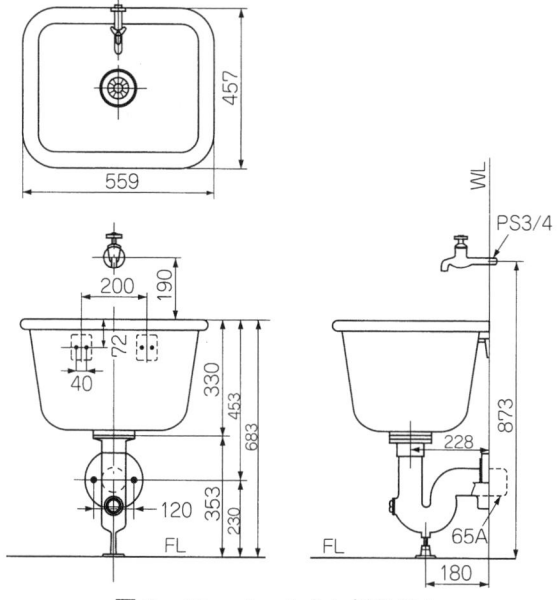

図3-73 バックなし掃除流し

(2) 水飲み器の取付け

a. 立て形水飲み器の取付け

① 架台設置後,排水管(40A)を所定の位置に配管し,その末端にストレーナ付き受口を付けておく(図3-74)。

② アンカボルトと給水管をあらかじめ水飲み器本体にセットした後,水飲み器を床の架台にのせる。

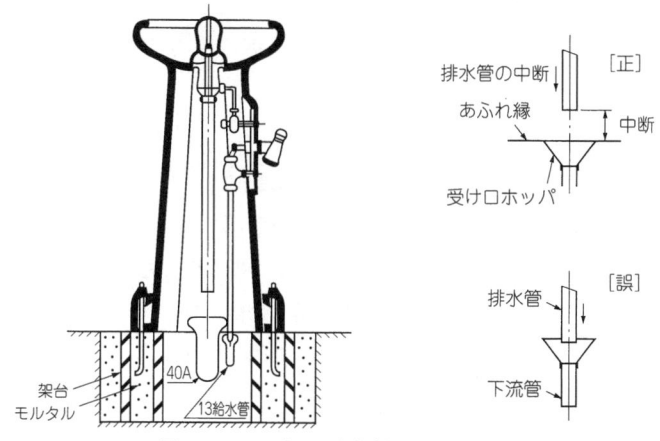

図3-74 立て形水飲み器の排水

③ 架台の空洞部(ボルト埋込部)にモルタルを流し込み,モルタルが硬化したら,アンカボルトのナットを締め付けて水飲み器を固定する。

④ 器具の排水口から立ち下がった排水管は間接排水とし,ストレーナ付き受口を経て,排水ト

ラップに接続する。受口以下の配管は，器具からたれおろした排水管よりひとまわり太くする。

b．壁掛け水飲み器の取付け

壁掛け水飲み器の取付けは，洗面器と同様にバックハンガによって，壁面に堅固に行う（図3－75）。

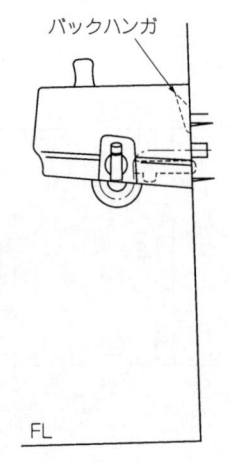

図3－75　壁掛け水飲み器

第3章の学習のまとめ

　排水設備・衛生設備配管の特徴は，排水ポンプなど一部の配管を除いて管内は空気と水が混在する二層流という流れの状態になっていることである。この状態では空気が複雑な挙動を示すことが多く，汚水の滞留，トラップ封水の喪失というような機能障害を発生させる恐れが大きい。計画・施工に当たっては本章を復習し，適切な管の管径，こう配，通気点の決定などに当たることが大切である。

【練習問題】

次の文の中で正しいものに○を，誤っているものに×を付けなさい。

(1)　二重トラップは，トラップの機能を向上させるため，2個のトラップを直列接続したものである。
(2)　高置水槽のオーバフロー管，ドレン管は建物の排水管に直結してはならない。
(3)　排水配管のねじ接合では，継手のリセス部分に管端が接触しないようにする。
(4)　排水ますは，固形物を流しやすくするため底部をインバート構造とする。
(5)　通気配管に使用する継手には排水用ねじ込み継手を使用しない。

第4章　消火設備の配管施工法

　火災の初期段階において，建造物にあらかじめ設置し消火活動を行う設備を消火設備という。本章では，消火設備とそれに付帯する配管に関する施工法について概説する。

第1節　消 火 設 備

1．1　消火設備の種類及び用途

(1)　種　　類

一般に火災は初期段階の出火原因により次のように分類されている。
① 　一般火災（A火災；紙，木材，織物などの一般火災）
② 　油火災（B火災；石油類その他の可燃性液体，油脂類などの火災）
③ 　電気火災（C火災；一般電気施設の火災）
④ 　金属火災（ナトリウム，カリウム，マグネシウムなどの活性金属による火災）
⑤ 　ガス火災（都市ガス，プロパンガスによる火災）

　火災の種類により，それぞれ消火方法も異なるが，一般的には燃焼対象物を発火点以下の温度に下げる冷却消火法と燃焼物の周囲の空気を遮断する窒息消火法などがある。

　一般にA火災は，水による冷却作用，B，C火災は水噴霧，不活性ガス，泡その他による窒息及び冷却作用による消火が行われている。

　消火設備に関する法令としては，消防法第17条で防火対象物が，消防法施行令第7条で「消防の用に供する設備」として消火設備，警報設備及び避難設備が定められている。このうち，消火設備については，「水その他消火剤を使用して消火を行う機械器具又は設備」として，同条で次のように定められている。

① 　消火器及び次に掲げる簡易消火用具
　イ．水バケツ
　ロ．水槽
　ハ．乾燥砂
　ニ．膨張ひる石，又は膨張真珠岩
② 　屋内消火栓設備
③ 　スプリンクラ設備

④　水噴霧消火設備
⑤　泡消火設備
⑥　不活性ガス消火設備
⑦　ハロゲン化物消火設備
⑧　粉末消火設備
⑨　屋外消火栓設備
⑩　動力消防ポンプ設備

また別に，消火活動上必要な施設として，排煙設備，連結散水設備，連結送水管，非常コンセント設備，無線通信補助設備などが定められている。

これら諸設備のうち，施行令でいう消火設備，連結散水設備，連結送水管を一般に広義の消火設備と呼んでいる。

(2) 用　　途

前述のように，消火には，それぞれ各火災に適応した消火方法を選ぶ必要があるが，前各項を用途別に述べる。

① 水バケツ，乾燥砂など

　　初期の一般火災の消火に使用される。

② 屋内消火栓設備

　　建物の構造，規模，用途などにより設置の義務があり，屋内に設置された消火栓，ホース，ノズルなどにより消火対象物に注水，冷却して消火する。

③ スプリンクラ設備

　　屋内で火災を感知すると，ポンプが自動的に働き，天井部に設置されたスプリンクラヘッドから自動的に注水消火する。

④ 水噴霧消火設備

　　水噴霧ヘッドから水を霧状に噴射し，周囲の酸素を遮断するとともに，霧状の水滴による気化潜熱による冷却効果で消火する。可燃性液体の火災や電気設備の火災，駐車場，通信機器室などの消火設備として使用される。

⑤ 泡消火設備

　　水源，加圧送水装置，泡消火剤，泡ヘッドなどで構成される。燃焼物を厚い泡の層で覆って，空気を遮断し，窒息と冷却作用で消火する。石油タンクなどの油火災に適し，一般には自動車車庫，駐車場などに設置される。

⑥ 不活性ガス消火設備

　　一般に窒素系ガスが使用され，ガスの放出により酸素の容積比を低下させる窒息消火法による消火設備である。駐車場，変電室などのほか，消火対象物に損傷を与えない特色もあり，美

術館，書斎などの消火設備に適している。

⑦ ハロゲン化物消火設備

　ハロゲン化物が使用され，前述の不活性ガス消火設備と同様に使用されるが，従来使用されていたハロン1301が環境破壊をもたらす恐れのあることから現在はハロゲン化物HFC-23，HFC-227eaが使用されている。

⑧ 粉末消火設備

　一般に炭酸水素ナトリウムなどを主成分とした粉末消火剤を，圧力容器内に封入し，ノズルから薬剤を火面に直接噴射する。炭酸水素ナトリウムは火災の熱により熱分解を起こし，発生した炭酸ガスと水蒸気で可燃物と空気を遮断する窒息消火法である。油火災や一般火災に適している。

⑨ 屋外消火栓設備

　屋内消火栓設備と同様な構成で，建物の1～2階に発生した一般火災を，建物の関係者が外部から直接消火活動をするための設備である。

⑩ 動力消防ポンプ設備

　屋内消火栓設備を必要とする建物のうち1～2階までの部分を対象に，動力消防ポンプで代用することができる。

　ポンプの種類としては，消防ポンプ自動車，手引消防ポンプ，重可搬消防ポンプ，軽可搬消防ポンプなどがあるが，機械の操作，消火活動に熟練した担当者の常駐が必要になる。

⑪ 連結散水設備

　一定規模（700m^2）以上の床面積を持つ地階天井に設けられる。地下室の火災発生時に消防ポンプ自動車から地上に設置された送水口へ送水し，散水ヘッドから放水する。

⑫ 連結送水管

　高層建築物の消防隊専用の屋内消火栓設備で，消防自動車から地上部に設けられた送水口を経て，3階以上の消防隊専用栓に給水される。

1．2　消火設備施工上の留意事項

　消防法第17条において，消防用設備などを設置及び維持しなければならないものとして，一定規模以上の「学校，病院，工場，事業場，興行場，百貨店，旅館，飲食店，地下街，複合用途防火対象物その他の防火対象物」が指定されている。さらに，その設置に当たっては「政令で定める消防用設備などを，政令で定める技術上の基準に従って行わなければならない」と規定されている。

　また，工事施工に当たっての資格者として，消防設備士制度がある。これは消防用設備などの工事又は整備の完全性の確保を図るために設けられたものである。甲種消防設備士は「消防用設備などの工事又は整備」に，乙種消防設備士は「消防用設備などの整備」に当たることができる。

また，消防用設備などの工事については，工事着手予定日の10日前までに，消防長又は消防署長に必要書類を提出し，認可を受けてから着工する義務がある。

直接工事においては，指定された管材，器具，また設計上の性能を有する機器類を使用することはもちろん，器具類の取付け高さ，間隔などの制約があるので，担当する甲種消防設備士の指示により施工しなければならない。

1．3　屋内消火栓設備

(1)　設備の概要

屋内消火栓設備は，水源，加圧送水装置（消火ポンプ），配管，屋内消火栓などから構成され，火災を初期段階で消火することを目的としている。図4－1に屋内消火栓箱の構造，図4－2に屋内消火栓の系統例，表4－1に放水圧力，放水量などの基準を示す。

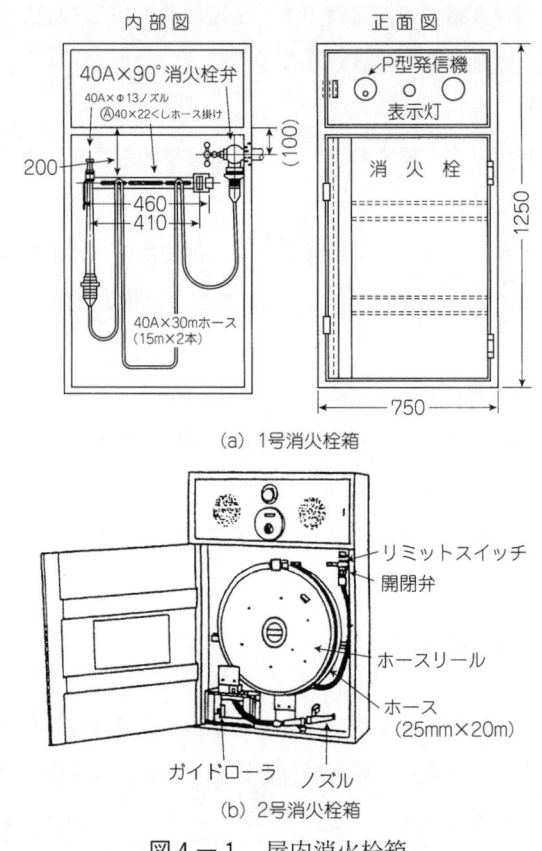

(a) 1号消火栓箱

(b) 2号消火栓箱

図4－1　屋内消火栓箱

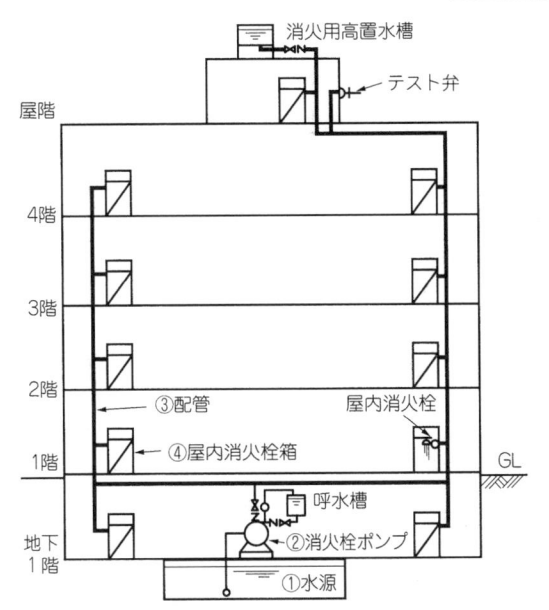

図4-2 屋内消火栓（1号）設備の系統例

表4-1 屋内消火栓の基準

項　目		屋内消火栓	
		1号消火栓	2号消火栓
水源水量	各階に設置する消火栓個数1個のとき	2.6m³	1.2m³
	各階に設置する消火栓個数2個以上のとき	5.2m³	2.4m³
ポンプの吐出し量	各階に設置する消火栓個数1個のとき	150 l/min	70 l/min
	各階に設置する消火栓個数2個以上のとき	300 l/min	140 l/min
警戒区域半径〔m〕		25	15*
ノズル先端放水圧力〔MPa〕		0.17（0.7以下）	0.25（0.7以下）
放水量〔l/min〕		130以上	60以上
ノズル口径〔mm〕		13	8
開閉弁呼称径（A）		40	25
ホース呼称径（A）×長さ〔m〕〔（　）内は易操作性1号消火栓〕		40×30（32×30）	25×20
主配管のうち立上がり管呼称径（A）		50以上	32以上

* ロビー，ホール，ダンスフロア，リハビリテーション室，体育館，講堂，その他これらに類する部分で，可燃物の集積が少なく，放水障害となる間仕切りなどがなく，かつホースを直線的に延長できる場合には，この数値は25mまで緩和できる。また，15mの円内に入らない未警戒部分で，その直近の屋内消火栓からホースを延長して消火活動を行うのに支障ないと認められる部分では，この数値は20mまで緩和できる。

（2） 配管上の留意点

配管は原則として消火専用とし，給水用と兼用してはならない。また，常時管内は充水しておくため，必要があれば，屋上などの最高位の場所に，専用の消火用高置水槽を設置する。水槽への給水は，飲料用水とは別系統の揚水設備からボールタップを介し給水する。水槽への立上り管は呼び径50mm以上とする。

配管の管種は一般に，配管用炭素鋼鋼管（白）（JIS G 3452）などが使用されるが，地中埋設部での腐食，電食対策として，消火用硬質塩化ビニル外面被覆鋼管が規格化されている（WSP 041）。その他防食テープ巻き又は電気的防食法などがあり，消防設備士の指示に従って施工しなければならない。

配管終了後は一般に1MPa以上の水圧試験が必要である。

1．4　連結送水管の設置基準

（1）　設置が必要な建物

連結送水管は，消火活動上必要な施設として，消防法施行令第29条に，また施行規則第31条に基準細目が規定されている。

設置義務がある建築物は，劇場，百貨店，旅館，病院，学校，その他で地階を除く階数が7以上のもの，又は地階を除く階数が5以上で延べ面積が6000m^{2}以上のもの，地下街で1000m^{2}以上，アーケードで延長50m以上のものなどが規定されている。

（2）　設置及び維持に関する技術上の基準

図4－3に高層建築の連結送水管の配管例を示す。

① 連結送水管の放水口は，3階以上の階に，階ごとにその階の各部分から，1つの放水口までの水平距離を50m（アーケードなどの通路は25m）以下にする。
② 階段室，非常用エレベータの乗降ロビー又は，これらの付近で，消防隊が有効に消火活動を行うことができる位置に設ける。
③ 主管の内径は100mm以上とする。
④ 送水口は双口形とし，消防ポンプ自動車が容易に接近することができる位置とする。
⑤ 高さが70m以上の高層建物には，配管の途中に加圧送水装置を設ける。

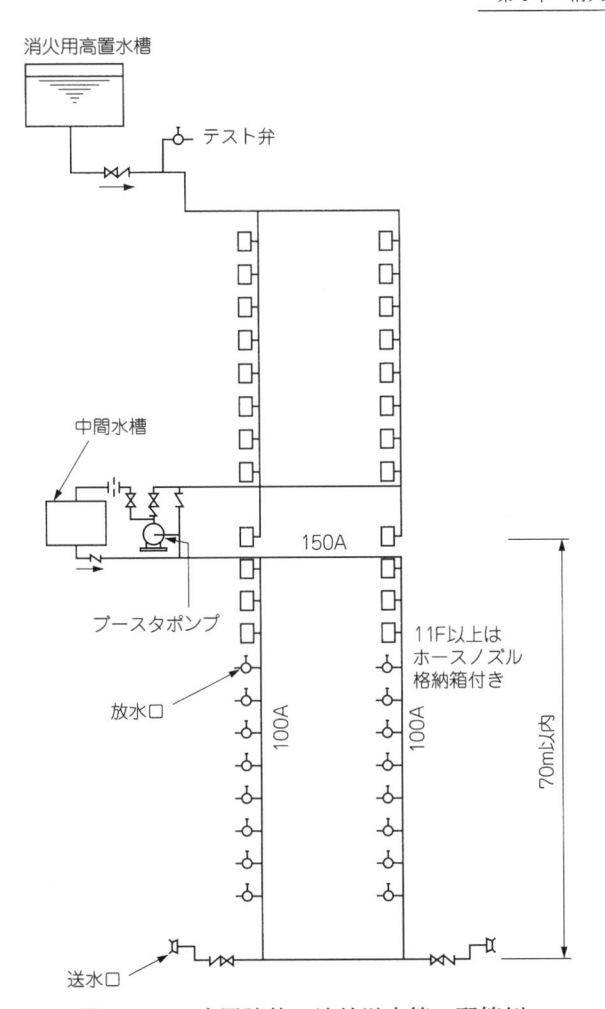

図4－3　高層建築の連結送水管の配管例

1．5　スプリンクラ設備の配管方法及びこう配の決定

(1) 概　　要

　スプリンクラ設備は，水源，加圧送水装置，給水管，警報弁，スプリンクラヘッドなどから構成される。スプリンクラヘッドは，閉鎖形及び開放形がある。閉鎖形の場合は，ヘッドの可溶部分が火気により溶解開栓し，内部に加圧された水，又は空気が放出され，自動警報弁が作動しポンプが始動して，自動的に注水消火するものである。

　配管中に常時水圧がかかっているものを湿式といい，凍結防止その他の理由により，配管内に圧力空気を充満させているものを乾式という。

　開放形ヘッドは公会堂，劇場などの舞台部に設置するもので，火災感知器と連動させるか，手動により一斉開放弁を開き，放水させるものである。

ヘッドの放水性能は，規定された個数のヘッドを同時に使用した場合に先端の放水圧力が0.1MPa以上において80l/min以上（ラック式倉庫の場合は114l/min以上），小区画型ヘッドの場合は50l/min以上とされている。

（2）配管方法及びこう配の決定

一般に受水槽，ポンプ室などの関係で最下階に加圧送水装置が設置される場合が多く，主管は上向き給水方式となる。配水主管から各階へ分岐配管されるが，各階ごとに自動警報弁を設ける。

各階の配管末端に加圧送水装置のテスト用に試験弁を取り付けるが，できれば弁に向かっての先下りこう配とする。試験弁からの排水管には当然先下り配管が必要である。

配管径は，給水管と同様に流量と摩擦損失水頭から求めるが，一般に略算法によることが多い。表4－2に配水管・枝管の配管径を，表4－3に配水主管の配管径を定める目安を示す。

表4－2　配水管又は枝管

ヘッドの合計個数	2個以下	3個以下	5個以下	10個以下	20個以下	30個以下
配管呼び径（mm）	25以上	32以上	40以上	50以上	65以上	80以上

注　枝管に取り付けるヘッドの数は，配水管から片側5個を限度とする。

表4－3　配水主管

ヘッドの同時開口数	10個以下	11個以上20個以下	21個以上30個以下
配管呼び径（mm）	100	125	150

1.6　スプリンクラヘッドの配列

スプリンクラヘッドの配置は，消防法施行令第12条で，防火対象物の種類，構造などにより，各部分から1つのスプリンクラヘッドまでの水平距離が，1.7m以下，2.1m以下，2.3m以下のいずれかに設置することが定められている（表4－4）。

ヘッドの配列方法は，図4－4に示す正方形配置と千鳥配置の2方法があり，いずれを用いてもよい。配管上は正方形配置の方がよいが，大規模の場合は千鳥配置の方が設置箇所数が少なくてすむという利点がある。

表4－4　天井面が水平である場合のヘッドの取付間隔（標準形 r 2.3mヘッドの場合）

スプリンクラ設備のヘッド間隔			
防火対象物	ヘッドまでの水平距離 r	正方形の場合 $\sqrt{2}r$	対角線寸法 $2r$
劇場舞台部又は準危険物特殊可燃物の貯蔵取扱い	1.7m以下	2.4m以下	3.4m以下
地下街　厨房部分	1.7m以下	2.4m以下	3.4m以下
地下街　厨房以外の部分	2.1m以下	2.97m以下	4.2m以下
一般の建物　耐火建築物	2.3m以下	3.25m以下	4.6m以下
一般の建物　耐火建築物以外	2.1m以下	2.97m以下	4.2m以下

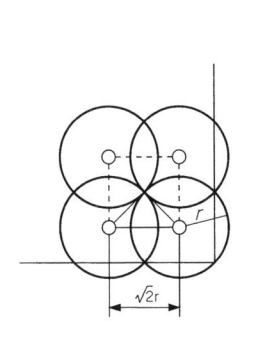

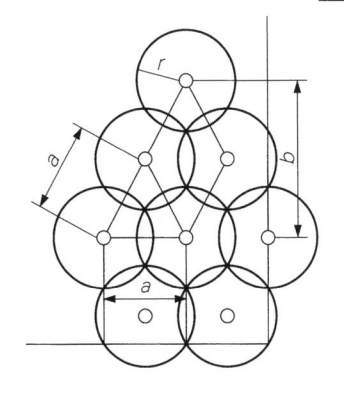

$a = 2r\cos 30°$
$r = 2.1\text{m}$ の場合, $a = 3.5\text{m}$
$r = 2.3\text{m}$ の場合, $a = 3.9\text{m}$
$b = 2a\cos 30°$
$ = 4r\cos^2 30°$
$r = 2.1\text{m}$ の場合, $b = 6.2\text{m}$
$r = 2.3\text{m}$ の場合, $b = 6.9\text{m}$

(a) 正方形配置の場合　　(b) 千鳥配置の場合

図4－4　ヘッドの設置計算式

図4－5にスプリンクラ設備の系統例を示す。

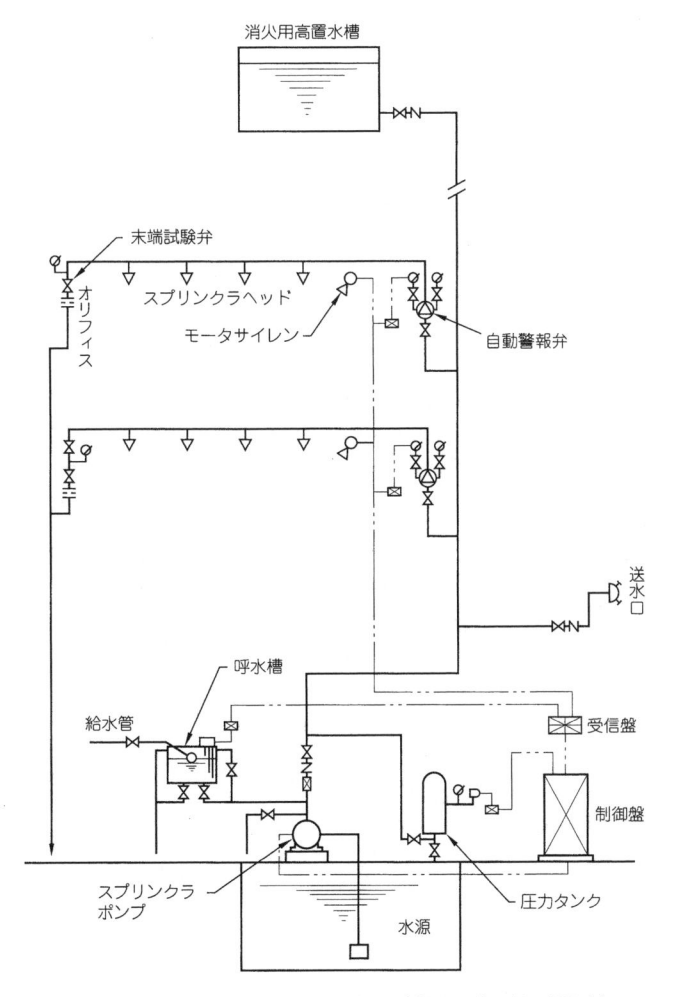

図4－5　スプリンクラ設備の系統例（閉鎖形湿式）

1.7 ドレンチャヘッドの数及び配列

(1) 設備の概要

隣接した建物や，類焼の危険がある火災などの場合に，窓その他の開口部上部に設けられたドレンチャヘッドからの水幕により，内部に引火することを防ぐ目的で設置される。この設備をドレンチャ設備という。

構成はスプリンクラ設備と同様で，水源，加圧送水装置，制御弁，ドレンチャヘッドからなる。設備の系統例を図4－6に示す。

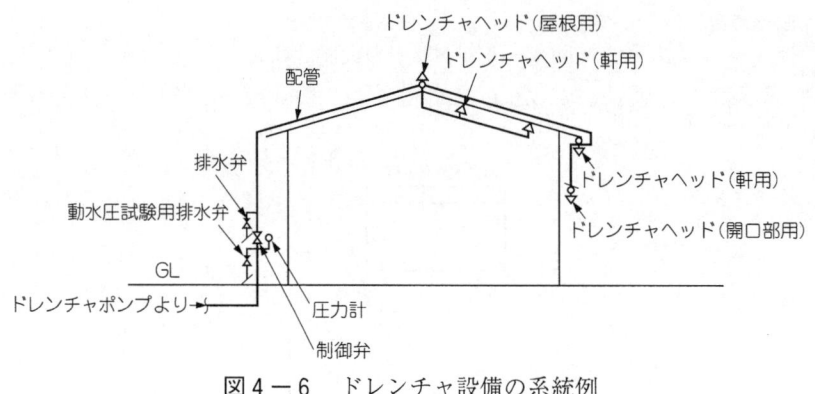

図4－6 ドレンチャ設備の系統例

(2) ヘッドの数及び配列

木造壁が燃焼しないため，又はガラス板が破れないために必要な水量は，その場合の熱の条件によって異なるが，一般に表4－5に示す量とされている。

表4－5 必要最小限の流下水量（l/min/m）

種　別	火炎温度	流下水量
木造壁の場合	700～900℃	10～20
ガラス窓の場合	700～900℃	15～30

ヘッドには，屋根用，窓壁用，軒用などがあり，管径は6.4mm，7.9mm，9.5mmなどがあるが，一般には9.5mmが使用される。

通常は開口部の上枠の長さ2.5mごとに1個設けられ，すべてのヘッド（5を超えるときは5）を同時に使用した場合，それぞれのヘッドの先端圧力が0.1MPa以上で，ヘッド1個ごとの放水量は20l/min以上の性能を有するものとする。

また，水源の容量は全部開口（最大5個）した場合の20分間以上の量とされている。

第4章の学習のまとめ

　消火設備は火災という異常事態を想定して設置するものであるため，常時設備の機器・配管が正常に機能するかどうかを確認することは容易ではない。この点が他の給水設備，排水設備などと異なる特異性であり，設置後の保守点検に大きく機能が依存する。したがって，消火設備を設置したので防火は万全であると考えるのは危険であり，日常の保守点検の他，防災設備（火災報知器，非常用照明設備など）の設置，可燃物の隔離など，総合的な防災計画のもとに安全の確保を心がけることが大切である。

154 配管施工法

【練 習 問 題】

下図に示す事務所に2号消火栓箱を設置しようとするとき，その位置と個数を計画しなさい。

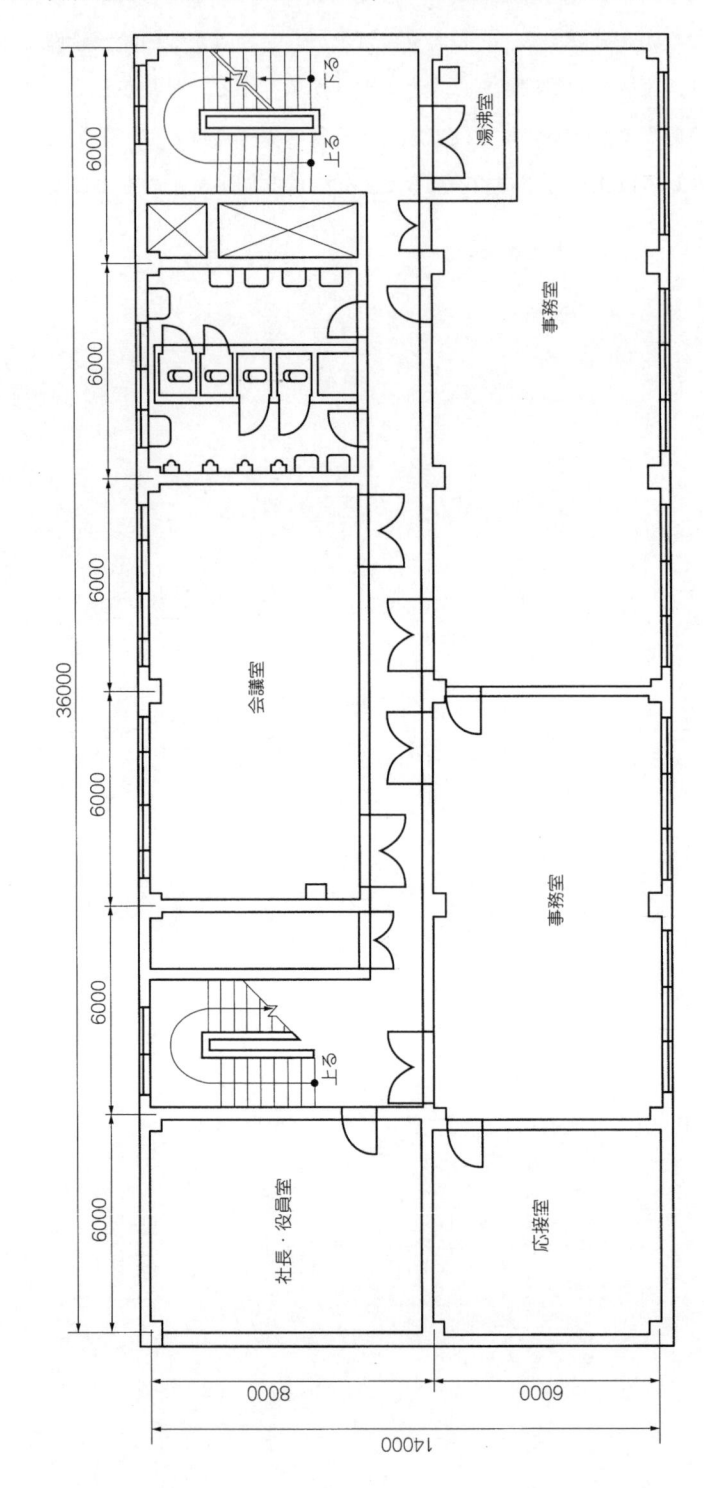

[事務所2階平面図]

第5章　ガス設備の配管施工法

　本章では，各設備を配管施工する上での一般的留意事項，また配管材料，用途，施工例など，ガス設備作業従事者としての必要な実務の分野を学び見識を広めていく。

第1節　ガス設備施工上の留意事項

1．1　法令などの遵守

　すべての施工に共通した留意事項であるが，特にガス工事は作業中，作業後においても爆発，火災などの災害が発生した場合は，人身事故など重大事故につながる確率が非常に高い。したがって，不注意による作業は絶対に許されない。工事に当たっては，「ガス事業法」，「液化石油ガス法」，「建築基準法」，「消防法」，「道路交通法」，「道路法」，「労働安全衛生法」などの規制があるので，これらをよく理解し，着手する必要がある。万一，災害などが発生したときは，迅速な応急措置，救助措置，その他保安措置をとらなければならない。

1．2　安全確保のための留意事項

① 安全マスク，安全帯（命綱），保護眼鏡などを整備する。
② 作業現場の整理整とん，作業に不要なものは事前に除去しておく。
③ 高所作業の場合，転落防止などの対策をする。
④ 電動工具はアースを確実にとる。
⑤ 取り出し工事などでやむを得ずガスを漏出する作業にあっては，火災，爆発，中毒を防止するため，必要な措置を講ずる。
⑥ 暗きょ（渠），マンホール内などの密閉された場所での作業には，事前にガス検知器などによるガスの有無の確認をし，酸欠事故の防止を図る。

1．3　土　木　工　事

① 道路その他の掘削及び埋戻しは，関係法令，諸基準，諸通達を遵守するとともに，関係官庁，用地管理者及び用地所有者の許認可や許可条件を確認し，これを遵守しなければならない。
② 軟弱地盤，又は深さが2m以上となる地山の掘削には，地山の掘削作業主任者の指示により行い，土留の支保工作業主任者の指示により土留を施す。

1.4 配管工事

(1) 一般的留意事項

① 配管材料は，汚損及び損傷を与えないように取り扱う。
② ポリエチレン管のＥＦ接合においては，融着する管及び継手には，傷，汚れがないことを確認する。
③ 配管材料，継手などが指示されているものと相違ないか点検する。
④ 管類は，屋外での長期間保管を避ける。
⑤ 鋼管のねじ切りは，管径，管種に適合した工具又は機械を使用し，十分な切削油を供給して行う。
⑥ ダクタイル鋳鉄管は配管前に，ハンマなどによりひび割れ，又は巣がないか確認する。
⑦ 接合に当たってのシール材は，所定のものを使用する。
⑧ 配管箇所，位置は設計図書によるほか，建築関係者と十分打ち合わせを行った上で着手する。
⑨ 露出配管は損傷の恐れのない場所に敷設し，美観を害さないように注意する。
⑩ 埋設配管は車両荷重によって損傷を受ける恐れのない深さに敷設する。
⑪ 建物，配管系によっては，絶縁用支持金具を使用する。
⑫ 配管部及び継手部は，規定の工法による防食措置を講ずる。
⑬ 工事完了後は，配管区間の全体にわたって所定の気密試験を行い，漏れのないことを確認する。

(2) 他設備との離隔距離

配管は，工事，維持管理及び安全保持のために他設備との間に必要な離隔距離をとる。標準離隔距離を表5-1及び図5-1に示す。

表5-1 ガス管と他の埋設配管との標準離隔距離

当該ガス管管径	並行離隔距離	交差離隔距離
50A以下	20cm以上	10cm以上
50Aを超え200A以下	30cm以上	15cm以上

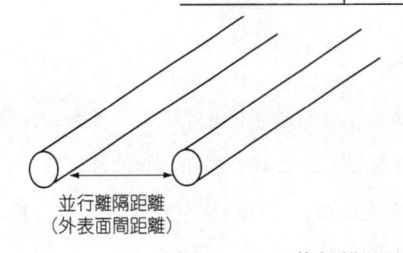

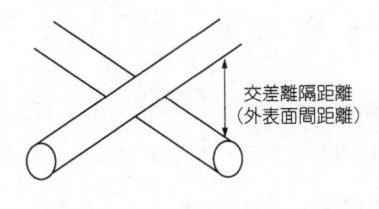

図5-1 並行離隔距離と交差離隔距離の配置図

(1) 配管の場所

① 原則として第三者の敷地内に配管してはならない。ただし，敷地所有者の承諾が得られた場合はこの限りではない。
② 配管は，維持管理及び管路の推定などが容易にできる位置に設置する。
③ 配管は，原則として下水などの暗きょ内に設置してはならない。ただし，当該施設管理者の了解が得られ，さや管その他の腐食防止のための措置が講じられた場合はこの限りではない。
④ 排水路，側溝など開きょを横断する場合には，施設管理者と打ち合せの上，配管位置を決定する。

第2節　ガスメータの取付け位置及び取付け方法並びにガス漏れ警報器の設置位置

2.1　ガスメータの取付け位置

ガスメータの設置は設計図書に指定された場所に，安全かつ確実に支持，固定する必要がある。同時に，検針，取替えなどの維持管理が容易に行える場所であることも重要な事項の1つである。

① ガスメータを設置してはならない場所
　イ　石油類など危険物を貯蔵する場所
　ロ　受電室，変電室など，高圧電気設備がある場所
　ハ　避難通路（階段室など）となる場所
　ニ　積雪地域で屋外に設置する場合には，落雪，積雪の影響を受けるような場所
② ガスメータの設置に際して，避けることが望ましい場所
　イ　火気，熱気を著しく受けるような場所
　ロ　水しぶき，蒸気，湿気など，常に水気の影響を受ける場所
　ハ　常に機械などの振動を強く受ける場所
　ニ　腐食性ガス又は，腐食性溶液の発散する恐れのある場所

2.2　ガスメータの取付け方法

① ガスメータに外的荷重などの力がかからないような配置をする。
② 地中から立ち上げて，ガスメータを懸垂（けんすい）して取り付ける配管は，建物に支持金物を取り付けるか，必要があればくい（杭）などを打ち支持する。
③ 大形の床置形の場合は，十分な強度を有する台上に設置する。
④ ルーツ式メータの場合は，点検に必要なスペースをとり，フィルタを設置する。

⑤ ガスメータの取替えで，ガスの供給を止めると支障のある需要家や，大形ガスメータの場合は，バイパス配管をしておく。

この場合，バイパス管には封印カバーの付いたねじガス栓を取り付け，必要時以外は開栓できない措置も必要である。

図5−2に本支管からガス栓までの配管図を示す。

- 供 給 管：本支管から境界線まで
- 灯外内管：境界線からメータガス栓まで
- 灯内内管：メータガス栓からガス栓まで

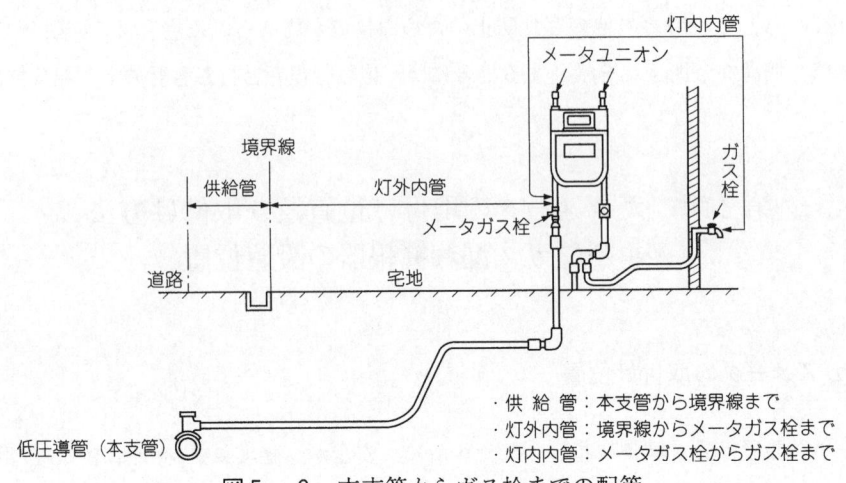

図5−2 本支管からガス栓までの配管

⑥ メータ回りの配管には，メータガス栓及び試験用チーを取り付ける必要がある。

メータガス栓はメータの上流側の近くで配管施工上及び，維持管理上，操作のしやすいところに取り付ける。大形メータや，メータを並列設置する場合には，メータ下流側にも取り付ける。

試験用チーは，メータの下流側の近くに設ける。

⑦ ガスメータの種類は表5−2のとおりである。

表5−2 ガスメータの種類

	種　　類	主 な 用 途
実測式	膜　　式	低圧，小容量で一般的に使用
	回転式（ルーツメータ）	低中圧の大容量用で工業用などに使用

ガスメータの大きさは号数で表し，使用最大流量 $1m^3/h$ を1号と呼ぶ。

ガスメータの号数別による設置例を図5−3に示す。

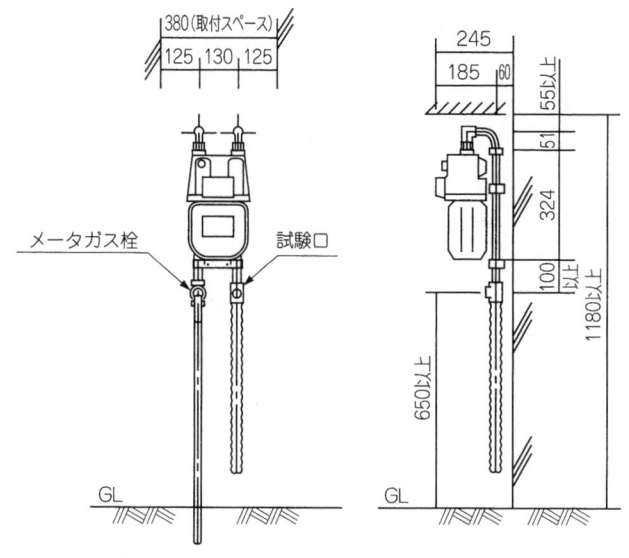

図5-3　マイコンメータ標準設置例

2．3　ガス漏れ警報器の設置位置

ガス漏れ警報器は以下の位置に設置する。

（1）都市ガス用

① 空気に対する比重が1より小さいガスの場合

　　ガス機器（ガスストーブ，その他一定位置に固定しないで使用されるガス機器にあってはガス栓。以下同じ。）から水平距離が8m以内で，かつ天井面から30cm以内の位置に設置すること。

② 空気に対する比重が1より大きいガスの場合

　　ガス機器から水平距離が4m以内で，かつ，床面からの高さ30cm以内の位置に設置すること。

（2）液化ガス用

ガス機器から水平距離が4m以内で，かつ，床面からの高さ30cm以内の位置に設置すること。

図5-4にガス漏れ警報器の設置例を示す。

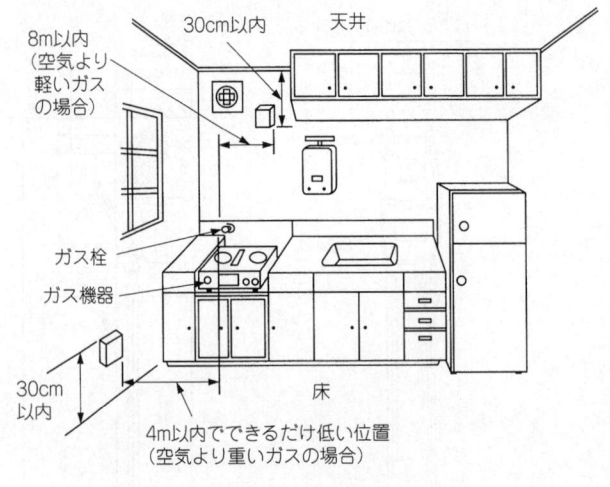

図5-4 ガス漏れ警報器設置例

第3節　都市ガス配管材料の種類及び用途並びに施工法

3.1　本支管

　本支管に使用される導管の主要材料は，ガス事業法により，使用圧力，使用場所などによりそれぞれ規定があるが，一般にはポリエチレン管，鋳鉄管，鋼管などが使用されている。

　接合方法は，ポリエチレン管は熱による融着接合（EF接合又はHF接合）とする。EF接合，HF接合の適用箇所を表5-3に示す。鋳鉄管はほとんどメカニカルジョイント式で，曲管，T字管など各種の異形管があり，必要に応じて選定する。

　鋼管の接合は溶接接合とする。

表5-3　ポリエチレン管の接合

融着		主な適用	融着方法	留意点
エレクトロフュージョン（EF）	ソケット	管と継手の接合		同一呼びのポリエチレン管と継手を用いること。
	サドル	供給管又は分岐管の取出し部用の接合		接合部分の呼びが同一である継手を用いること。
ヒートフュージョン（HF）	バット	呼び50A以上の管どうしの接合		同一呼び及び同一管厚のポリエチレン管を用いること。

3.2 内　　管

宅地内の内管はそれぞれ各地のガス事業者による規定があり，一定していない。

参考例として，配管システム（管材と管継手の組み合わせ）を表5-4に，設置場所・環境などによる配管システムの例を表5-5に示す。

表5-4　配管システムの種類

No.	配管システム	適用管径	材　質	直管のJIS規格
1	フレキ管 　～メカニカル接合	8A～25A	ステンレスフレキシブル管に軟質塩化ビニル外面被覆を施したもの（継手は黄銅製クロムめっき又は鋳鉄製亜鉛めっき）	JIS G4305
2	白ガス管～ねじ接合	15A～80A	鋼管の外面に亜鉛めっきを施したもの 　（継手は鋳鉄製亜鉛めっき）	JIS G3452
3	カラー鋼管 　～ねじ接合 　　（PC継手）	15A～80A	鋼管に硬質塩化ビニル外面被覆を施したもの 　（継手は鋳鉄製硬質塩化ビニル外面被覆）	JIS G3452
4	PL鋼管～溶接接合	100A～200A	鋼管に合成樹脂系塗料を塗装したもの 　（継手は鋼製）	JIS G3452
5	PE管～融着接合 　　（EF継手）	25A～200A	ガス用ポリエチレン管 　（継手はポリエチレン製）	JIS K6774
6	PLP鋼管～溶接接合	50A～200A	鋼管にポリエチレン外面被覆を施したもの 　（継手は鋼製）	JIS G3452
7	PLS鋼管 　～メカニカル接合 　　（PCM継手）	15A～40A	鋼管にポリエチレン外面被覆を施したもの 　（継手は鋳鉄製硬質塩化ビニル外面被覆）	JIS G3452
8	PLP鋼管 　～メカニカル接合 　　（PCM継手）	50A～80A	鋼管にポリエチレン外面被覆を施したもの 　（継手は鋳鉄製硬質塩化ビニル外面被覆）	JIS G3452
9	黒ガス管～溶接接合	20A～80A	SGP原管，塗覆装なし 　（継手は鋼製）	JIS G3452

表 5-5 一般的な配管設置場所の条件・環境などによる配管システム

配管設置場所		管径 8,10A〜200A	備考
露出配管	屋外露出部	一般露出部(※1): 〜25A フレキ管(※2)、25A〜50A カラー鋼管+PC継手、50A〜200A PL鋼管+溶接(※3)	(※1)応力のかかる場所(熱や振動など)については、溶接接合とし、50A以下は黒ガス管、100A以上は、PL鋼管を用いる。
	屋内露出部(建物床下、床下ピットを除く)	一般露出部(※1): 〜25A フレキ管(※2)、25A〜50A 白ガス管+ねじ継手(※4)、50A〜200A PL鋼管+溶接(※3)	(※2)灯内内管に用いる。
	腐食性雰囲気内の露出部(建物床下、床下ピットを含む)	常時湿気のある場所(例:暗きょ内、浴室内)/床下多湿部/水分の影響を受けるおそれのある場所/腐食性ガスの発生するおそれのある場所: 〜25A フレキ管+防食シート(※2)、25A〜50A カラー鋼管+PC継手(※5)、50A〜200A PLP鋼管+溶接(※6)	(※3)ベル型溶接とし、溶接部・継手部はさび止め塗装を施す。 (※4)余長ねじ部はさび止め塗装を施す。
埋設配管	土中埋設部	灯外内管、灯内内管基礎スラブ下埋設部: PL管(※7) 灯内内管の一般埋設部: 〜25A フレキ管+さや管(※2)、25A〜 PL管(※7)	(※5)高温となるおそれのあるレンジ直下などは白ガス管+ねじ継手とし、配管全体にさび止め塗装を施す。 (※6)ベル型溶接とした溶接部・継手部などは熱収縮チューブ巻きを施す。直射日光が当たる場合、耐光措置を施す。
	コンクリート埋設部	モルタル補修箇所、シンダー内配管部など: 〜25A フレキ管+CD管(※2,8)、25A〜50A カラー鋼管+PC継手、50A〜200A PLP鋼管+溶接(※6)	(※7)埋設を鋼管で行う場合については、被覆鋼管を使用する。
	土切り部	土中からの立上り、立下り部: 〜25A フレキ管+さや管(※2)、25A〜50A カラー鋼管+PC継手、50A〜200A PLP鋼管+溶接(※6)	(※8)フレキ管の被覆が破損するおそれがない場合、CD管は不要とする。

3.3 施工法

以下，内管施工法のうち，主なものについて述べる。

(1) プレコート配管工法

プレコートとは，直管・継手を工場であらかじめ被覆を施し，防食性と現場における作業性を向上させた工法で，供給管と内管（埋設部・外壁立上り部・屋内の一部）の15A～80Aの範囲で用いられる。

直管材料はPLS鋼管（15A～40A），カラー鋼管（15A～80A）が使用され，その断面は図5－5，図5－6に示すようになっている。

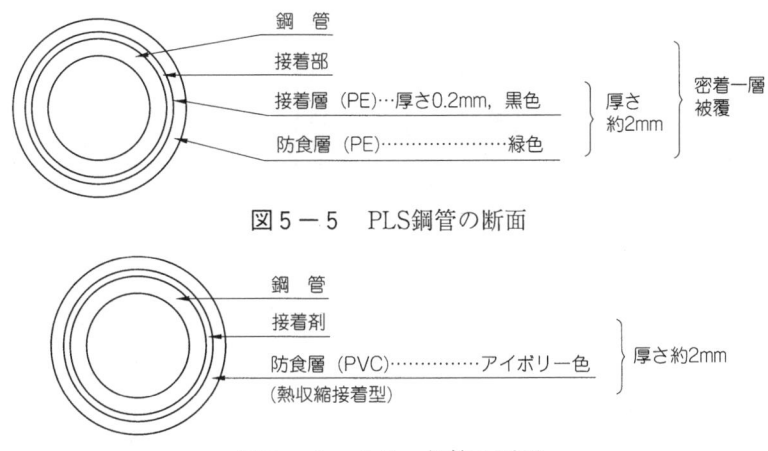

図5－5　PLS鋼管の断面

図5－6　カラー鋼管の断面

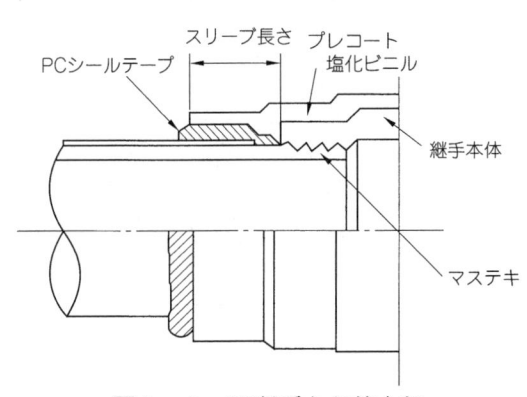

この工法に使用する継手はPCM継手とPC継手で，その接合部の構造を図5－7，図5－8に示す。

図5－7　PCM継手接合部

図5－8　PC継手ねじ接合部

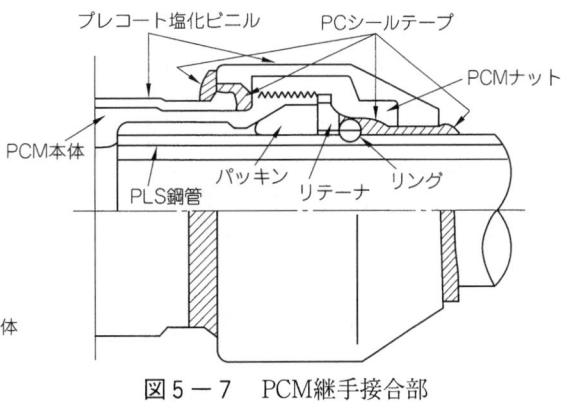

（2）フレキ配管工法

原則として，灯内内管と呼ばれるメータガス栓以降の露出配管に用いられる。管径は8〜32Aの範囲で，ステンレス製のフレキシブル管を使用する工法で，ねじ接合の箇所をなくし，配管工事の作業性向上を目的としたものである。

製品の形状を図5－9に，寸法を表5－6に示す。

図5－10は器具などへ接続する場合の継手の構造例である。

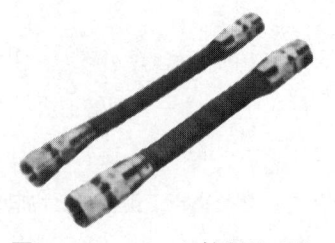

図5－9　フレキ管製品形状

表5－6　フレキ管寸法

管径		8 A	10 A	15 A	20 A	25 A	32 A
寸法〔mm〕	内径（d_i）	8.9	11.5	15.0	20.8	25.0	32.0
	外径（d_o）	11.5	14.2	18.4	24.2	30.8	38.8
	ピッチ（P）	3.3	3.4	3.8	4.2	6.0	7.0
	厚さ	0.20				0.25	
被覆（PVC）	厚さ〔mm〕	0.75					
	外径（D_o）	12.7	15.7	19.9	25.7	32.3	40.3
コイル長さ〔m〕		30, 60				30	

図5－10　フレキ継手の構造例

項目	構造	タイプ1	タイプ2
接合方法		機械的接合（フレキ管の簡易挿入型）	
構造例		（図：ナット，リテーナ，防水パッキン，耐火膨張パッキン，パッキン，ソケット本体，テーパねじ）	（図：防水パッキン，ナット，本体，リテーナ，Oリング，テーパねじ）

第4節　LPG配管材料の種類及び用途並びに施工法

4．1　材料の種類及び用途

LPG配管材料の種類及び用途については，「第3節　都市ガス配管材料の種類及び用途並びに施工法」の表5－4及び表5－5に準ずる。

4．2　施工法

以下，配管施工法の中の「配管用フレキ管工法」について説明する。

（1）　新築住宅に適用する配管用フレキ管工法の例

戸建新築工事のく（躯）体工事中に，建物の床下又は屋外の壁に設けたヘッダから末端ガス栓取付位置まで配管用フレキ管を引き回して間柱などに吊り下げておき，内装工事終了後に壁，床などに穴をあけて配管用フレキ管を引き出し，ガス栓を取り付ける。

新設配管工法での配管ルートについては，建築構造，作業性，コストなどを考慮して配管ルートを選定する必要がある。図5－11，図5－12に配管用フレキ管工法の例を示す。

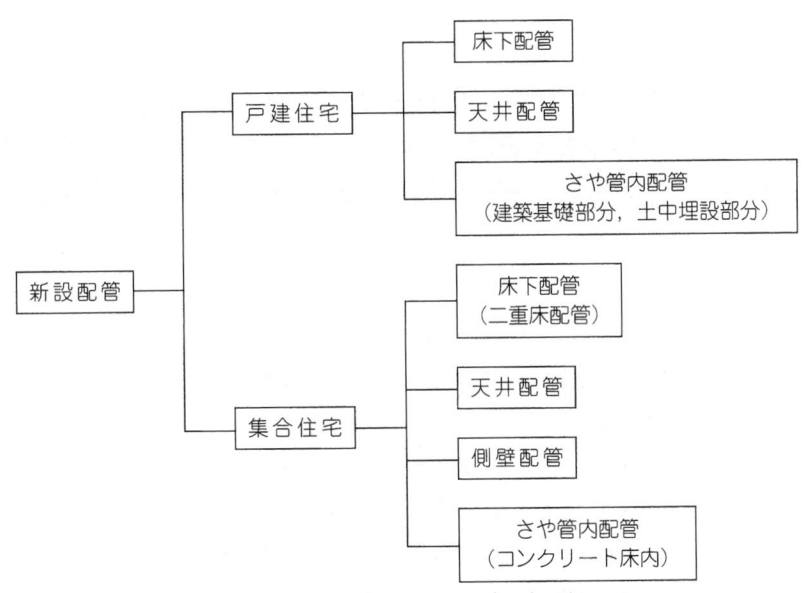

```
                    ┌─ 床下配管
         ┌─ 戸建住宅 ─┼─ 天井配管
         │          └─ さや管内配管
         │             （建築基礎部分，土中埋設部分）
新設配管 ─┤
         │          ┌─ 床下配管
         │          │   （二重床配管）
         └─ 集合住宅 ─┼─ 天井配管
                    ├─ 側壁配管
                    └─ さや管内配管
                       （コンクリート床内）
```

図5－11　新設配管工法の概要

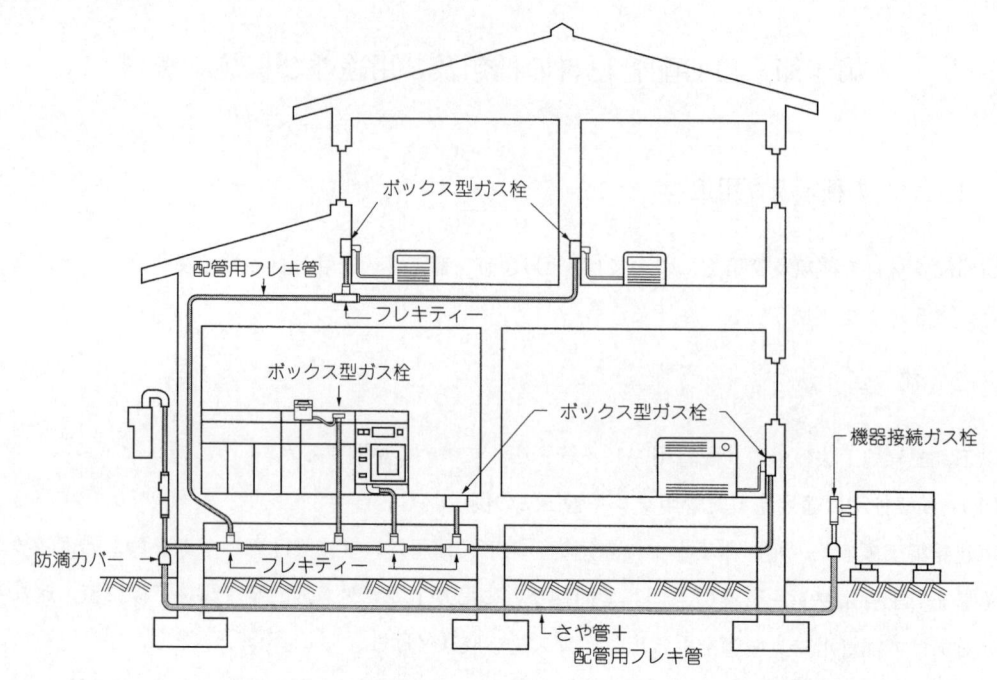

図5-12 新築住宅に施工した配管用フレキ管工法例

第5章の学習のまとめ

　本章では，道路及び敷地内にガス設備を埋設配管施工する場合の一般的に留意する事項並びに敷地内ガスメータ，屋内ガス漏れ警報器設置に関する留意点，設備材料の種類，用途，施工法について具体的に述べた。これはガス設備配管作業に従事する者としての見識を深めたことに他ならない。

　実現場施工においては，本内容を踏まえ各種作業標準の理解，遵守をするとともに，安全作業に万全を期すことが大切である。

【練 習 問 題】

1．ガス設備を配管設計する上で，場所の選定に際しての留意点を3つ挙げなさい。
2．ガス漏れ警報器の設置場所に関する次の文の（　）の中を埋めなさい。
　1）　都市ガス用に関する問題（空気に対する比重が1より小さいガスの場合）
　　　　ガス機器から水平距離が（　）以内で，かつ，天井面から（　）以内の位置に設置すること。ガスストーブ，その他一定位置に固定しないで使用されるガス機器にあっては（　）からの位置とする。
　2）　液化ガス用に関する問題
　　　　ガス機器から水平距離が（　）以内で，かつ，床面から高さ（　）以内の位置に設置すること。

第6章　空気調和設備の配管施工法

　空気調和設備はその対象により，一般空調と産業空調に大別されるが，基本的構成は，熱源，搬送，空調機，自動制御，換気などの設備機器と，配管，バルブ，ダクト，吹出し口などの材料からなる。
　ここでは，熱源設備（ボイラ，冷凍機，冷却塔など）の据え付けから，搬送設備（送風機，ダクト，配管，継手など）の施工についての概要を述べる。

第1節　空気調和設備の概要

1．1　空気調和設備の概要と用途

　空気調和とは，室内の温度・相対湿度・気流速度・空気質などの状態を，対象室の使用目的に応じて最適な状態に維持することである。このような状態を創造するための設備を空気調和設備という。空気調和設備は，主として表6－1のような構成要素からなり，熱を生産して，水・空気のような熱媒体により室内に熱を供給し，また外気取り入れにより換気を同時に行う。表6－2に空気調和設備の構成要素について示す。
　これらの装置及び機器で構成する空気調和設備の例を図6－1に示す。

表6－1　空気調和設備の構成要素と機能

構成要素	機　能
熱源機器設備	空調熱負荷を処理するための冷水，温水，蒸気を生産するための機器設備。
空調機器設備	冷水，温水，蒸気及び冷媒により空気を冷却除湿及び加熱加湿したり，フィルタで空気をろ過するための機器設備。
配管設備	冷水，温水，蒸気及び冷媒をポンプと配管により熱源機器から空調機器へ供給するための設備。
ダクト設備	ダクトと送風機により空調機器から室内へ給気したり，室内から空調機器へ還気したり，外気を取り入れたり，排気したりするための機器設備。
自動制御設備	室内温湿度などを検出したり，制御信号を出力したり，操作部を動かしたり，中央監視を行うための設備。

表6-2 空気調和設備を構成する機器

構成要素	構成機器
熱源機器設備	冷熱源機器-冷凍機 ──────────── 冷却塔 冷温熱源機器-水冷式ヒートポンプ ───┤ 　　　　　　　空冷式ヒートポンプ ─────┤ 　　　　　　　吸収式冷温水発生器 ─────┘ 温熱源機器-ボイラ
空調機器設備	エアハンドリングユニット パッケージエアコンディショナ マルチユニット ファンコイルユニット ルームエアコンディショナ
配管設備	冷水配管-冷水ポンプ 温水配管-温水ポンプ 冷温水配管-冷温水ポンプ 蒸気配管-真空給水ポンプ 冷媒配管 油配管-オイルギアポンプ
ダクト設備	給気ダクト-給気ファン 還気ダクト-還気ファン 外気取入ダクト-外気取入ファン 排気ダクト-排気ファン
自動制御設備	検出端（温度，湿度など） 調節計 操作部（二方弁，三方弁など） 中央監視設備

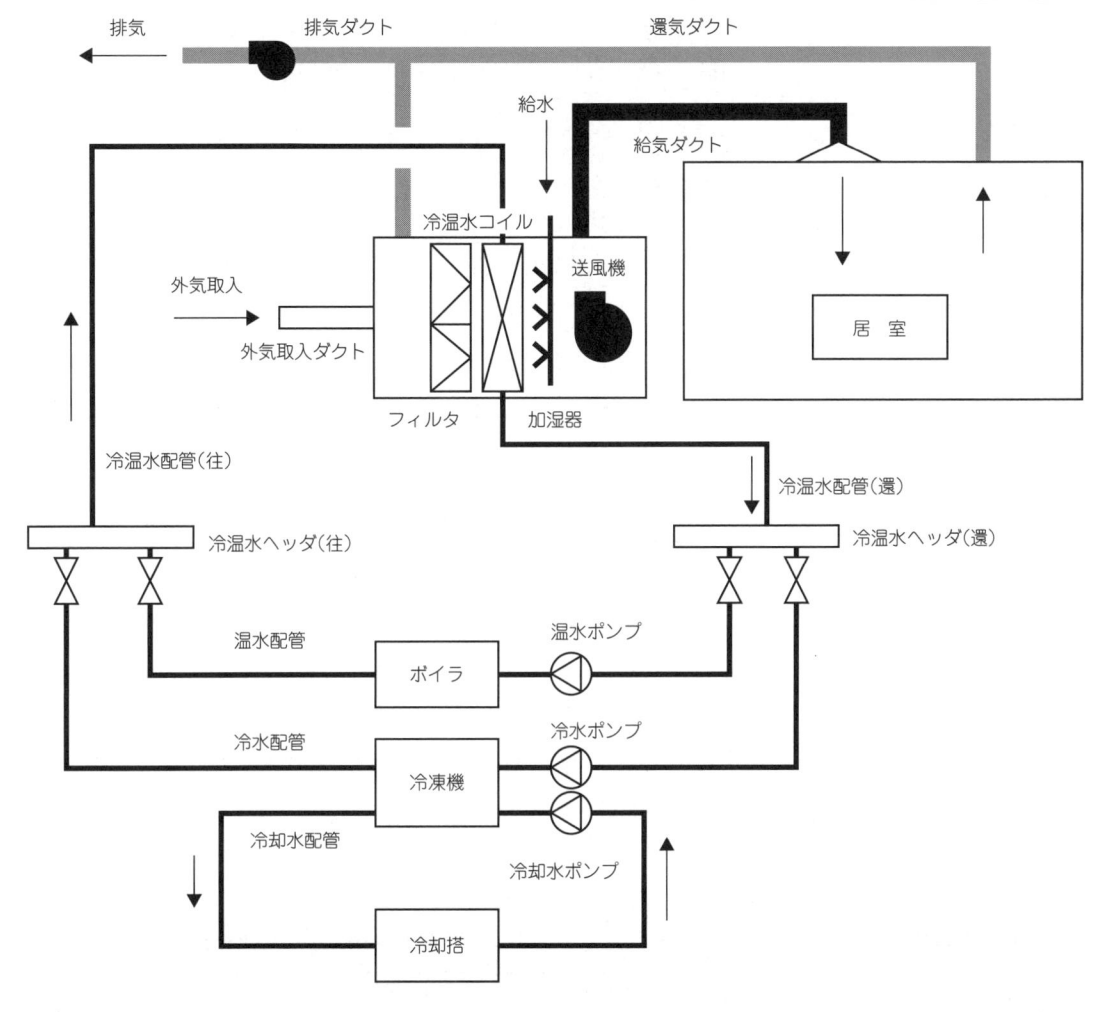

図6－1　空気調和設備の例

　空気調和は人間の居住環境を対象とするだけでなく，工業原料，工業製品や農作物の貯蔵，工業製品の生産工程，微生物汚染の管理区域なども対象としている。

　空気調和の対象により，次の2種類に分類することが多い。

(1)　一般空調（保健用空調）

　一般空調（保健用空調）とは在室者を対象とした空気調和であり，事務所，ホール，百貨店，ホテル，病院などの建築の室内を対象としている。

(2)　産 業 空 調

　産業空調とは各種工業の生産工程や微生物管理区域を対象とした空気調和であり，半導体，電子機器，繊維，製薬，食品，印刷などの工場における原料の貯蔵，製造工程，製品の包装・貯蔵などで品質管理上要求される空気調和及び微生物汚染を制御する手術室や研究室に要求される空気調和である。特に，清浄度の高い室内空気を必要とする室をクリーンルームという。

第2節　空気調和設備機器の据付け

2．1　機器据付けの施工上の留意事項

　機器の据付けは，据付け強度及び精度を十分確保することにより，据え付けた機器の能力を長期にわたり発揮させることが重要である。また，保守点検が十分可能なスペースを確保する必要がある。機器の据付け方法には，基礎の上に固定する方法，及び直接床上に固定する方法がある。また，機器を固定するためのアンカ工法も，施工性，現場状況，アンカ強度及び精度などを検討し，決定する。

　機器の据付け方法を表6－3及び図6－2に，アンカ工法を表6－4及び図6－3に示す。

表6－3　機器の据付け方法

架台固定法	防振装置	アンカボルトの種類	適用機器
基礎の上に固定	防振装置付き	1）埋込みアンカ 2）後埋めアンカ 3）ケミカルアンカ 4）ホールインアンカ	空調設備機器一般
	防振装置なし	1）埋込みアンカ 2）後埋めアンカ 3）ケミカルアンカ 4）ホールインアンカ	空調設備機器一般
床上に直に固定 （コンクリート基礎なし）	防振装置付き	1）ケミカルアンカ 2）ホールインアンカ	・空調機　・送風機　・ポンプ
	防振装置なし	1）ケミカルアンカ 2）ホールインアンカ	・排煙送風機　・ヘッダ　・ファンコイルユニット ・空調機（コイル部分）

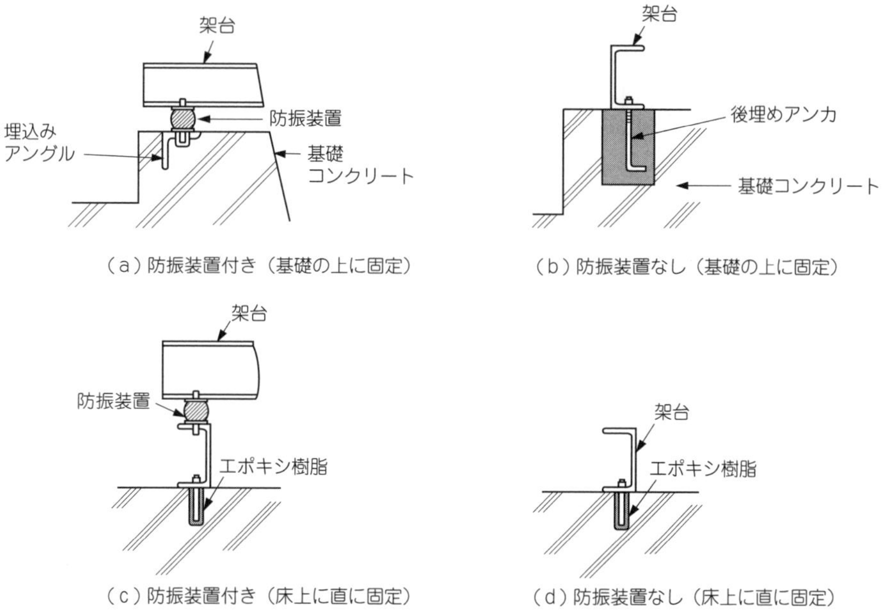

第6章　空気調和設備の配管施工法　171

（a）防振装置付き（基礎の上に固定）
（b）防振装置なし（基礎の上に固定）
（c）防振装置付き（床上に直に固定）
（d）防振装置なし（床上に直に固定）

図6－2　機器の据付け方法

表6－4　アンカ工法と特徴

アンカ工法	特徴	
	長所	短所
埋込みアンカ	・取付け強度がある。 ・スリーブを必要としない。 ・モルタル充てんの手間が省ける。	・アンカボルトの正確な位置が出しにくい（特に大形機器などでは難しい。）。 ・施工時に注意を要する。 ・アンカボルトを固定するプレートなどを必要とする。
後埋めアンカ	・アンカボルト取付け位置の調整ができる。 ・埋込みアンカボルトに比べ正確な基礎穴の位置を出す必要がない。	・スリーブを設置し、後でそれを抜く必要がある。 ・機器据付け後、モルタルを充てんしなければならない。 ・埋込みアンカに比べて強度が弱い。 ・モルタル養生期間（10日間程度）を必要とする。 ・モルタル充てん時に注意を要する。
ホールインアンカ	・アンカボルト位置が正確に出せる。 ・施工が簡単。	・振動に対して弱い。 ・強度はケミカルアンカより劣る。 ・特殊工具を必要とする（穴あけドリル）。
ケミカルアンカ	・アンカボルト位置が正確に出せる。 ・十分な強度が得られる。 ・施工が簡単。 ・アンカボルトの養生期間が短い（2日間程）。	・特殊工具を必要とする（穴あけドリル、孔内清掃工具）。 ・アンカボルト穴の清掃が必要（ごみがあると強度が低下する。）。

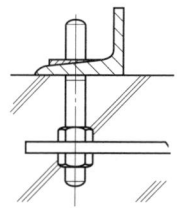

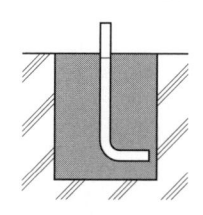

（a）埋込みアンカボルト　（b）後埋めアンカボルト　（c）ホールインアンカ　（d）ケミカルアンカ

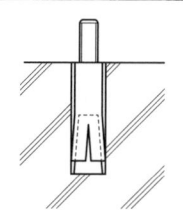

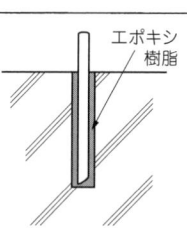

172　配管施工法

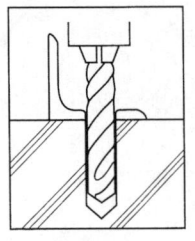

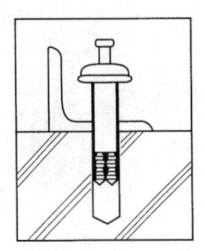

下穴をあける　　アンカをセットする　　ハンマで打ち込む　　アンカは開脚、密着する

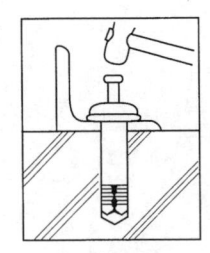

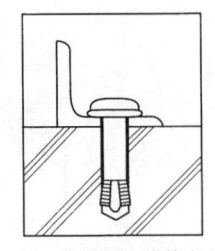

(a) ホールインアンカ施工例

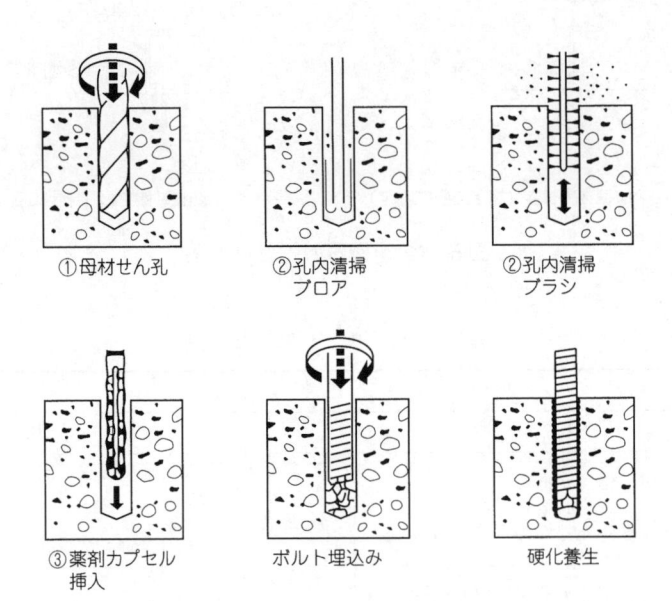

①母材せん孔　　②孔内清掃　ブロア　　②孔内清掃　ブラシ

③薬剤カプセル挿入　　ボルト埋込み　　硬化養生

(b) ケミカルアンカ施工例

図6－3　アンカ工法

2．2　基礎及び心出し

　機器類を据え付けるときの基礎は，図6－4に示す木製型枠を使用し，打設されるのが一般的である。木製型枠のかわりに，アングル製基礎枠が使用されることもある。

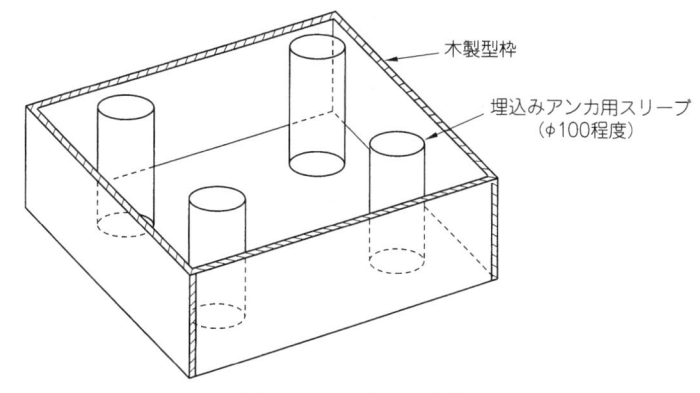

図6－4　基礎型枠

コンクリート基礎の打設は次の順序による。
① 床コンクリートを洗浄し，墨出し，目荒らしを行う。
② 基礎型枠及び埋込みアンカ用スリーブの位置を決める。なお，ケミカルアンカ又はホールインアンカで施工する場合は，スリーブは不要である。
③ 決められた位置に型枠及びスリーブを固定する。必要に応じ鉄筋入りとする。
④ 基礎コンクリートを型枠内に打設する。スリーブの位置が動かないように注意する。
⑤ コンクリート打設後，適当な時期に型枠スリーブなどを撤去する。

基礎上に機器を据え付ける順序は次による。
① 基礎上に機器の承認図，基礎図などにより据付け寸法，中心線，アンカ位置などの墨出しを図6－5のように行う。同時にアンカ位置の確認を行う。
② 基礎コンクリート打設後，10日間以上の養生期間をおいた後，機器を据え付ける。
③ アンカを取り付けた機器を基礎上に仮置きし，金くさびライナで水平，垂直を出す。
④ アンカ穴にモルタルを充てんし，硬化するまで養生する。

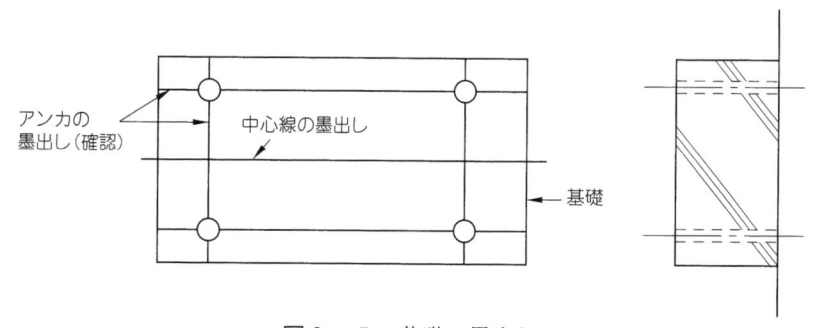

図6－5　基礎の墨出し

⑤ 再び機器の水平,垂直を確認した後,アンカにより強固に基礎と固定する。

⑥ 必要に応じて,機器の養生を行う。

なお,基礎の形状は,据え付ける機器により異なる。標準的な基礎の形状と,該当機器を表6-5に示す。

表6-5 基礎の形状と該当機器

基礎の形状		該 当 機 器
べた基礎		送風機,空気調和機,ボイラ,膨張タンクなど
側溝付基礎	排水目皿 側溝	ポンプ
げた基礎		冷凍機,ヘッダ
		角型冷却塔

2.3 冷凍機の据付け

冷凍機の据付けは,次の事項に留意する。

① 冷凍機の据付けは,運転時における重量の3倍以上の長期荷重に耐えるコンクリート又は鉄筋コンクリート造りの表面にモルタル仕上げを施した基礎上に据え付ける。ただし,吸収冷凍機の場合は,回転部分が少ないので,冷凍機の静荷重に耐えればよい。

② あらかじめ仕上げられた基礎上に,水平度に注意しながら防振装置などを介して据え付ける。図6-6(a)に往復冷凍機の台枠の水平調整を図(b)に基礎ボルトの締付けを示す。

(a) 台枠の水平調節　　(b) 基礎ボルトの締付け

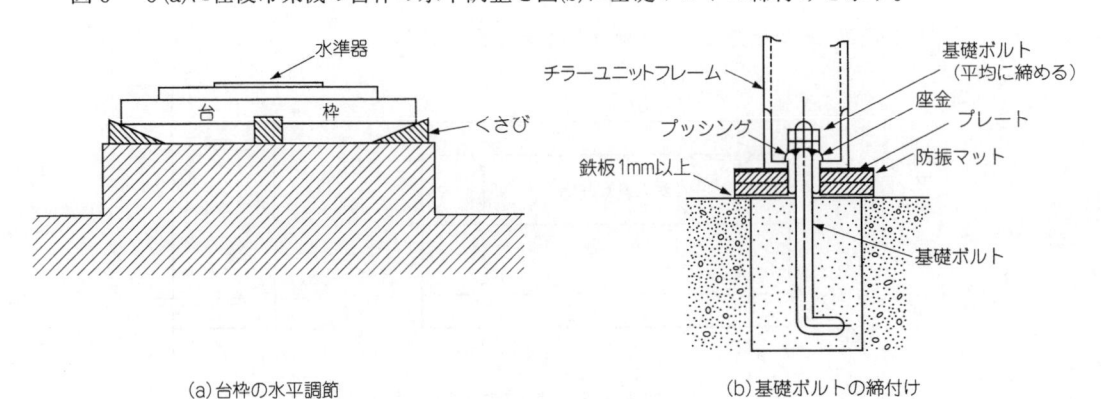

図6-6 往復冷凍機の据付け

③ 密閉形遠心冷凍機で一体搬入される場合は，組立て作業が不用なので，②に準じて行う。
④ 開放形遠心冷凍機の組立て，据付け作業の要点は，圧縮機と電動機の直結心出し作業である。
⑤ 吸収冷凍機は圧縮機を使用しないので振動が少ないが，各種の熱交換器群から構成されているため，形状，重量が遠心冷凍機に比べて大きい。
⑥ スクリュー冷凍機は，前出の往復冷凍機，又は遠心冷凍機に準じて据え付ける。
⑦ 耐震施工として，防振装置や地震時の移動・転倒防止装置を設ける。

2．4　冷却塔の据付け

冷却塔の据付けは，次の事項に留意する。
① 構造体と一体となった強固なコンクリート基礎上に水平を出し，自重，風圧，積雪などを考慮して安全かつ堅固に据え付ける。
② 冷却塔基礎の直下が居室，ホテルなどの場合は騒音の伝ぱ防止が必要である。小形のものはゴムパッド，大形の場合は，送風機の防振支持，配管の防振架台などを設置する。
③ 11階以上の建築物の屋上に設ける場合は，法令の定めにより据え付ける。
④ 据付け場所は，風向き及び外壁などを考慮して風通しのよい場所で，冷却塔からの排気や騒音の影響を与えない場所とする。図6－7，図6－8に冷却塔の据付け例を示す。

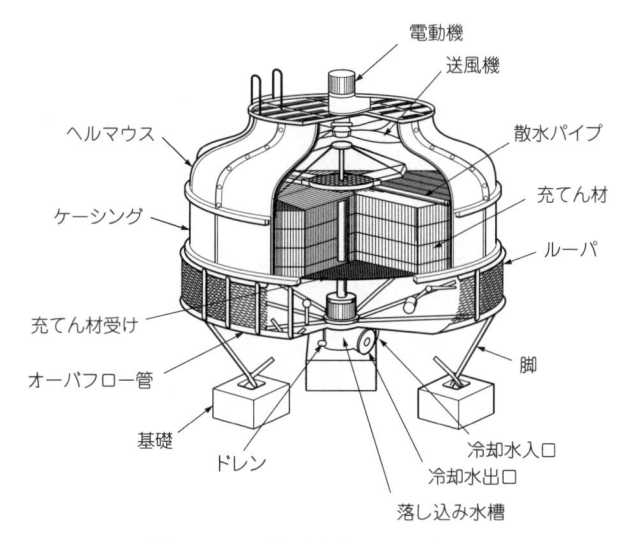

図6－7　丸型冷却塔の据付け

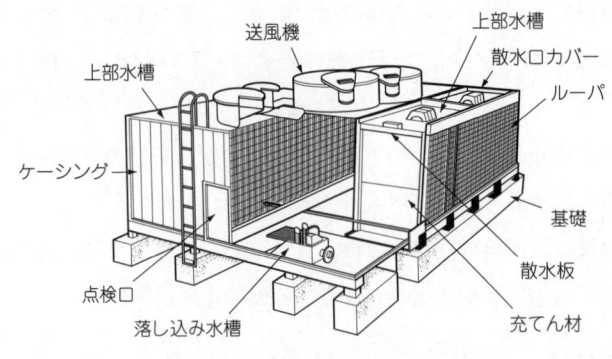

図6－8　角型冷却塔の据付け

⑤　冷却塔の冷却水がレジオネラ菌の感染源とならないよう対策を講ずる。

2.5　ボイラの据付け

ボイラの据付けは，次の事項に留意する。

① 鋼製ボイラ（立て形ボイラ，炉筒煙管ボイラ，自然循環水管ボイラ）の据付けは，中心及び基礎ボルトの位置を確かめた後，静かにおろしくさびで水平，垂直を調整し，基礎ボルトを締め付ける。
② 台板と基礎の間にコンクリートを充てんし固定する。
③ ボイラの火室，炎路，煙道などに面する据付け架構部分は，すべてその受熱温度に適応する耐火レンガ又は不定形耐火物で保護する。
④ 鋳鉄製ボイラは，ボイラ基礎台上の墨打ちした様に合せて，ベースを組み立てる。
⑤ ボイラベースの組立ては，ベースより順序正しくボイラ据付け台に置き，四隅の直角が確認されたあとに据付けボルトの本締めを行うとともに，レベルによってベースの水平を確認する（図6－9）。

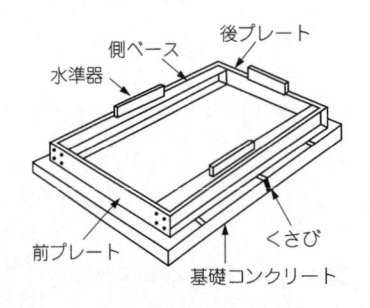

図6－9　ボイラベースの組立て

⑥ セクション*の組立ては，原則として後セクションより行い，セクションの締付けは，片締めにならないようにする。

⑦ ボイラの据付け工事には，ボイラ据付工事作業主任者を選任しなければならない。ただし，労安法令第6条16号に定めるボイラは除く。

2．6　膨張タンクの据付け

温水の温度上昇による膨張，逆に温度降下による収縮及び配管系統の空気抜きを兼ねて膨張タンクを設ける。一般には開放式（大気圧式）の設備には図6－10に示されるものが用いられる。図6－11は密閉式（高温水式）のものを示し，配管系統内と同じ圧力の圧縮空気を補給させている。

開放式膨張タンクは，配管系統より高所に置く必要がある。壁面取付けの場合はブラケットにより，壁に堅固に支持する。屋上などの床上設置の場合は架台にのせ，床上のコンクリート基礎に堅固に据え付ける。

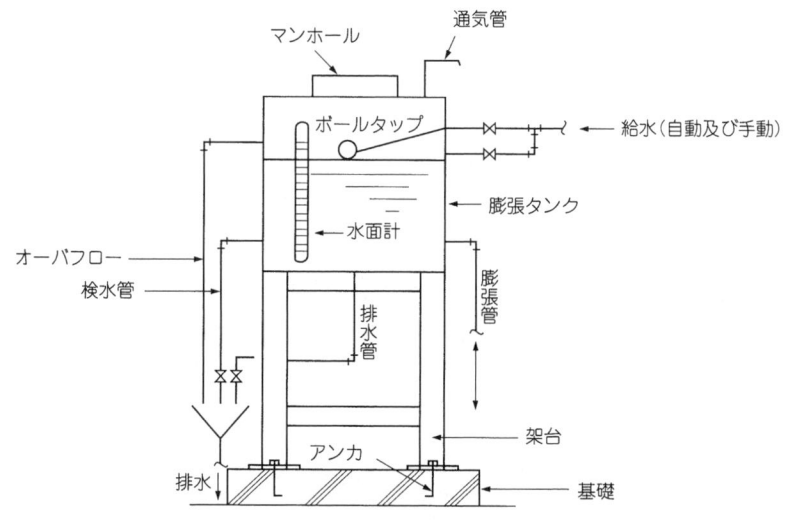

図6－10　開放式膨張タンクの据付け

＊セクション　節ともいい，内部に水が入るように作られたもので，これを組立てて缶体を構成する。

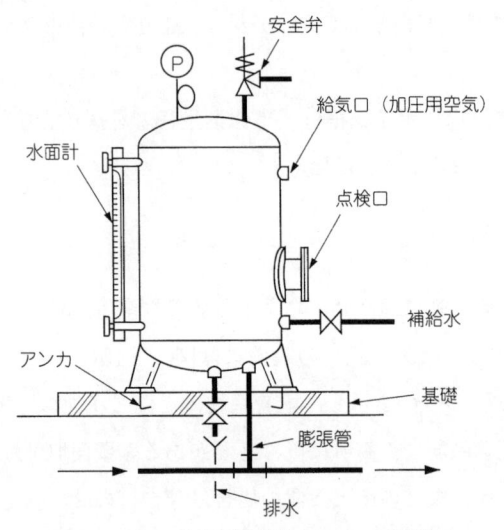

図6-11　密閉式膨張タンクの据付け

2.7　空気調和機の据付け

(1)　エアハンドリングユニット

　小形のものは一体として工場で組み立てられ現場ではダクト及び配管を接続するだけでよいが，大形のものは各ユニットを分割して搬入し，現場で組立てる。

　この場合は基礎上に各ユニットをのせ，ケーシングに水準器を当て水平を確認しながら仮組みを行い，仮組みが完了したら各セクションをボルトで締め付ける。また，必要に応じて防振装置を取り付けるが，この場合はできるだけ耐震ストッパを設けることが望ましい。図6-12に据付け例を示す。

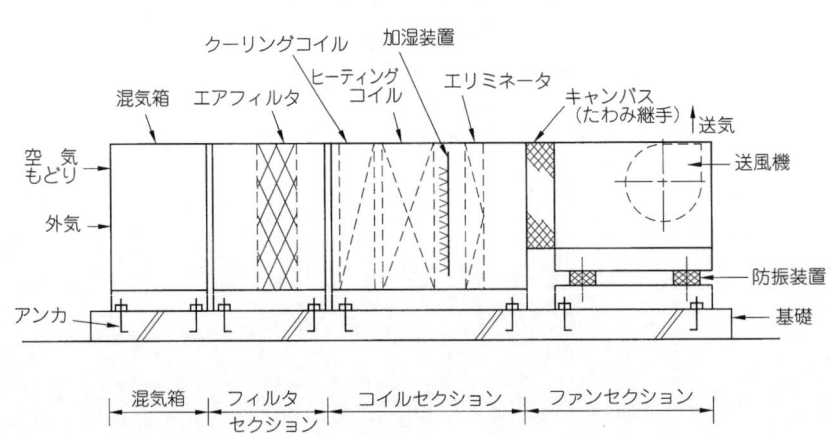

図6-12　エアハンドリングユニットの据付け（水平形）

（2） ファンコイルユニット

　ファンコイルユニットの据付けは，床置形は一般に室の外壁の窓面に沿って据え付け，固定金物で壁又は床に堅固に取り付ける。天井吊り下げ形は内壁の壁面に面したところに据え付ける。取付けは天井スラブに吊りボルトで4隅を堅固に水平に取り付ける。アンカボルトはホールインアンカ又はケミカルアンカを用い，ファンコイル据付け前に床に打ち込んでおく。レベル調整ボルトを調整し，本体を水平に据え付ける。逆こう配になっていると，内部ドレンパンのドレンの流れが悪くなるので注意を要する。また，ファンコイルユニット本体は，壁面と平行に，そのすき間が50～60mm程度となるようにする。図6－13に据付け例を示す。

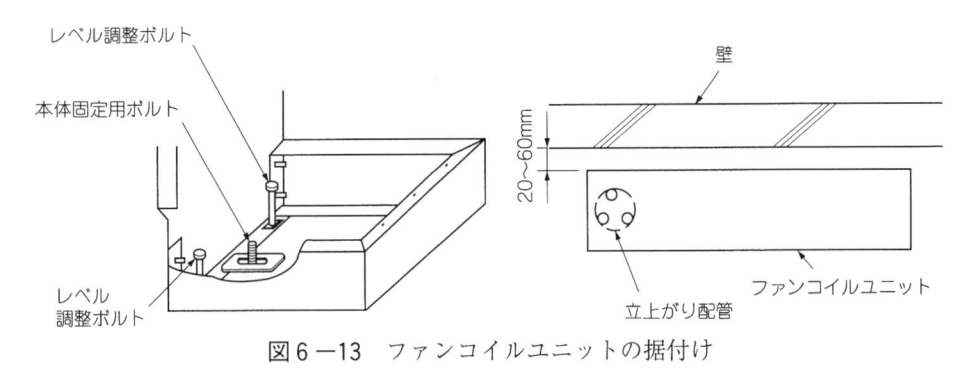

図6－13　ファンコイルユニットの据付け

（3） パッケージエアコンディショナ

　床置式室内ユニットの据付けは，基礎上又は木台上に据え付ける。必要に応じて，防振パッド又は防振ゴムを使用する。据付け後，水平・垂直の確認を行う。木台を使用した場合に転倒防止対策を施すときの要領を図6－14に示す。

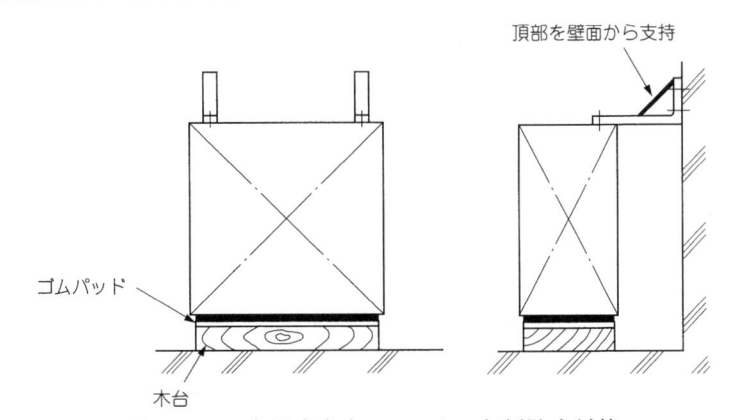

図6－14　床置式室内ユニットの転倒防止対策

2.8 放熱器の取付け

加熱器の一種であるコンベクタ，ベースボードヒータ及びパネルラジエータの取付けは，次の事項に留意する。

① 放熱器はコールドドラフト*を防止するため，外壁に沿って据え付ける。ガラス窓の下部に配置することが有効である。
② コイルが逆こう配にならないように取り付ける。
③ 床置き形は，本体の固定穴又は固定金具を用いて壁又は床に堅固に取り付ける。
④ 壁掛け形は，壁掛け金具を用いて堅固にかつ水平に取り付ける。
⑤ コンベクタを壁面に取り付ける場合は，ケーシング下部と床面との寸法は90mm以上とする（図6-15）。

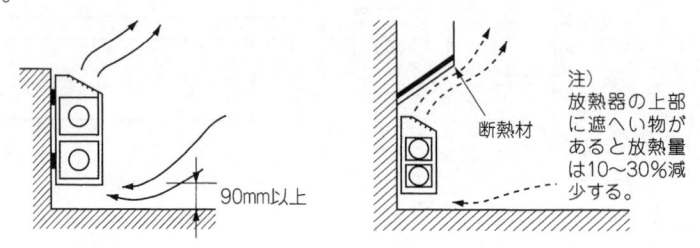

図6-15 コンベクタの取付け

⑥ ファンコンベクタの天井つり形は，本体のつり穴を用いて堅固にかつ水平に取り付ける。天井隠ぺい形の場合は，保守・点検が容易なように取り付ける。

2.9 送風機の据付け

送風機の据付けは，次の事項に留意する。

(1) 遠心送風機

① 基礎コンクリート面は，原則として据付け前にアンカーボルトを埋め，水平に仕上げておく。
② 送風機のレベルは原則として，シャフトを基準とする。
③ 送風機のベッドを置き，ベッドが水平になるように基礎面とベッドの間にライナを入れて調整する。
④ 送風機とモータ側プーリの心出しは，外側に定規，水糸などを当て出入を調整して行う。
⑤ 送風機とモータが直結されている場合は，軸心が水平で一直線上になるよう直線定規とテーパゲージ（すき間ゲージ）を用いてチェックする。
⑥ 両吸込み3点軸受けの場合の据付けは，送風機軸受及びモータの基礎は共通の形鋼製架台を用いて，主軸のレベル及びカップリングの心出しを前記にならって行う（図6-16参照）。

*コールドドラフト：外壁側（冷気）と廊下側の温度差が大きくなり在室者に不快感を与えることをいう。

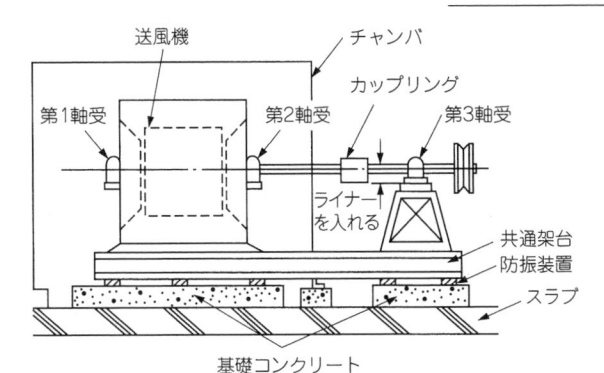

図6-16 両吸込形送風機の据付け

⑦ 特に建屋の許容される振動条件が厳しい場合は,防振ゴム・防振ばねなどの防振材を用いる。防振装置としては耐震用ストッパを設ける。

⑧ 天井つりの場合は,図6-17に示すように,共通の形鋼製架台を用いて据え付ける。

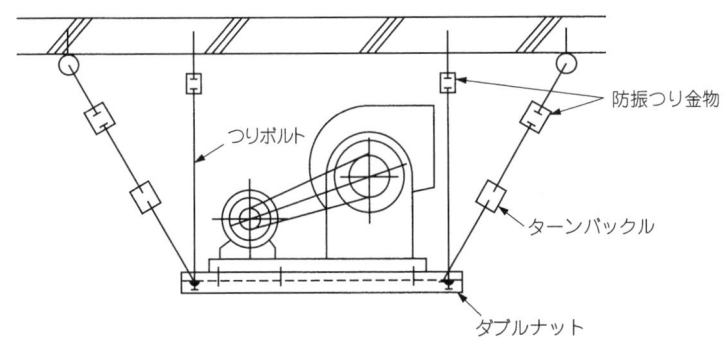

図6-17 送風機の天井つり

(2) 軸流送風機

① 直径が1m以上の大形送風機で,強固な架台に組み立てられたものは水平・垂直に十分注意して据え付ける。

② 小形で天井内に取り付ける場合は,天井構造物との絶縁,吊り金物の緩みなどに注意する。

③ Vベルト駆動の場合は,送風機とモータ側プーリの心出しをチェックする。

④ ダクトの途中に取り付ける場合は,前後をたわみ継手とする。

第3節　冷温水，冷却水配管の施工法

3.1　冷温水，冷却水配管の施工上の留意事項

冷温水[注]，冷却水配管の施工に当たっては，次の点に留意する。
① 管内流体（冷水・温水・冷却水）の温度上昇による膨張，逆に温度降下による収縮を吸収するために膨張タンクを設置する。なお，蓄熱槽を持つ開放系統，及び開放式冷却塔の系統では膨張タンクは必要としない。
② 温水配管については，熱膨張による伸縮を考慮して施工する。必要に応じて伸縮継手又は各種ベンド継手を使用する。
③ ポンプ，ターボ冷凍機など，運転時に振動を発生する機器と配管を接続する場合，振動を配管に伝えないために，必要に応じてフレキシブル継手（たわみ継手）を使用する。
④ 配管中に空気だまりを生じさせない工夫をする。
⑤ 機器回りの配管には，メンテナンス用又は流量調整用として弁を設ける。
⑥ 湿気の多い場所及び屋外などで，配管が腐食しやすい環境にある場合は，外面合成樹脂ライニング鋼管を使用するか，さび止め塗装などにより防せいを行う。
⑦ 機器本体又は機器回りの配管には，機器などのメンテナンス時に水抜きができるように排水弁を設け，弁以降はもよりの会所ます，側溝などまで配管を行う。
⑧ 配管が完了したら，機器と接続する前に配管の水圧試験を実施する。試験圧力は，実際に使用する最高圧力の2倍以上（最低0.75MPa）とし，30分間以上圧力を加え，継手部などに漏れがないことを確認する。

3.2　壁・床などの貫通配管

(1) スリーブの施工

配管が壁・床・はり（梁）などを貫通する場合，コンクリートく（躯）体，鉄骨などに事前に貫通用の穴をあけておき，コンクリートを打ち上げてから配管などを施工する。この穴を設けるため，一種の型枠として配管よりひとまわり太い筒をコンクリート打設前に設置するが，この筒をスリーブという。スリーブの施工には，仮打込みスリーブと打込みスリーブの2種類があり，前者はコンクリート硬化後取り外すもの，後者はそのまま配管の通路として残しておくものをいう。スリーブ工事での留意事項は次のとおりである。

（注）　冷温水配管：冷温水配管とは配管内を冷房時には冷水を，暖房時には温水を循環させる配管である。冷水と温水の切替えは弁で行う。これに対して配管内を冷水のみ循環させるのを冷水配管，温水のみ循環させるのを温水配管と呼ぶ。

① スリーブ材は耐水性があり，取付け加工が容易で強度のあるものとする。材料としては鋼管，鋼板，塩化ビニル樹脂，紙などがあるが，紙製のものはコンクリート打設時に変形しないように φ100mm 以下に使用し，φ125mm 以上のものを使用する場合は，補強を行う。また，スリーブはコンクリート打設時に移動しないように取り付ける必要がある。鉄筋に鉄線で固定するのではなく，仮枠に釘などで固定する（図6－18）。

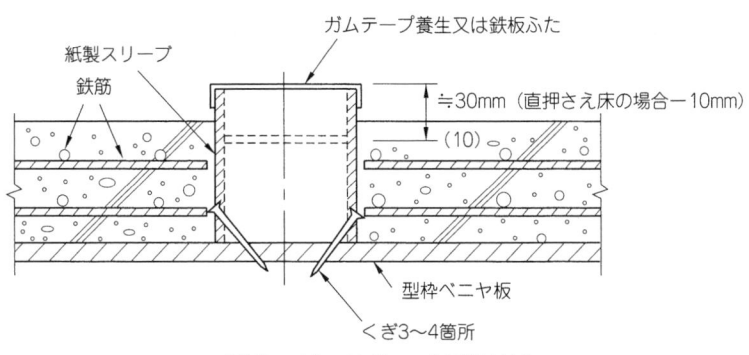

図6－18　スリーブの取付け

② はり貫通のスリーブは，はりの強度を低下させるので，よほどの場合でないと行わないほうがよいが，どうしても必要な場合は当事者間の話し合いを行い，はりの強度を損わないサイズ・間隔で設ける。スリーブのサイズ及びその間隔は，一般には図6－19及び表6－6の値とする。

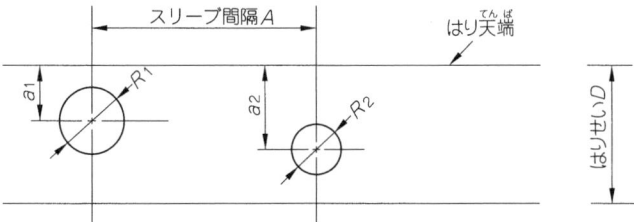

図6－19　はり貫通スリーブの間隔

表6－6　建物構造別のはり貫通スリーブサイズと間隔

建築構造	スリーブの最大径 R_1, R_2	スリーブ間隔 A （$R=R_1≧R_2$）	$a_1・a_2$（はり天端からの寸法）
RC造	$D/4$ 以下	$4R$ 以上	$0.4～0.6D$
SRC造	$D/3$ 以下	$3R$ 以上	$0.4～0.6D$
S造	$D/3$ 以下	$3R$ 以上	$0.4～0.6D$

③ スリーブの大きさは，その中を通る配管の保温工事ができる寸法以上とする（図6－20）。

また，排水管においてはこう配を，フランジ付きの配管においてはフランジの寸法

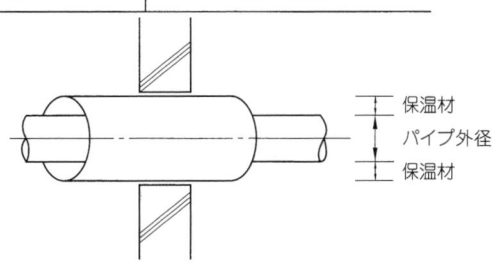

図6－20　保温のある配管の貫通

を合わせて見込む必要がある（図6-21，図6-22）。

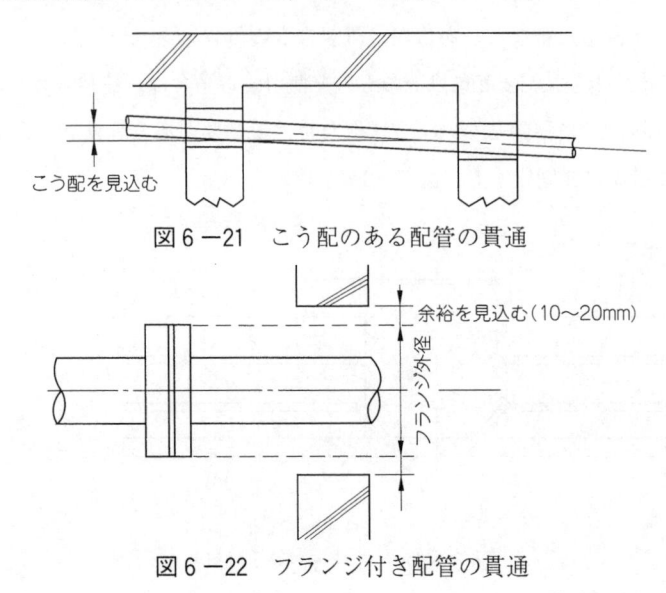

図6-21　こう配のある配管の貫通

図6-22　フランジ付き配管の貫通

④　未使用スリーブは，防火・防煙上必要な場合は，モルタルなどの不燃材で穴埋めの処理を行う。

(2)　壁・床貫通部の処理

壁・床を貫通した配管は，建物内部では防火，防煙上，入念に穴埋めを施工する必要がある。また，外壁，防水床の貫通についても，防水対策上，入念に施工する必要がある。

a．壁貫通部の処理

壁貫通部の処理方法の例を図6-23，図6-24に示す。

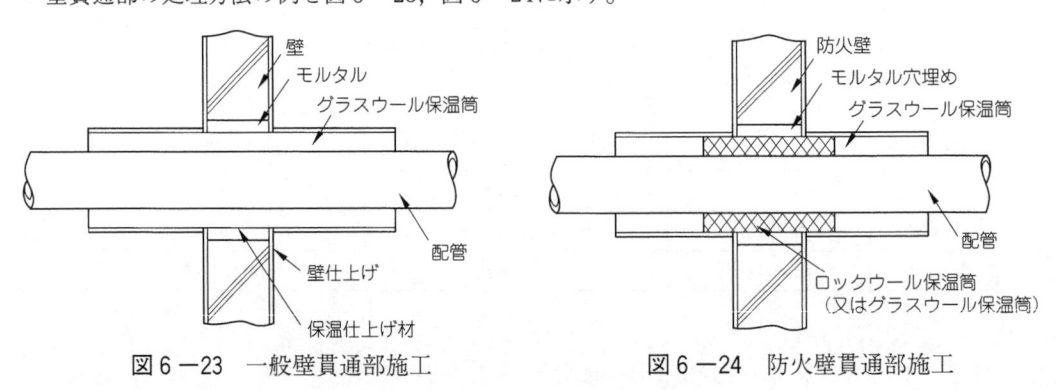

図6-23　一般壁貫通部施工

図6-24　防火壁貫通部施工

b．一般床貫通部の処理

一般床貫通部の処理方法の例を図6-25に示す。

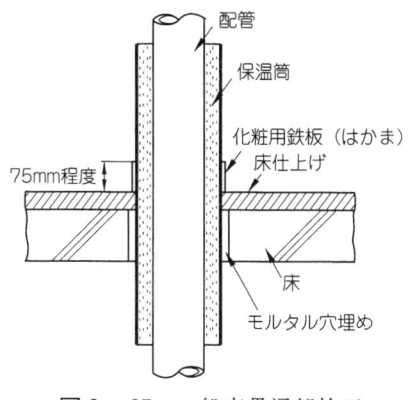

図6-25　一般床貫通部施工

c．防水床貫通部の施工

防水床の貫通部の処理方法の例を図6-26, 27に示す。

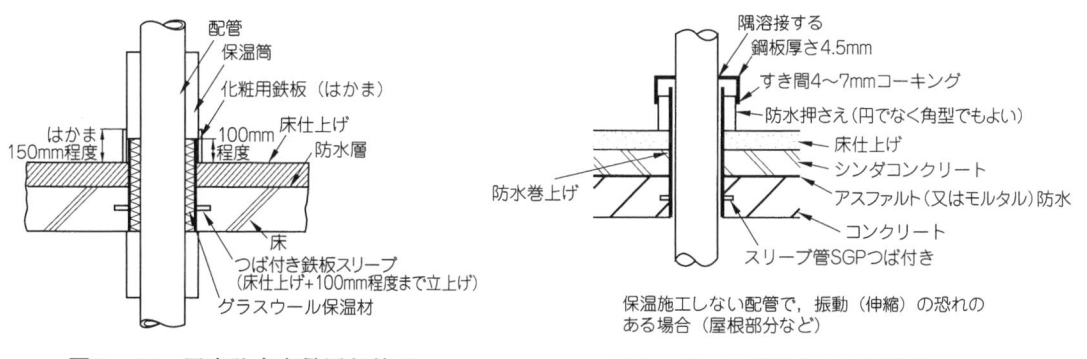

図6-26　屋内防水床貫通部施工

図6-27　屋外防水床貫通部施工

3.3 構造物と管との間隔

構造物と管との間隔は，配管及び保温の施工性，さらにメンテナンス（維持・保全）を考慮して決定する必要がある。裸管（保温無）における，構造物と配管の最小間隔は，表6－7とする。

表6－7　溶接・ねじ込配管スペース

となり合う配管のうち大きい方の管径	裸管（保温無配管）の間隔（最小）　　　　　（単位mm）
15A～50A（ねじ込み）	（図：150、150、80、スラブ底又はダクト下端など）
65A～150A	（図：350、250、100、100）
200A～300A（注）	（図：左側 350、350、150、150／右側 200、400、400、400）
350A～600A（注）	（図：左側 450、200、200、450／右側 200、400、400、400）

注）配管と図の上部壁にスペースのある場合，左側の図を採用し，スペースが小さいときに右の図を採用する。

3.4 管と管との間隔

管と管との間隔を決定する場合，表6－7のように構造物からうける制約がない場合は，管と管との間隔は，表6－8に示す80mm程度が望ましい。

表6－8　管と管との間隔

裸管と裸管	保温管と保温管	裸管と保温管	フランジ・保温管と裸管
80mm	80mm	80mm	フランジ部保温　80mm

なお，表6－8の寸法は，保温の工法によっては縮めてよい場合や，さらに大きな間隔が必要となる場合がある。

3．5　埋込み配管

埋込み配管は，床パネル暖房のような，放射（ふく射）暖房の目的以外には避けることが望ましい。腐食などに起因する漏水が発生した場合，漏水箇所を発見するのが非常に困難であり，保守面で問題がある。

（1）暖冷房用の配管

ファンコイルユニットなどの枝管をコンクリートの中に埋込み配管するときは，管の伸び，防食，防熱を考慮して施工する。図6－28にその一例を示す。

（2）シンダコンクリート内の配管

機器の排水用として主に機械室の床上に施工される。シンダコンクリートは，最近は軽石を用いるので（いおう分を含んでいないので），防食の点は問題が少ない。

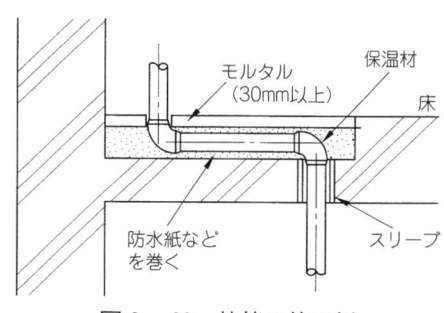

図6－28　枝管の施工例

（3）放射暖房用コイルの埋込み

放射暖房における埋込みコイルは各系統を温水が平均に流れるように，かつ空気抜きが十分できるものであることに注意する。

鋼管の表面にはアスファルトピッチ又はコールタールを塗って，管の腐食を防ぐとともに管の軸方向の伸びに対して，すべりやすくする。

コイルの曲管部又は管寄せでは，熱膨張に対する逃げをとる必要があり，そのためには，この部分に不燃性の緩衝材が使用される。

鋼管コイルの接合には溶接を用いる。管径20mm以下のものはⅠ形突合せ溶接でよいが，25mm以上のものはベベル加工＊を施したⅤ形突合せ溶接を用い，ガス又は電気溶接をする。

ねじ込み継手は埋込み後，点検できないうえ，ねじ部は腐食が起きやすいので，漏れを防ぐため埋込み配管には採用しない。

銅管は施工には都合がよいが，施工中に銅管を傷めないことが必要である。銅管製コイルの接合には，硬ろう溶接を行う。

銅管の場合には，鋼管に比べて，傷が付いたり破損しやすいので，水圧試験完了後，管の埋込みが行われるまでの間，管を裸で放置することは危険で，その全長にわたって周囲を覆って，管を保護すべきである。

＊ベベル加工：厚肉管を溶接するときは，その端末は斜面（Ⅴ形）に加工する。英語のbevelのこと。

（4） 屋外埋設管

地域冷暖房の場合，中央機械室から冷温水を暗きょ内配管で連絡することが望ましい。やむを得ず直接埋設する場合，配管のこう配を考慮し，空気が十分抜けるものであり，管の伸縮継手を要所に取り付け，固定箇所では十分強固に固定する。伸縮継手は埋設用もあるが，マンホールを設けて，点検できるようにする。

アスファルトジュート巻き施工は，防水施工とされているが，完全には防水できない。

埋設管の外部腐食に対しては，電気防食を施工することが望ましい。

保温材も防水性の高いものを用いる。最近，独立気ほう体のものが用いられるようになった。その表面塗布剤も，防水性を高めるものであることが必要である。

暗きょの大きさは，大きいほど，施工，保守の点で望ましい。

3.6 こう配及び分岐管の配管

(1) こう配

配管のこう配は原則として，配管中に空気だまりを作らないように，空気抜き弁又は開放式膨張タンクに向かって先上りこう配をつけることである。また，配管の最も低い位置には必要に応じて配管中の水を完全に排水できるように，排水弁を設け，これに向かって先下りこう配をつける。配管のこう配は送り管は先上り，返り管は先下りとし，そのこう配は1/200程度とする。

(2) 分岐管の配管

温水配管においては原則として，主管から取り出された分岐管が主管より下にある機器に接続される場合は，図6-29に示すように，主管に対して45°以上の角度で下取り配管をし，枝管には先下りこう配をつける。

また，分岐管が主管より上のほうにある機器に接続されるときは，図6-30に示すとおり，主管に対して45°以上の角度で上取り配管し，枝管には先上りこう配をつける。

強制循環式の場合は，取り出し方は自由であるが，以上の原則に反した取り出し方をしたときは，そのつど水抜き弁，空気抜き弁を必要とすることになるから，できるだけ原則に従って取り出すようにする。

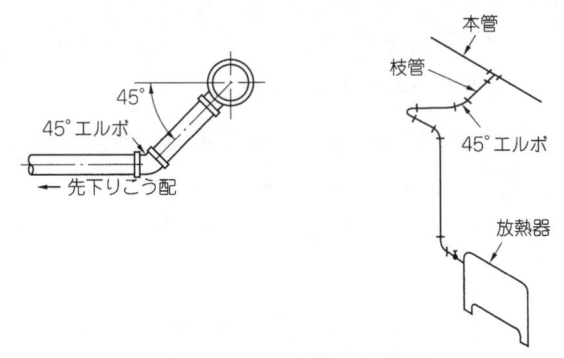

図6-29 分岐管の配管例

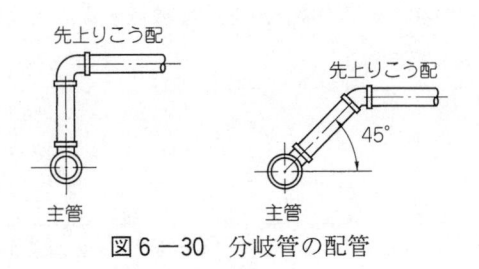

図6-30 分岐管の配管

3．7　偏心径違い継手の使用

横走り配管において，管径の異なる管を接続する場合は，ブッシングなどを使用しないで，偏心径違い継手を用い，先上りこう配で配管しているときは，図6－31(a)のように管の上部をそろえ，先下りこう配で配管しているときは，図(b)のように管の下面をそろえるように配管する。これは空気だまりや水たまりを作らないためである。

もし，先上りこう配で配管しているときに図6－32のように，偏心径違い継手を使用すると，流体の流速が遅いときに上部に空気だまりを生じ，配管内に空気を残すことになり，流体の循環を妨げる。

また，先下りこう配で配管しているときに，図6－33のように偏心径違い継手を使用すると，完全に排水することができない。

これらのことは径の違いが少ないときは，ほとんど問題にならないものであるが，このような箇所が多いことは，管内に空気がたまりやすく，流体の循環が悪く，空気で縁が切れた場合，流体は全く循環しなくなるので空調効果が得られない。

また，水たまりの箇所の多いことは，管内の水を抜いたときもそこに水が残り，管内が乾かず，腐食の原因にもなり，管の寿命を縮める。

空気だまりは，管内の流体速度が早いときはその速度で押し流してしまうが，ポンプを停止したときに，再びそこに空気が集まるので避けるべきである。

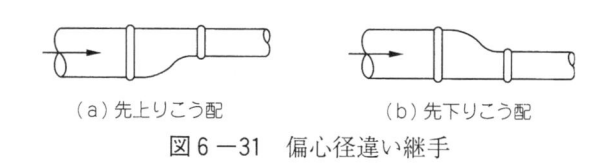

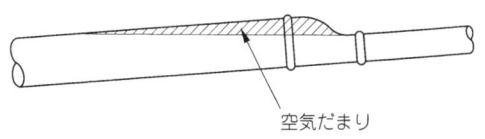

(a)先上りこう配　　(b)先下りこう配
図6－31　偏心径違い継手

図6－32　偏心径違い継手の悪い使用例

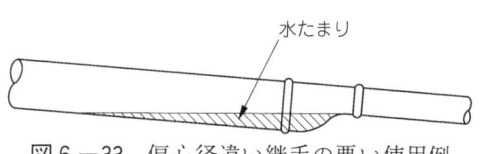

図6－33　偏心径違い継手の悪い使用例

3．8　空気抜き弁・排水弁の取付け

満水前に機器及び配管の中にあった空気，又は運転中に漏入した空気は，配管中に空気だまりとなる箇所があればそこにたまり，流体の循環を阻害する。そのため配管中に空気だまりを作らないように配管することが重要であるが，やむを得ず空気だまりができたときは第2章1.5の図2－18に示すように空気抜き弁を取り付けて完全に排気ができるようにする。

また，機器への接続配管の最下部には，機器の保守点検及び取り替えの必要が生じたとき，機器及び機器回りの配管の保有水を排出するために，排水弁を設ける。排水弁を取り付ける配管の形状

は図6-34(a), (b)によるものとする。これらはダートポケット（泥だまり部）と呼ばれ，配管内のごみや汚泥がこの部分にたまり，排水時に配管系外に排出される。図(c)のようにダートポケットを設けないでエルボで機器に接続すると，ごみや汚泥が機器内に流入し，機器の寿命を縮めたり，性能低下の原因となる。

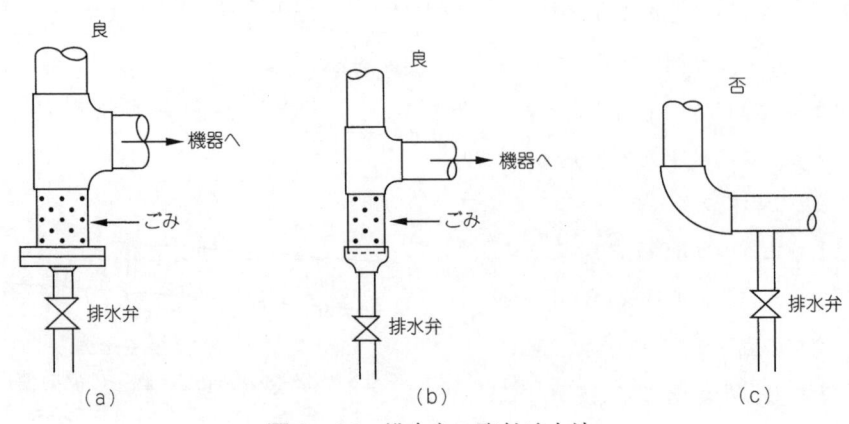

図6-34 排水弁の取付け方法

3.9 変位吸収管継手

　変位吸収管継手とは，主として管軸と直角方向の変位を吸収させるための継手で，機器との接続部，建物への導入部などで振動や地震などの相対変位を吸収するために使用される。一般にたわみ継手又はフレキシブル継手などと呼ばれているものもあり，種類には，金属製，メカニカル形，ゴム製がある。

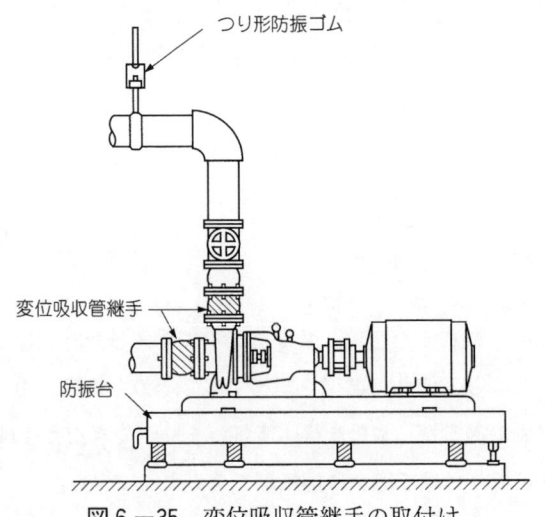

図6-35 変位吸収管継手の取付け

変位吸収管継手取付け時は次の点に留意する。
① フランジ式の変位吸収管継手では，均等にボルト締めを行う。片締めは，フランジ面からの漏水やボルト，ガスケットの破損などの原因となる。
② 接続する管との軸心を合わせてセットする。
③ 変位吸収管継手の前後の配管の支持は，防振ゴム又はスプリングを使用することが望ましい。

3．10　配管の支持と支持間隔

（1）配管の支持
管の支持方法は第2章1.8を参照されたい。

（2）支持間隔
配管の支持は，支持区間内で管が重量によって湾曲したり，容易に振動しないように，つり金物・支持金物を用いて適切な間隔で支持・固定するものとする。その支持間隔は管の種類及び管径で異なる。

銅管及びステンレス鋼管を鉄製の支持金物を用いて支持する場合は，腐食防止のために管と金物が直接接触しないように，ゴムなどの適切な絶縁材を使用する。

さらに，次に示す各箇所には別途支持を取ることが望ましい。
① 曲がり部及び分岐部（図6－36）
② 大口径管で弁類などの重量物のある所
③ 自動弁装置のバイパス側

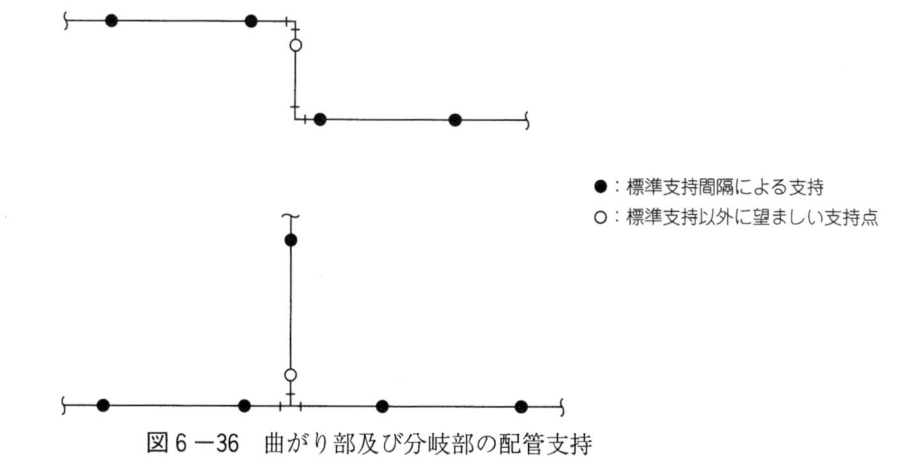

●：標準支持間隔による支持
○：標準支持以外に望ましい支持点

図6－36　曲がり部及び分岐部の配管支持

（3）インサートなどの事前準備工事
配管の支持のためには，コンクリート打設前にインサート，埋込みボルトなどをコンクリート型枠に取り付けておく必要がある。インサート，埋込みボルトには図6－37のような種類があり，材質は鋼製，ステンレス鋼製又は合成樹脂製がある。

インサート及び埋込みボルトを取り付けるときは次の点に留意する。
① 金物は，型枠などに容易に固定でき，コンクリートへの密着強度の高いものとする。
② 金物は，管及び機器の支持に対して十分な強度があるものとする。
③ インサートに連結するつりボルトは，ねじ接合とする。
④ 埋込みボルトを取り付ける場合で，重量物を支持するときは，図6－37のように，鉄筋掛けを行う。

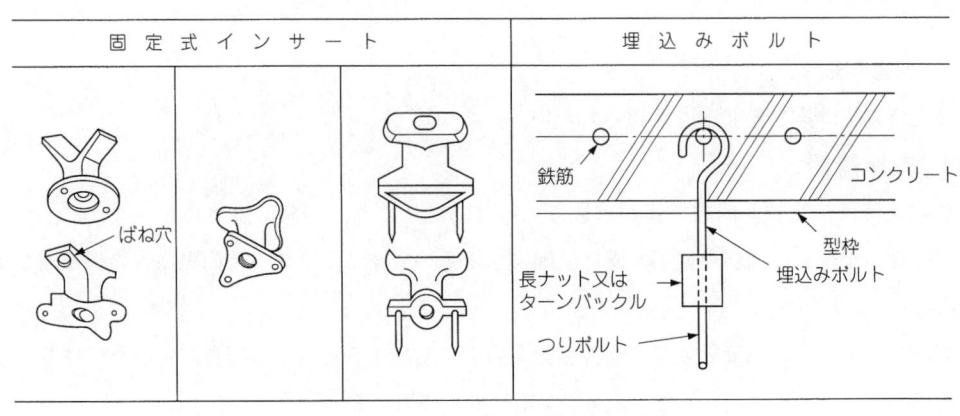

図6－37　インサート及び埋込みボルト

これらのインサート，埋込みボルトを将来配管が通るルートに，コンクリート打設前に精度よく取り付けておく必要がある。この準備工事を怠ると，配管取付け時に別途アンカなどの取付けが必要となり，施工性が悪くなる。また，強度的な信頼性も先付けの方が優れる。

第4節　冷温水，冷却水配管の機器回り配管方法

4．1　冷温水，冷却水配管の機器回り配管の留意事項

機器回りの配管は次の点に留意して施工する。
① 配管の自重及び伸縮による応力が直接機器にかからないようにする。
② 保守点検，機器の取替えが容易にできるように必要な箇所に弁を設ける。また，弁は操作しやすい位置・方向に取り付ける。
③ 機器との接続は容易に取り外しができるように，できるだけフランジ接続とする。
④ 機器及び機器回りの配管の排水が可能なように，排水弁を設ける。排水弁以降の配水配管は，こう配に注意し，最寄りの会所ます，又は側溝まで導く。
⑤ 必要に応じ，温度計や圧力計を取り付けるためのタッピングを設ける。

4.2 ボイラ回りの配管

温水ボイラ回りの配管は次の点に留意して施工する。
① 配管自重及び伸縮による応力が直接ボイラにかからないようにする。
② 水温120℃以下の温水ボイラには、逃し弁又は逃し管（膨張管）を備える。
③ ボイラの排水は、間接排水とする。
④ ボイラの水張り時の急速空気抜きのため、ボイラ上部配管に空気抜き弁を取り付ける。
⑤ ボイラの送り主管、返り主管には弁を取り付ける。図6－38に温水ボイラ回り配管を示す。

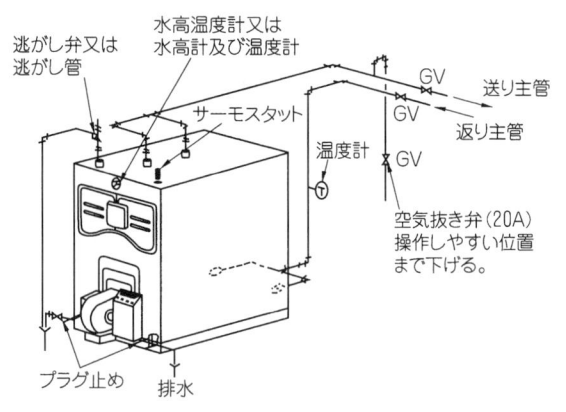

図6－38　温水ボイラ回り配管

4.3 冷凍機回りの配管

冷凍機回りの配管は次の点に留意して施工する。
① 蒸発器・凝縮器のチューブを引き抜くためのスペースを設ける。
② カバーの取外しができるように、蒸発器・凝縮器の配管接続部は、カバー側面部でフランジ接続とする。
③ 冷水及び冷却水配管の入口側にストレーナを、配管の最低部に排水弁を設ける。
④ 冷凍機に接続する冷水・冷却水配管には、原則として有効な防振継手を取り付ける（図6－39）。
⑤ 冷却水出入口には、必ず圧力計取付け兼化学洗浄用タッピングを設ける。
⑥ 冷凍機本体に冷水・冷却水用温度計が付いていない場合には、配管に温度計を取り付ける。

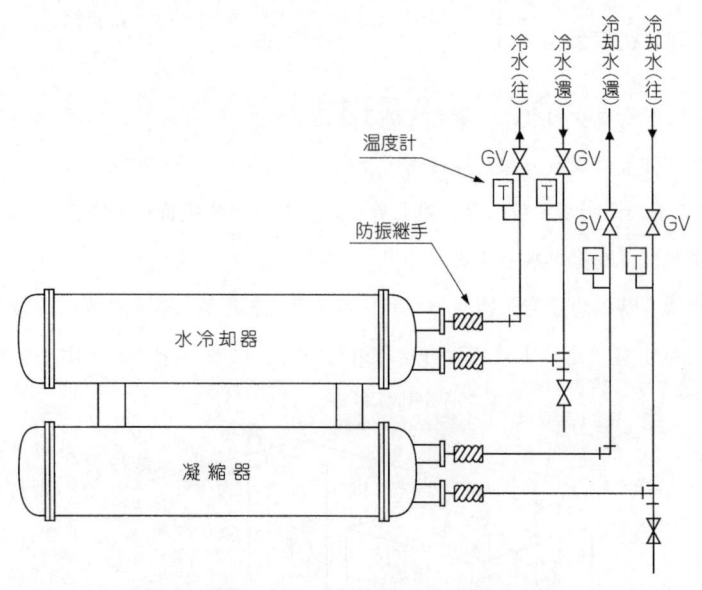

図6-39 冷凍機回り配管

4．4　膨張タンク回りの配管方法

開放式膨張タンク回りの配管は次の点に留意して施工する。
① 開放式膨張タンクは，装置の最高部より少なくとも1m以上の高さに設置する。
② タンクの補給水口の吐水口空間を十分に確保する。
③ 逃し管（膨張管）には，弁を取り付けてはならない。
④ 膨張管の取出し位置により，配管系の圧力が変わるので，管内が負圧とならないように配慮して位置を決める。
⑤ 検水管は，タンクと保守する階が離れている場合，必要に応じて配管する。検水管が長い場合，検水位置に圧力計を設け，正常時の圧力計の指示値を表示することにより，タンク内の水の状態を確認する。図6-40に膨張タンク回り配管を示す。

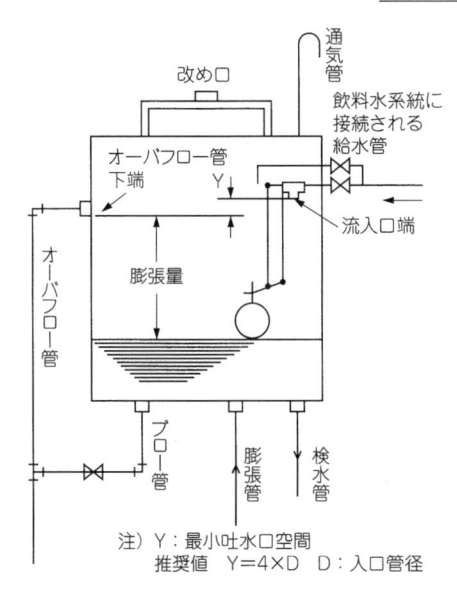

図6-40　膨張タンク回り配管

4．5　空気調和機回りの配管

(1)　エアハンドリングユニット回りの配管

エアハンドリングユニット回りの配管は次の点に留意して施工する。

① 冷温水はコイルの下部から入り，上部から出るように配管する。これは空気だまりを防止するためである。
② 冷温水用電磁弁はコイルの返り管に取り付ける。
③ 冷温水送り管・返り管ともに温度計を取り付ける。
④ ドレン排水管には，空気調和機ドレンパン部が機外（大気圧）と比較して負圧の場合，トラップを設け，スムーズに排水できるようにする。
⑤ 電磁弁は，部屋の温度や湿度を自動的にコントロールするために，温度計や湿度計から送られてきた信号により，冷温水や蒸気の流量を制御するための自動弁である。これらの自動弁には，その前後に仕切弁，ストレーナを設ける。必要に応じてバイパス管を設ける。図6-41にエアハンドリングユニット回り配管を示す。

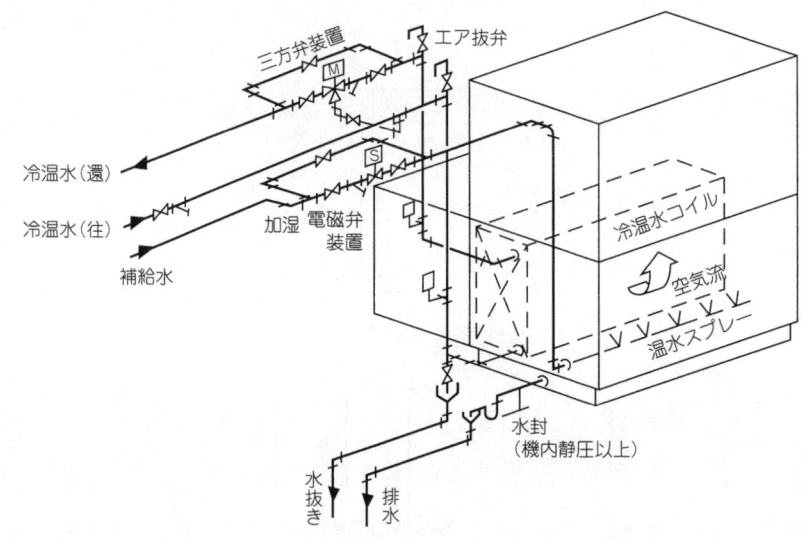

図6-41　エアハンドリングユニット回り配管

（2）床置型ファンコイルユニット回りの配管

床置型ファンコイル回りの配管は次の点に留意して施工する。

① ファンコイルユニットの種類及びメーカにより立上り配管の配列が異なるので，確認のうえ施工する。
② 配管の出入口には，ストップ弁又はコックを取り付ける。
③ 排水管とドレンタッピングの接続は，ゴムホース又はビニルホースを用い，締付けバンドにより取り付ける。
④ 主管からユニットへの分岐は，配管の伸縮を吸収するため，3エルボ使用などを考慮する。

図6-42に床置型ファンコイルユニット回り配管を示す。

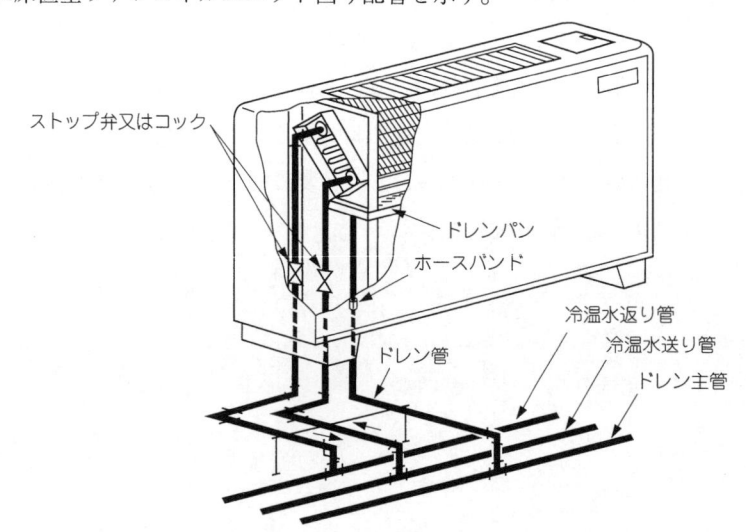

図6-42　床置型ファンコイルユニット回り配管

(3) パッケージエアコンディショナ回りの配管

パッケージエアコンディショナ回りの配管は次の点に留意して施工する。

① パッケージに接続する立上り管の距離が長い場合は，壁などを利用して配管を固定する。
② 上部，下部2つのドレンをまとめて排出する場合は，上部ドレン管と下部ドレン管との連結は，必ず下部ドレン管より低い位置で行う。
③ 配管自重及び伸縮による応力が，直接機器にかからないようにする。
④ 冷却水の出入口には，弁を取り付ける。
⑤ 冷却水出入口には，必ず温度計と圧力計取付け兼化学洗浄用タッピング（15A以上）を設ける。
⑥ 排水管は，トラップを設ける。図6－43にパッケージエアコンディショナ回り配管を示す。

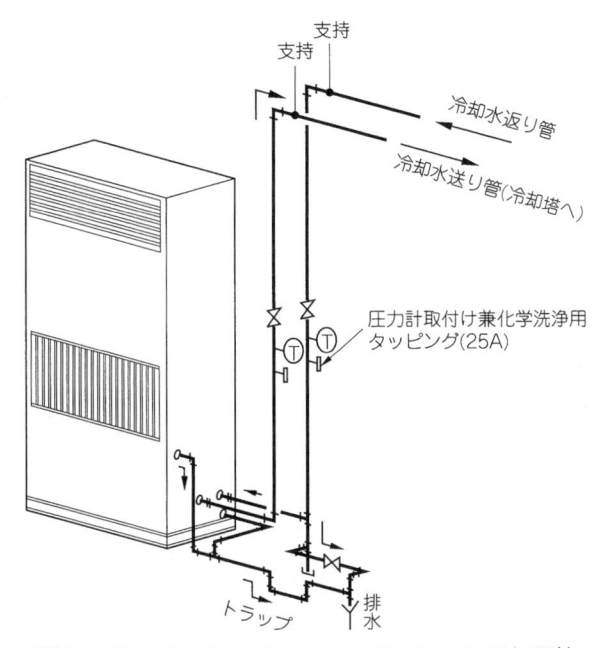

図6－43 パッケージエアコンディショナ回り配管

4．6 冷却塔回りの配管

冷却塔回りの配管は次の点に留意して施工する。

① 開放形冷却塔では，冷却塔の水位がポンプ及び凝縮器より高い位置になるように図6－44に示すように設置する。

図6-44 冷却塔回り配管

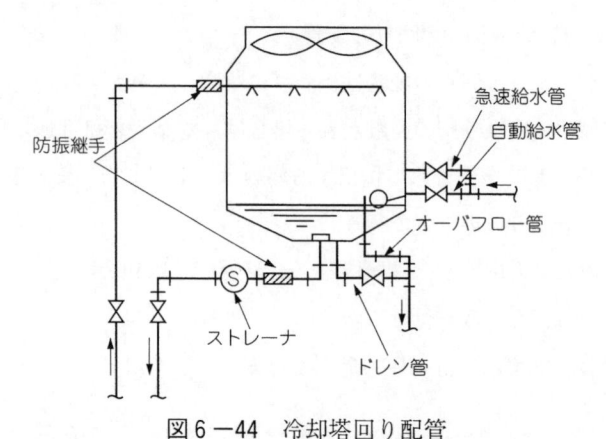

② 冷却塔が冷凍機より低い場合，凝縮器内が負圧にならないように配管する。
③ 補給水は，高置水槽の高さによって圧力不足となる場合があるので，その相対的位置関係に注意する。
④ 冷却水の出入口側の配管には，防振継手を設け，冷却塔の振動が配管に伝わらないようにする。
⑤ 冷却塔を冬季に運転する場合には，冷却水の凍結防止を考慮する。

4．7　冷温水コイル回りの配管

冷温水コイル回りの配管は次の点に留意して施工する。
① 冷温水コイルに対する冷温水配管出入口の接続は，水の流れが空気の流れの方向に対して逆になるように接続する。すなわち，空気の流れの出口側に，冷温水の入口側に配管する。
② 冷温水コイル下部より入り，上部に出るように配管する。
③ コイル出入口の近くの配管には，コイルや配管の排水をスケールの沈殿場所も兼ねてダートポケットを設ける（図6-45参照）。

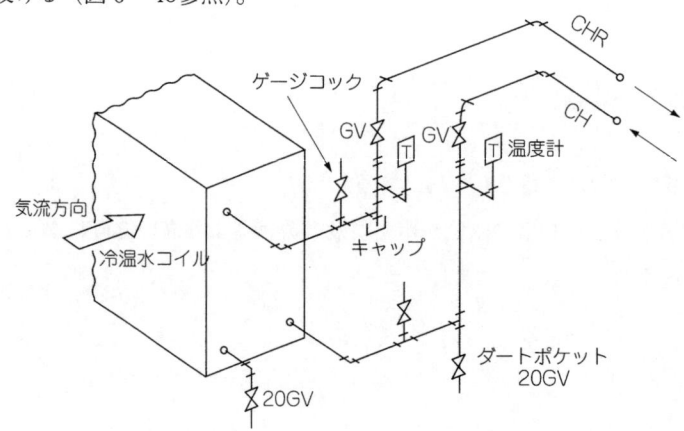

図6-45　冷温水コイル回り配管

④ コイルを複数台並列で使用する場合，運転中個別に点検・修理・水抜きができるように，弁を取り付ける。

4．8 計器類の取付け

冷温水及び冷却水配管に取り付ける計器は，温度計と圧力計が一般的である。温度計及び圧力計の取付け箇所は表6－9を標準とする。なお，機器本体に温度計，圧力計が取り付けられている場合は，配管への計器の取付けは省略する。これらの計器類は，機器が正常に運転されているかを判定するための目安となり，機器の保守管理上重要である。

表6－9　計器の取付け箇所

機器名	機器入口		機器出口		備考
	圧力計	温度計	圧力計	温度計	
冷凍機クーラ	－	◎	－	◎	
冷凍機コンデンサ	○	◎	○	◎	
冷却塔	－	○	－	○	
温水ボイラ	－	◎	－	－	※
蒸気ヘッダ	－	○	－	◎	※
冷（温）水ヘッダ	－	○	－	◎	※
熱交換器（蒸気／水）　蒸気	◎	－	－	－	※
水	－	◎	－	◎	
熱交換器（水／水）　1次水	○	◎	○	◎	※
2次水	○	◎	○	◎	
熱交換器（高温水／水）　高温水	◎	◎	◎	◎	※
水	○	◎	○	◎	
冷（温）水コイル	－	◎	－	◎	
蒸気コイル	－	◎	－	－	
オイルサービスタンク	－	－	－	◎	
パッケージ空調機コンデンサ	－	◎	－	◎	
エアワッシャ	◎	◎	－	－	
減圧弁装置（蒸気・水）	◎	－	◎	－	
温度調節弁装置	◎	－	－	－	

◎：必ず取付ける　○：取付けたほうが望ましい（コック又は温度測定用保護管（ウエル）を取付ける）
注）※　ボイラ，熱交換器，ヘッダ類は，ボイラ及び圧力容器安全規則で圧力計の取付けについて規制されているので注意する。

(1) 温度計の取付け

水用温度計には必ず保護管を使用し，図6－46のように感温部の先端が，配管の中心近くに納まるように取り付ける。

なお，管径が40A以下の配管においては，保護管が水の流れを阻害し，抵抗が増え，必要な流量を確保できなくなる恐れがあるため，図6－47の方法で温度計を取り付ける。

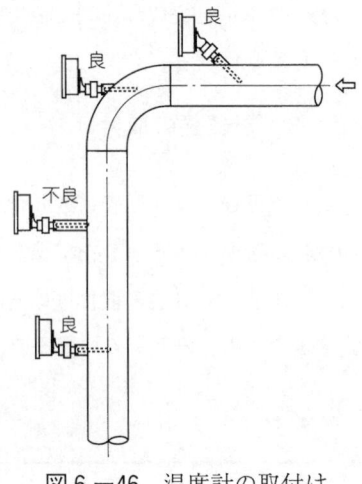

図6－46 温度計の取付け

(2) 圧力計の取付け方法

水用圧力計の取付けは，図6－48のように，必ずコックを介して取り付ける。

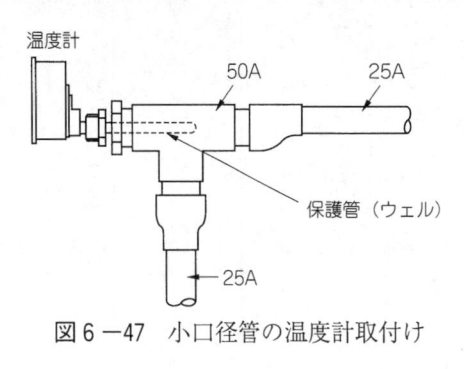

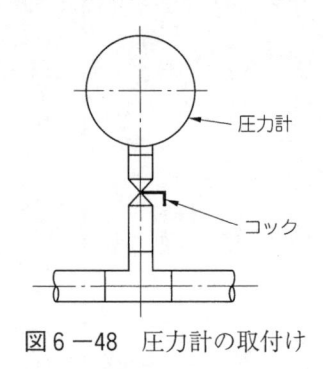

図6－47 小口径管の温度計取付け

図6－48 圧力計の取付け

第5節 蒸気配管の施工法

5．1 蒸気配管の施工上の留意事項

蒸気配管の施工に当たっては，次の点に留意する。

① 運転時と停止時の温度差による配管の伸縮を考慮して施工する。必要に応じて伸縮管継手を使用する。
② 主管からの分岐は伸縮による応力を逃がすためにエルボ3個以上を用いたスイベル接続とする。
③ セクショナルボイラでは，第1バルブまでの配管溶接は，ボイラ溶接技士の資格が必要である。

④ 横走り管で,管径を異にする蒸気管を接合する場合は,凝縮水滞留防止のため,偏心径違い継手を用い,管の底を平にする。

⑤ ねじ接合の場合は,蒸気用シール材を使用する。

⑥ 横走り管は必ずこう配を取る。こう配が不適当な場合,蒸気の流れと凝縮水の流れが逆になると,スチームハンマを起こし,騒音,振動が発生し,時には配管などの破損の原因となる。

⑦ 蒸気管中の凝縮水を放出し,スムーズに蒸気が流れるように,必要な所にスチームトラップを設ける。

⑧ 配管中の空気が蒸気の流れを阻害するので,必要に応じて空気抜き弁を設ける。

⑨ 0.1MPa以上の蒸気配管に使用する弁は,玉形弁とする。

5．2 こう配及び分岐管の配管

(1) こう配

配管中又は各機器において発生した凝縮水は,蒸気の流れの障害となり,時にはスチームハンマ発生の原因となる。これらを防止するために,配管には適当なこう配をつけ,たまった凝縮水を急速に排出する必要がある。蒸気と凝縮水が管内を同一方向に流れる場合は,こう配と蒸気速度が適当であれば,スチームハンマは発生しない。上向き供給立て管や逆こう配横走り管などのように,蒸気と凝縮水が管内を逆方向に流れるときは,蒸気速度がある制限値を超えると,スチームハンマが発生する。蒸気管及び凝縮水管(還水管)のこう配は表6－10以上が望ましい。

表6－10 蒸気管及び還水管のこう配

蒸気管	順こう配(先下り)	1/200～1/300
	逆こう配(先上り)	1/50～1/100
還水管	順こう配(先下り)	1/200～1/300

(2) 配管の分岐

主管から枝管を取り出すには,原則として,図6－49に示すとおり,主管に対しては45°以上の角度で上向き取出し配管をする。

ただし,立上り管の下部に凝縮水を自動的に排出するトラップ装置を設けるときは,図6－50に示すように,主管の下側から取り出すこともある。

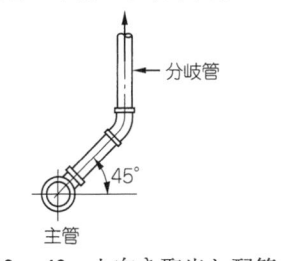

図6－49 上向き取出し配管　　図6－50 下向き取出し配管

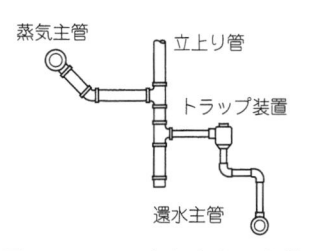

主管から分岐した枝管は，相互の伸縮によって支障の起こらないように，エルボ3個以上を用いたスイベル継手により配管する（図6－51）。

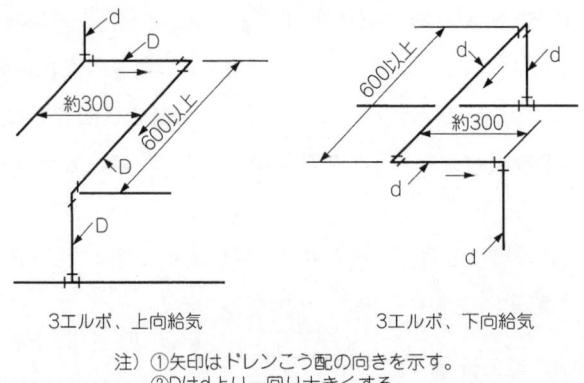

3エルボ、上向給気　　　　3エルボ、下向給気

注）①矢印はドレンこう配の向きを示す。
　　②Dはdより一回り大きくする。

図6－51　主管からの分岐（スイベル継手）

5．3　はりや障害物との交差

はり（梁）や扉などの障害物があるときは，蒸気管では図6－52(a)，還水管では図(b)のようにループ配管を行う。還水管は凝縮水のみではなく，空気をも通すものであり，図6－52に示すように，上部配管で空気を流通させる。また下部配管には，排水及び排泥ができるように，プラグ又は弁を設ける。

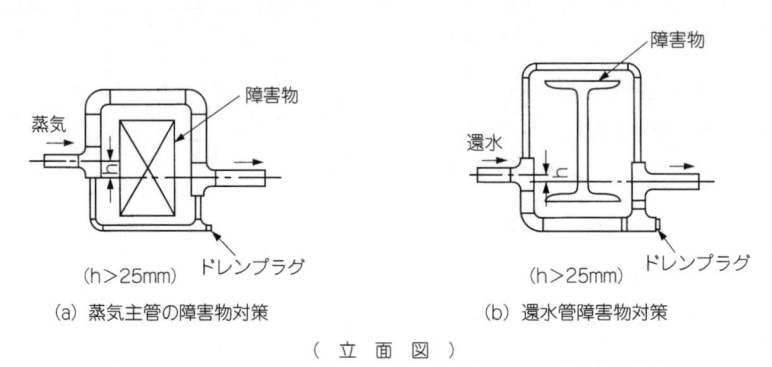

(a) 蒸気主管の障害物対策　　　　(b) 還水管障害物対策

（立面図）

図6－52　ループ配管

5．4　吸上げ継手の使用

還水管は順こう配で施工するものであるが，真空還水方式において，やむを得ず還水管を高くしたいときは，吸上げ継手（リフトフィッティング）を用いる。

図6－53に示すように，継手類を組み合わせ，凝縮水が継手下部にたまると，還水管の通気がせき止められるので，継手の前後に圧力の差を生じ，その圧力の差によって凝縮水が押し上げられる。

吸上げ管は一般に横走り管よりも1～2サイズ細くする。吸上げの高さは，1.5m以下とし，それ以上を必要とする場合は，何段かを組み合わせて使用するが，この場合も，1段当たりの高さは，1.5m以下とする。吸上げ継手を使用する箇所は，極力真空ポンプに近い場所とする。

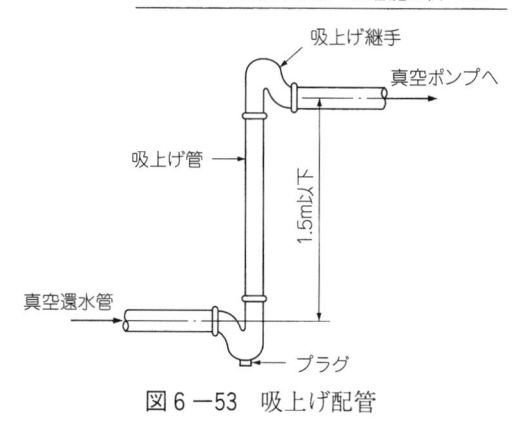

図6－53　吸上げ配管

5.5　偏心径違い継手の使用

蒸気の横走り管において管径の異なる管を接続する場合は，図6－31(b)に示すように，偏心径違い継手を使用して，管の下面をそろえるように配管し，凝縮水のたまるのを防がなくてはならない。

5.6　減圧弁，トラップ回りの配管

(1)　減圧弁回りの配管

減圧弁回りの配管は，図6－54に示すとおりで，パイロットパイプは低圧側の圧力を減圧弁のダイヤフラム又はベローズに伝えるために設けるものである。したがって，蒸気の流れが安定した位置から取り出すことが必要で，一般には図示のとおり減圧弁の先2m以上の所から取り出す。減圧弁の種類によってはパイロットパイプを必要としないものもある。

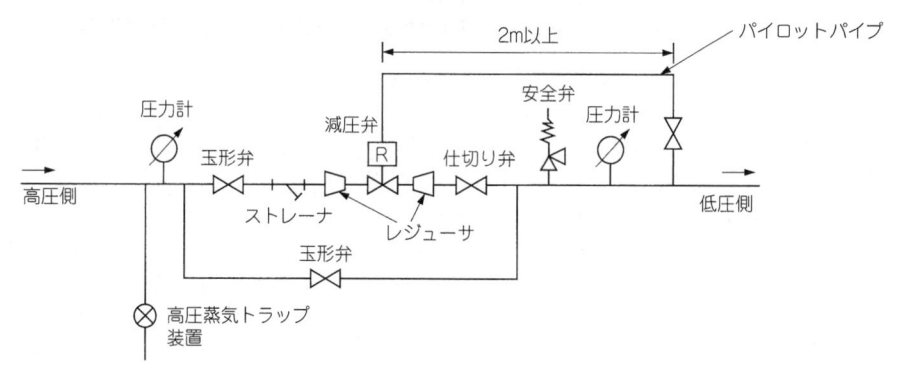

図6－54　減圧弁回りの配管

バイパス管は一般に，一次側の高圧管の1/2の管径のものを使用する。

また，減圧弁の前後（高圧側と低圧側）には，減圧の状況が確認できるように，圧力計を設ける。

安全弁は，配管や機器の圧力が異常に上昇したときに，瞬時に圧力を逃がす機能をもった弁である。安全弁が作動した場合，放出された蒸気で，保守員などがやけどをしないように，放出蒸気を

屋外などで安全な場所に導く排気管が必要である。この排気管は図6－55のように安全弁と間接に接続する。

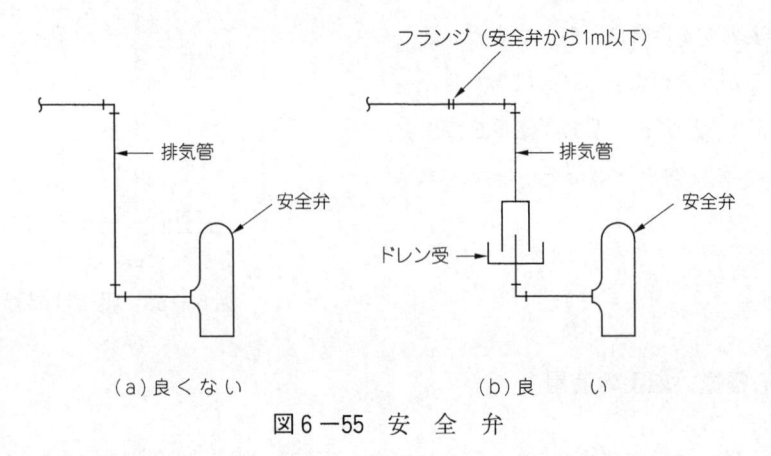

(a) 良くない　　　　(b) 良　い

図6－55　安　全　弁

(2) トラップ回りの配管

蒸気管の中で，凝縮水のたまる恐れのある所には，スチームトラップ装置を設ける。

トラップ装置を必要とする箇所は，蒸気主管の末端，蒸気主管の立上がり箇所，放熱器及びヒータの出口などである。トラップ回りの配管は，図6－56，図6－57及び図6－58に示したとおり，蒸気主管と同じ径で立ち下げてトラップの取出し口を設けたうえ，さらに150mm以上立ち下げてダートポケット（泥だまり部）をつくり，鉄くずなど異物がトラップの中に入ることを防がなければならない。トラップの機能が支障を起こしやすいとき，又は使用中機器の運転を中止できないようなときは，図6－58に示すようにトラップにバイパスをとらなくてはならない。また，運転中にトラップの機能を調べるためには，テストコックを設けることもある。高圧蒸気管において，還水主管がトラップ装置よりも高い所に配管されているときは，図6－57に示すように配管する。

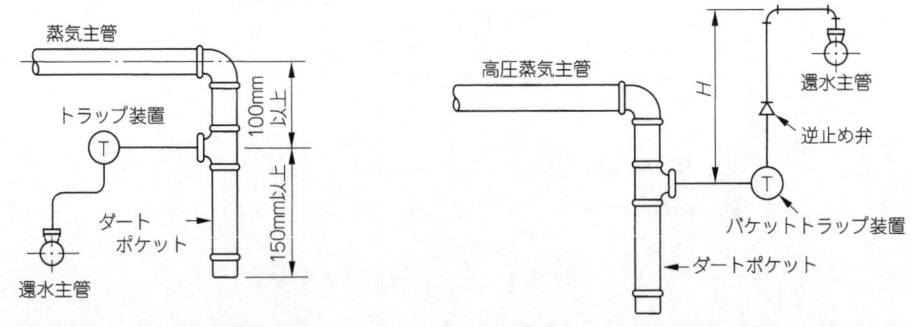

図6－56　トラップ回りの配管　　　　図6－57　トラップ回りの配管

この場合，トラップは高圧用のもので凝縮水の吹き上げの可能なもの，すなわち上向き又は下向きのバケットトラップを使用し，トラップの出口側の配管は逆止め弁を付けたのち，還水主管の上側に連結する。バケットトラップは，動作が間けつ的であり，常に一定量の凝縮水を吹き上げてい

るわけではない。トラップに一定量の凝縮水がたまると，凝縮水を吹き上げて少なくなれば動作はやむ。このときに返りの立て管の中にある凝縮水がトラップへ逆流することになるから，これを防ぐために逆止め弁を設ける。図6－57に示すように凝縮水を吹き上げる高さHは，蒸気管と還水管との圧力差0.1MPaについて5m以下とする。

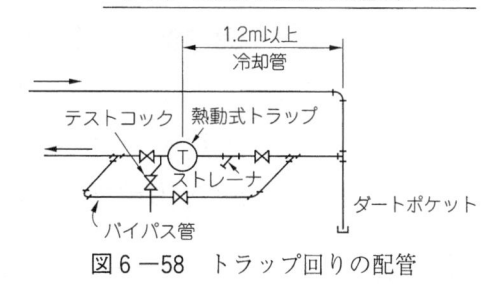

図6－58　トラップ回りの配管

　高い温度の凝縮水がトラップを通過して還水管に入るとき，圧力の降下のために凝縮水の一部は，再蒸発を起こして蒸気となり，トラップの機能を阻害する。これを防ぐためにトラップの前に冷却管（クーリングレッグ）を設けて凝縮水を冷却する。一般に冷却管としては，図6－58に示すとおり，ダートポケットとトラップとの間を1.2m以上の裸管とする。

　この冷却管は，直線的に1.2m以上の長さをとれないときには，コイル状に配管しても差し支えない。

5．7　配管の支持と支持間隔

（1）支持

　蒸気配管は冷温水や冷却水配管と比較し，熱による伸縮が大きい。そのため蒸気配管の支持は，配管の重量だけでなく，伸縮を考慮したものでなければならない。

　蒸気配管や高温水（一般的に100℃以上の温水）配管では，熱による配管の伸縮を吸収するために伸縮継手やベンド継手が用いられる。伸縮継手やベンド継手の機能を完全に発揮させるためには，流体，圧力などによって生ずる軸方向の推力に耐えられる十分な強さの固定点と，パイプの伸縮を正しく伸縮管継手やベンド継手に吸収させ，パイプの曲がりや座屈を防ぐのに十分なガイドを設ける。なお，ガイドは伸縮管継手の近くに取り付ける。

　図6－59において，イーハ間の伸縮はロの伸縮管継手が吸収するので，イ，ハは固定する。

　ハーニの間の伸縮は，伸縮管継手を設けていないので，この継手近くを固定しないで，ニより適当な距離にあるc点を固定する。

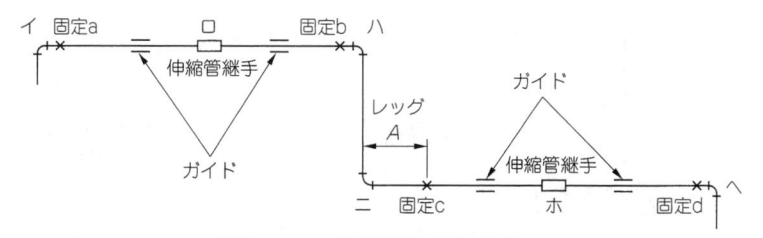

図6－59　伸縮管継手の取付け

（2）支持間隔

　蒸気配管の支持間隔は，冷温水・冷却水配管の支持間隔と同じでよい。

第6節　蒸気配管の機器回り配管施工法

6.1　蒸気配管の機器回り配管の留意事項

　機器回りの蒸気配管施工時の留意事項は，冷温水・冷却水配管と原則的には同じであるが，熱による伸縮応力を十分配慮し，応力が直接機器にかからないようにすることが重要である。

6.2　ボイラ回りの配管

　鋳鉄製蒸気ボイラ回りの配管は図6-60に示すように，蒸気管と還水管の間に均圧管（バランス管）を設けて，還水管の一部が破損したとき，ボイラ内の水が流出するのを防止する。これをハートフォード接続という。凝縮水ポンプ又は真空給水ポンプを使用する配管においては，図6-61に示すように，ポンプの吐出側とボイラとの間に逆止め弁を取り付ける。この場合逆止め弁は，図6-61のように（凝縮水ポンプ）－（逆止め弁）－（仕切弁）－（ボイラ）という順序になるような位置に取り付ける。逆止め弁は，鉄くずなどの異物によって，故障の起きやすいものである。したがって，図6-62に示すような位置に，すなわち（凝縮水ポンプ）－（仕切弁）－（逆止め弁）－（ボイラ）という順序になるように逆止め弁を取り付けたとすると，逆止め弁の故障のとき，これの手入れをするためにはボイラの運転を中止し，還水を全部排出しなくてはならなくなる。

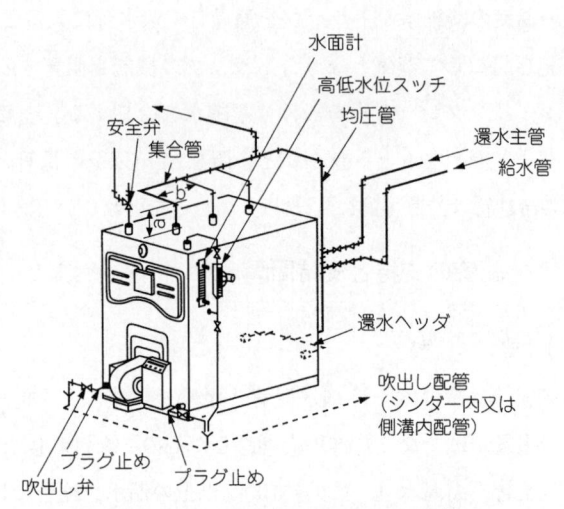

図6-60　蒸気ボイラ回りの配管

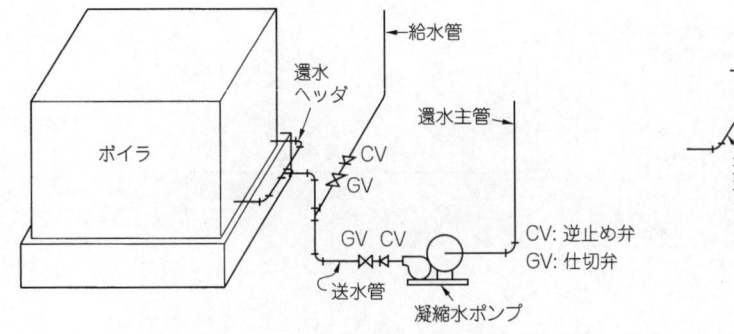

図6-61　逆止め弁の取付け（良）

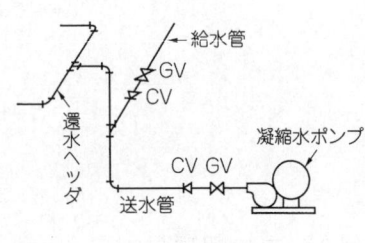

図6-62　逆止め弁の取付け（否）

これに反して図6-61のように取り付けられたときは，逆止め弁の先に設けてあるゲート弁を閉じることによって，ボイラに少しの影響も与えず，容易に逆止め弁の手入れをすることができる。

給水管に逆止め弁を取り付けるときも，全く同様であって，図6-62のような位置に取り付けないで，必ず図6-61に示してあるような位置に取り付ける。

ボイラの排水管は，直接排水管に連結しないで，図6-60に示してあるように，間接排水とする。もし直結しておくと排水弁の不良のために漏れているのに気がつかず，還水が流出して思わぬ事故を起こすことがある。

真空給水ポンプ及び凝縮水ポンプには必ず排気管を設けるが，この場合には図6-63に示すように，排気管の下部から排水管を取り出し，間接排水とする。

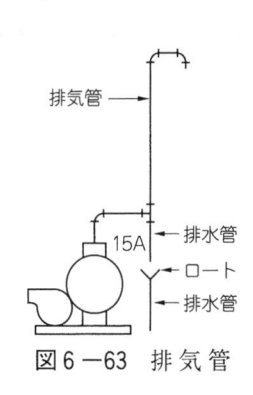

図6-63 排気管

真空給水ポンプから排出される空気の中には，多量の蒸気を含んでおり，これが排気管の中で凝縮して徐々にたまり，ついには水封によって排気を阻害することになるから，この凝縮した水を抜くために排水管を設けることが望ましい。

蒸気の取出し管は，気水分離や熱応力吸収のため，図6-64に示した寸法以上が望ましい。

図6-64 蒸気取出し管

還水ヘッダは，ボイラタッピングと同一サイズとし，蒸気管と還水管ヘッダとの接続は，左右均等に流入する位置とする。また複数のボイラに対する排水管は，ボイラごとに個別に取り付ける。最高使用圧力1MPa以上の高圧蒸気ボイラの排水管には，図6-65に示すとおり，直列に排水弁を2個以上，又は排水弁と排水コック1個以上を必ず取り付ける。

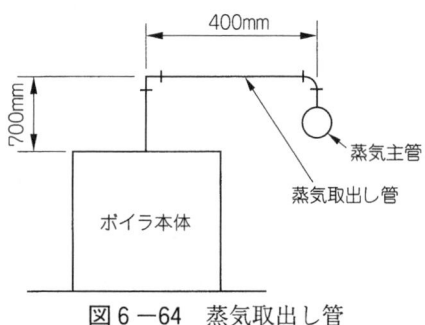

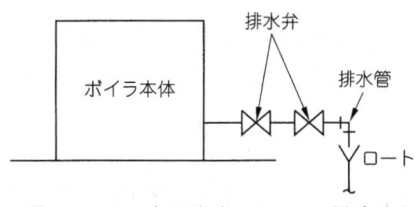

図6-65 高圧蒸気ボイラの排水弁

6.3 蒸気コイル回りの配管

蒸気コイル回りの標準的な配管を図6-66に示す。

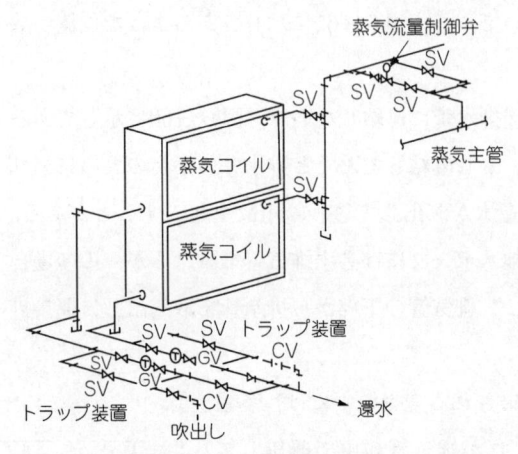

図6-66 蒸気コイル回りの配管（2台設置）

蒸気コイル回りの配管は次の点に留意して施工する。
① コイルと配管には，別個の支持金物を設け，コイルに配管の荷重がかからないようにする。
② コイルの出口からトラップまでの配管は，コイル出口のタッピングと同径とし，ダートポケットを取り付ける。
③ トラップはコイルの近くに設け，ストレーナを取付けて，バイパス配管を設ける。
④ 重力還水の場合は，バキュームブレーカを取り付ける（真空還水の場合は不要）。
⑤ 還水主管がコイルより高い位置にある場合は，立上り管は還水主管の上部より接続し，トラップはコイルの還水口より低い位置に設ける。

6.4 ユニットヒータ回りの配管

図6-67に，高圧蒸気を使用したときのユニットヒータ回りの配管を示す。ユニットヒータ回りの配管では，一般に還水主管はトラップより高い所に配管されている場合が多い。

したがって，バケットトラップを使用して，図示のとおり凝縮水を吹き上げるように配管する。低圧蒸気を使用したときのトラップ装置は，図6-67に準じて組み立てるが，この場合還水管は，トラップより低い所に配管されていなくてはならない。

トラップの先に逆止め弁を取り付け，還水主管に接続する場合は，必ず主管の上部から行う。そうしないと凝縮水の排出が困難となる。

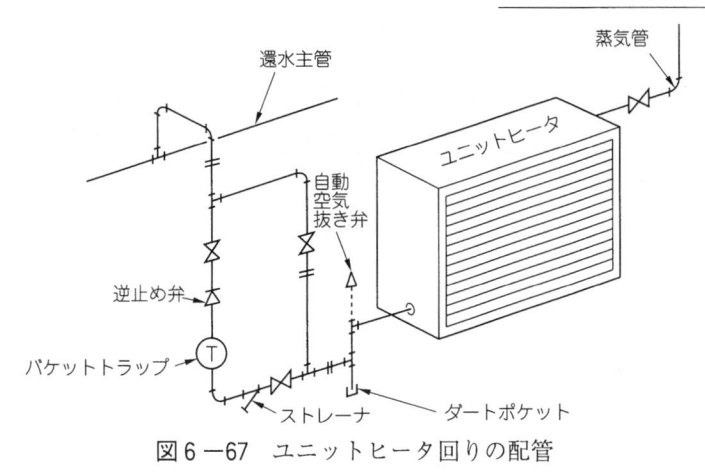

図6-67 ユニットヒータ回りの配管

6.5 蒸発（フラッシュ）タンク回りの配管

高圧蒸気の還水管を、そのまま低圧蒸気の還水管に接続する場合は、管内の圧力が急速に低下するため、高圧、高温の凝縮水の一部は再蒸発して低圧の蒸気となり、配管や機器に対し支障を生ずる。この場合は、図6-68のように、配管の途中に蒸発タンクをはさんでこの低圧の蒸気を有効に再利用し、低圧の凝縮水として低圧の還水管に導入する。蒸発タンクの寸法は、通過する凝縮水量によって異なるが、一般に径は100～500mm、長さ900～1800mmのものである。

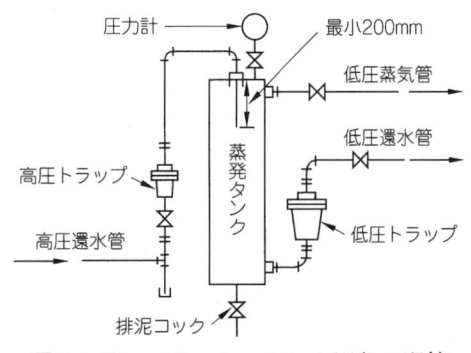

図6-68 フラッシュタンク回りの配管

蒸発タンクが圧力容器の扱いをうける場合には、安全弁を取り付ける必要がある。

6.6 ホットウェルタンク回りの配管

還水（凝縮水）をボイラに流入する場合、還水をいったんタンクにため、ポンプによりボイラへ還水する。このタンクをホットウェルタンク（還水槽）と呼ぶ。ホットウェルタンクを利用した配管例を図6-69に示す。

ホットウェルタンク回りの配管を図6-70に示す。

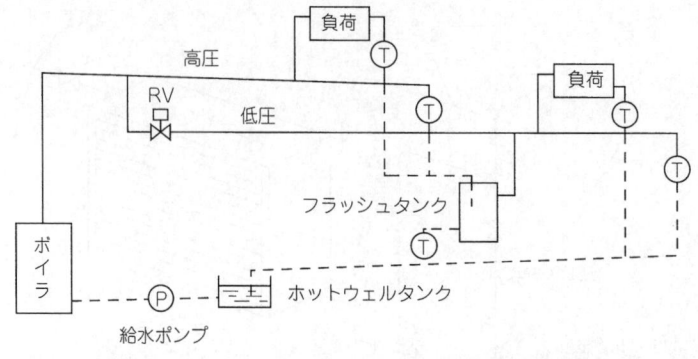

図6－69　ホットウェルタンクを利用した配管

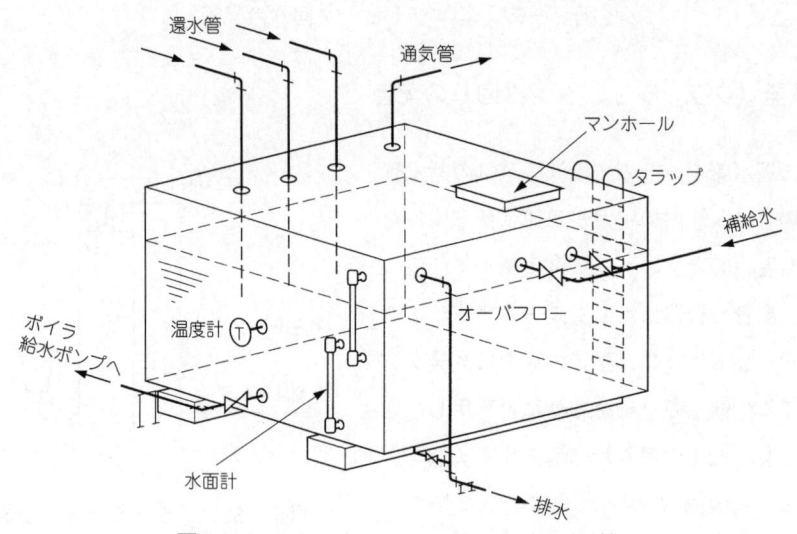

図6－70　ホットウェルタンク回りの配管

　還水管はホットウェルタンクの水面下まで立ち下げる。通気管は屋外などの安全な場所まで導く。タンクの低水位面はボイラ給水ポンプの吸込口より高くする。ポンプの吸込み能力は水温によって大幅に変わるため，必要に応じてタンクを架台上に設置し，タンク低水位面とポンプ吸込口の高低差を確保する。

6.7 計器類の取付け

　蒸気配管系統に取り付ける計器は，流量計及び圧力計が一般的である。流量計はフランジタイプが多く，弁の取付け方法と同じと考えてよい。蒸気配管に圧力計を取り付ける場合は，サイホン管とメータコック若しくは玉形弁を使用する。図6-71にサイホン管，図6-72にメータコックを示す。

　また，高圧蒸気（1MPa以上）の蒸気配管に圧力計を取り付ける場合は，玉形弁を2個直列に使用し，図6-73のように取り付ける。

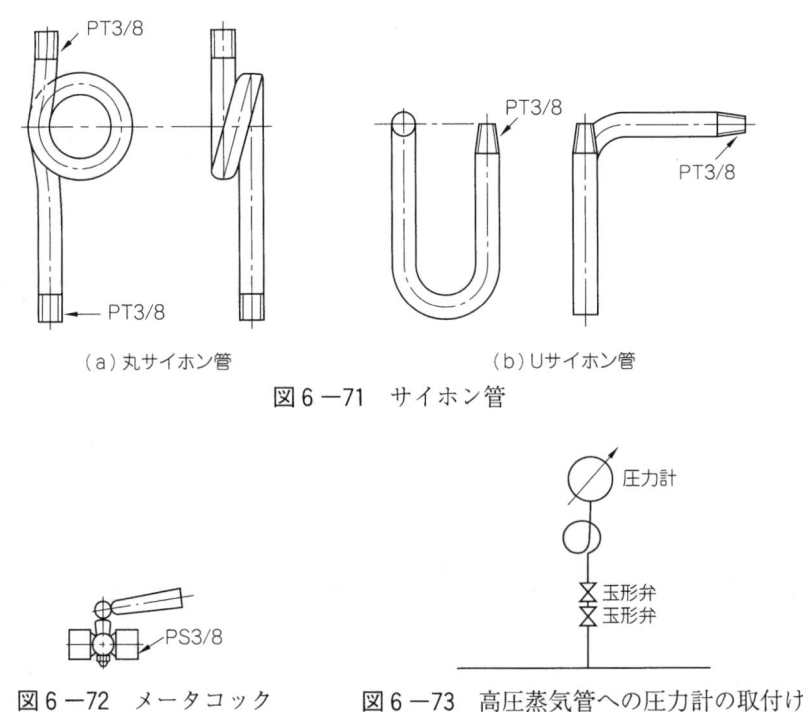

　　　　(a) 丸サイホン管　　　　　　　　(b) Uサイホン管

　　　　　　　　図6-71　サイホン管

　　図6-72　メータコック　　　図6-73　高圧蒸気管への圧力計の取付け

第7節　ダクトの施工法

空気調和用ダクトは，すべて内部の空気圧力に対して変形が少なく，かつ空気の抵抗及び漏れが少なく，気流による発生騒音の少ない構造で，必要風量を室に供給するものである。

7．1　壁・床貫通部の施工

壁及び床貫通部の施工に当たっては，次の点に留意する。

① 防火区域，防火壁，防煙壁などを貫通するダクトは，そのすき間をロックウール保温材その他の不燃材料で埋める。

② 防火区画と防火ダンパとの間のダクトは1.5mm以上の鋼板製とする。

③ 一般壁貫通部の埋め戻しは法的な規制はないが，隣室からの騒音を防止するためにも完全に埋め戻しをする。

④ 屋根などの防水層を貫通する場合は，必ず防水層を立上げ，ダクトの取出し部を設ける（図6－74）。

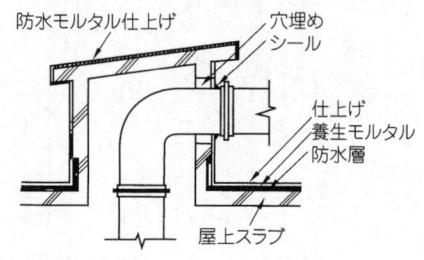

図6－74　屋上スラブ貫通施工例

7．2　送風機回りのダクト施工

送風機回りのダクトの施工に当たっては，次の点に留意する。

① 送風機の吐出口直後での曲がり部の方向は，送風機の回転方向とする。やむを得ず反転させる場合は，ガイドベーンを設ける（図6－75）。

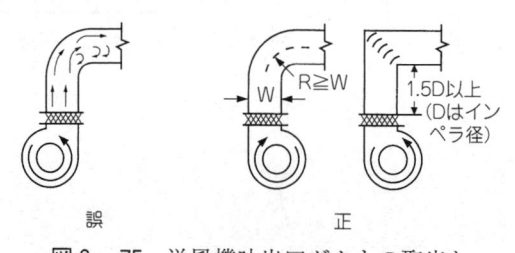

図6－75　送風機吐出口ダクトの取出し

② 吐出口とダクトを接続する場合は，吐出口断面からダクト断面への変形は，傾斜角15°以内とする。

③ 送風機の軸方向に直角に接続される吸込ダクトの幅はできるだけ厚くし，圧力損失を小さくする。

④ 送風機吸込口がダクトの直角曲がり部の近くにあるときは、曲がり部にガイドベーンを設ける（図6－76）。

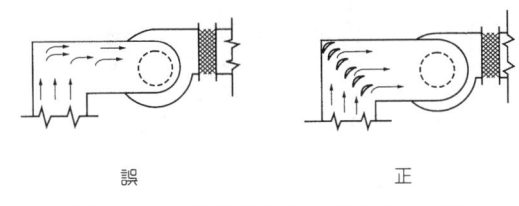

誤　　　　　正

図6－76　送風機吸込口ダクトの良否

⑤ 送風機吸込口と接続するダクトで、局部抵抗が大となる場合は、ベルマウスなどを取り付ける。
⑥ 送風機の吸込口ダクト部が7°以上の傾斜角になる場合は、直管ダクトを設ける。
⑦ 両吸込送風機を入れるチャンバの大きさは、チャンバ壁面と吸込口との距離が送風機羽根車の直径以上になるようにする。

7.3　ダクトの支持・つり

一般的にダクトの支持・つりは形鋼と棒鋼を用いて行う。施工に当たっては次の点に留意する。
① 曲がりや分岐部分には、単独に支持・つりを設ける。
② 横走り主ダクトには、形鋼振れ止め支持を12m以下の間隔で設ける。
③ 立てダクトの支持は、1フロア1箇所とし、階高が4mを超える場合は中間に支持を設ける。
④ 複数の横走りダクトのつりは、支持金物の長さによりたわみを考慮して支持鋼の大きさや間隔を決める。
⑤ つりボルトが長い場合は、振れ止めを設ける（図6－77）。

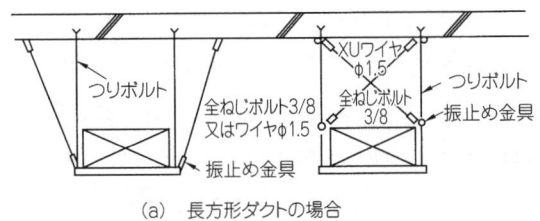

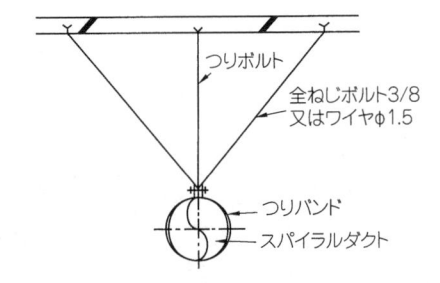

(a) 長方形ダクトの場合

(b) 円形ダクトの場合

図6－77　鋼板製ダクトの振止め支持例

⑥ 振動の伝ぱを防止する場合は，防振材を介して取り付ける（図6－78）。

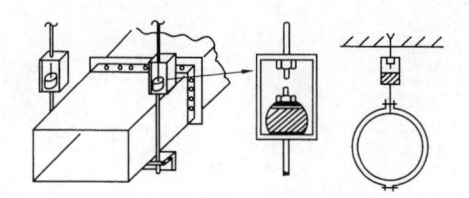

図6－78　鋼板製ダクトの防振づり

⑦ ダクトの最大つり間隔は，材質・工法などによるが一般に3m位とする。

7．4　ダクトの曲がりと分岐

ダクトの曲がり（エルボ）と分岐部の施工に当たっては，次の点に留意する。

① 長方形ダクトのエルボの内側半径は，ダクトの半径方向の幅の1/2以上とする。それが不可能な場合はガイドベーン付きエルボとする。

② ガイドベーン1枚のエルボを図6－79に示す。
　　内側半径がさらに小さい場合は，2枚又は3枚のガイドベーンを設ける。

③ 直角エルボを用いる場合は，数枚のガイドベーンを設けなければならない。ベーンの板厚はダクトの板厚と同じにする。

④ 円形ダクト用エルボには，ベンド形エルボと5節エルボ（海老継ぎ）を用いる。

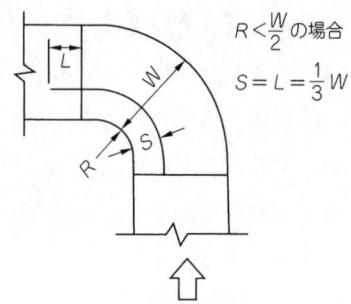

図6－79　ガイドベーン1枚のエルボ

$R < \frac{W}{2}$の場合
$S = L = \frac{1}{3}W$

⑤ 分岐ダクトは曲がりの直後やダクト変形部の直後では気流が激しく偏流しているので，気流の整流された部分から取出し，その形状は抵抗が少なく，工作が容易なものとする。

⑥ 長方形ダクトの分岐は，ダクト幅の8倍（ガイドベーン付の場合は4倍）以上の直線距離をとる。円形ダクトの場合は，曲がり部から直径の6倍以上の直管部を経た後に取り出す。

7．5　ダクトの拡大・縮小

ダクトの拡大・縮小の施工に当たっては，次の点に留意する。

① ダクトの断面を変化させる場合，圧力損失を小さくするため，なるべく緩やかな角度にする。
　　拡大部は15°以下，縮小部は30°以下とする（図6－80）。

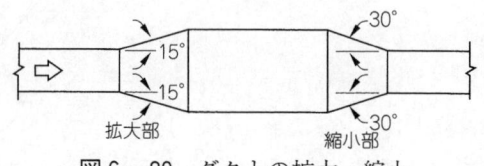

図6－80　ダクトの拡大・縮小

② ダクト中にフィルタやコイルなどが取り付けられる場合は，上流側（拡大）で30°，下流側（縮小）で45°以内とする。なお，これ以上に角度が大きくなる場合は，分流板を設けて風量分布の平均化と圧力損失を防ぐようにする。

7．6　ダクト消音・遮音

ダクトの消音・遮音の施工に当たっては，次の点に留意する。
① 静圧の高いダクトが天井内を通過する場合は，ダクトをモルタル仕上げするか，図6-81のようにダクトを遮音材で囲む。
② 機械室に直接リターングリル*などがついている場合は，天井にダクトを設けて消音装置を施すか，壁にリターングリルをつけて機械室側のダクトで消音・遮音を施す。
③ 還気ダクトも消音を施す。
④ 許容騒音の低い室（NC-25以下）の近くの床や壁を貫通するときは，スリーブとダクトの間には保温材を詰め，すき間のないようにモルタルを詰める。
⑤ ダクトの内貼り吸音材としては一般にグラスウール板厚50mmなどを使用する。なお，気流による飛散防止として，ガラスクロス，ビニル被覆亀甲金網，パンチング板などでグラスウールの表面を保護する。

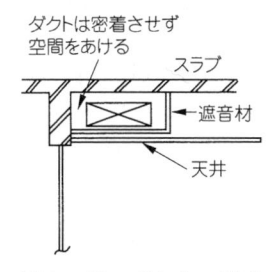

図6-81　ダクトの遮音

第8節　冷媒配管の施工法

8．1　冷媒配管施工上の留意事項

ルームエアコンやパッケージエアコンに使用されているHCFC22, 123などは，水素の働きにより対流圏で分解されやすく，オゾン層破壊係数が0でないため，2030年までに補充用を除き，生産・輸出入が禁止されることになっている。これに替わる冷媒として，HFC410a，407c，及び134aなどの冷媒が開発使用されている。

冷媒配管には，銅管を主に用いるが，他に鋼管を用いることもある。冷媒配管の施工に当たっては，次のことに留意する。
① 配管はできるだけ径路が短くなるように工夫し，曲管の曲率半径はできるだけ大きく取り，系全体の抵抗を小さくする。
② 横走り管は冷媒の流れ方向に対し，1/250程度の先下りこう配を付け，油を戻り易くする。
③ 管内に溶接くずその他じんあいが入らないよう入念に施工する。

*リターングリル：長方形の開口部に格子状の羽根を取り付けた還気用吹き出し口のこと。

④ 機器の点検分解などのスペースを考慮する。
⑤ 取出しの必要のある箇所には、フレア継手又はフランジ継手を使用する。
⑥ フランジ継手には、ノンアスベストジョイントシートによるパッキンを使用する。
⑦ ろう付け接合は硬ろうを使用する。なお、管内に酸化物を生じないよう窒素ガスを流しながら均等に加熱して、ろうが接合部にいきわたるよう仕上げる。
⑧ 振動が伝わるのを防ぐため、圧縮機の冷媒出入口にはたわみ継手を取り付ける。

8.2 吸込み管, 吐出し管及び液管の配管

(1) 吸込み管の配管

吸込み管は圧縮機へ接続される配管であり、次の点に留意して施工する。
① 停止中に冷媒液が圧縮機に流入しないように配管する。
② 複数個の蒸発器を使用する場合、運転中の蒸発器から、停止中の蒸発器に油が流れ込まないように施工する。

図6−82に複数個の蒸発器を使用する場合の配管例を示す。水平管は圧縮機の方向に先下りこう配をとる。

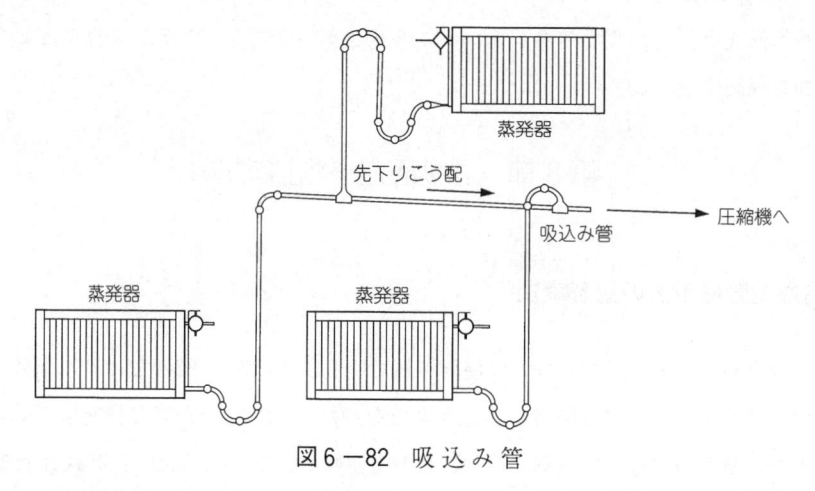

図6−82 吸込み管

(2) 吐出し管の配管

吐出し管は、圧縮機で圧縮された高温、高圧のガスを、凝縮器に送るための配管である。吐出し管の距離が長く、また高低差がある場合は次の点に留意して施工する。
① 圧縮機を停止したとき、油や冷媒が吐出し管を逆流して、圧縮機に流入しないように施工する。
② 圧縮機よりも凝縮器が高い位置、一般には3m以下までの場合は、図6−83、図6−84のように吐出し管を施工する。
③ 圧縮機よりも凝縮器が高い位置、一般には3m以上の場合は、図6−85のように圧縮機より先下りこう配から立上がりの吐出し管の間に輪を作る。これをオイルループという。また、立

上り管が非常に高くなる場合，図6-86のように最長10mごとにオイルループを1個設けることが望ましい。

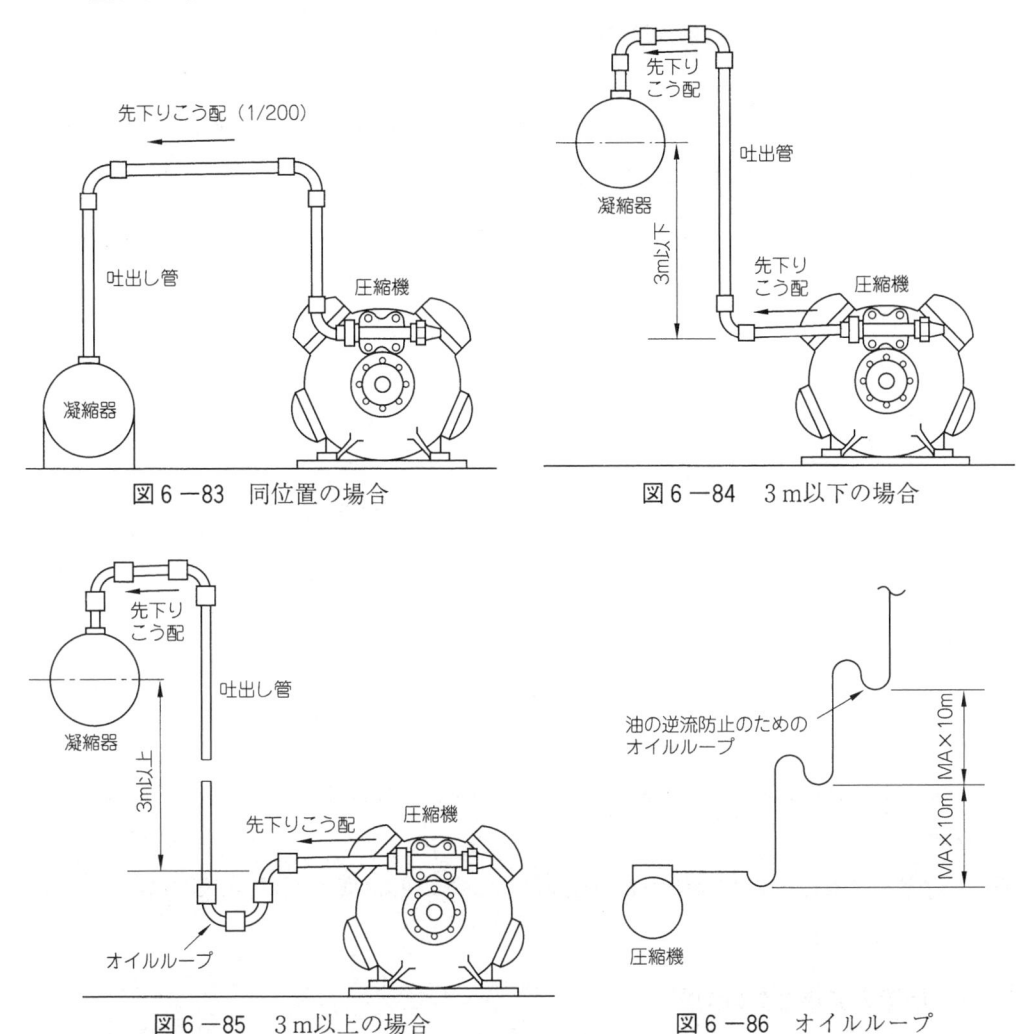

図6-83 同位置の場合

図6-84 3m以下の場合

図6-85 3m以上の場合

図6-86 オイルループ

(3) 液管の配管

液管では，配管途中で異常な過熱があったり，管内の圧力降下が大きいと，冷媒が一部気化し，さらにガス化が進み，冷媒通過量が減少し，能力不足や，騒音発生の原因となる。

この気化したガスを，フラッシュガスと呼び，このようなガスが発生しないように次の点に留意して配管する。

① 立上り管の長さはできるだけ短くし，最長でも8m以下とする。
② 凝縮器出口から受液器に入る配管は，吐出し管と同程度の太い管径とする。

8．3　空冷式室外機と室内ユニット間の配管

空冷式室外機と室内ユニット間の配管施工に当たっては，次のことに留意する。
① マルチタイプ式の冷媒配管は，配管の相当長さによりガス側の管径を変える。
② 室外機と室内ユニットとの高低差は，室外機が上方の場合は50m，室外機が下方の場合は20m以下とする。図6－87に冷媒配管を示す。

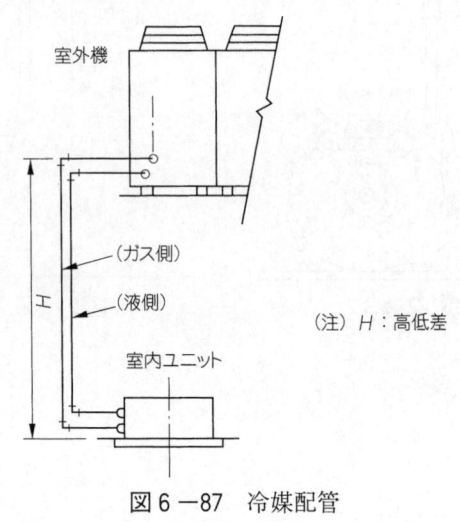

図6－87　冷媒配管

③ 振動の伝ぱを防ぐため，冷媒管出入口にはたわみ継手を取り付ける。
④ 冷媒管は，冷媒に混じって循環する潤滑油が系統内に停留することなく圧縮機に戻るように配管する。
⑤ 立て管及び横走り管（空調用保温付被覆銅管）の支持は，結露などに留意する。
⑥ 冷媒配管の支持間隔は表6－11による。

8．4　配管の支持と支持間隔

冷媒配管は，圧縮機が運転されると，ガス管，液管ともに，内部を流れる冷媒の温度変化により，熱膨張，収縮が生じる。したがって，管の支持に当たっては管の伸縮を考慮する必要がある。

（1）配管の支持

冷媒配管の支持は，冷温水配管の支持と基本的にはかわらない。断熱兼管支持の機能を持つ硬質ウレタンフォームを用いた管支持の例を図6－88に示す。
また，直接つりバンドなどで銅管を支持する場合は，銅管にネオプレンゴムなどを巻き，銅管と支持金物が直接ふれないようにする。

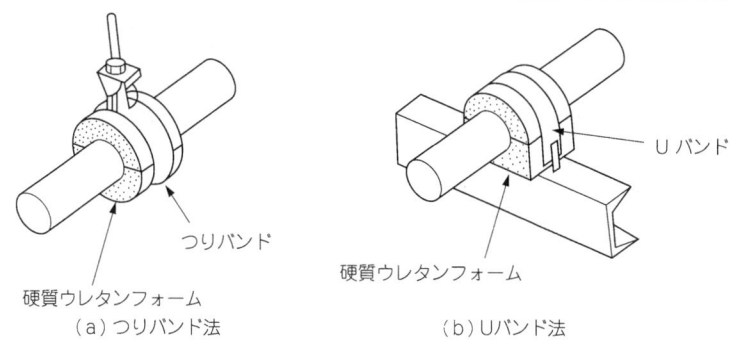

図6−88 冷媒配管支持例
(a) つりバンド法
(b) Uバンド法

(2) 支持間隔

銅管で施工する冷媒配管の支持間隔の例を表6−11に示す。

表6−11 冷媒配管（銅管）の支持間隔

部位	支持分類	管呼び径　外径（mm）		備考
		6.35〜9.52	12.7以上	
横走り配管	支持	1.5以下	2.0以下	支持間隔（m）
	耐震振れ止め	必要なし	6 m以内	
立て配管	支持固定	各階1箇所以上		
	耐震振れ止め	各階1箇所以上		

第9節　油配管の施工法

　空気調和設備での油配管は，ボイラや冷温水発生機などの燃料用配管が主で，灯油・軽油及び重油の配管である。危険物の規制に関する政令・規則及び技術上の基準の細目を定める告示により規定されており，これらの法規を順守して施工する。

9．1　油配管施工上の留意事項

油配管の施工に当たっては，次の点に留意する。
① 油配管を施工する管は，配管用炭素鋼鋼管の黒管又は圧力配管用炭素鋼鋼管の黒管を用い，小規模の灯油配管では銅管を使用する。
② 貯油槽及びサービスタンクに取り付ける元弁は鋳鋼製を使用する。
③ 屋内，屋外タンク，サービスタンクの送り油管，返り油管，注油管には地震などによる衝撃を緩和するためにステンレス鋼製の変位吸収管継手を設ける。
④ オイルストレーナは，複式又は単式を2個並列に設ける。

⑤ タンクに付属する配管のうち,屋内配管は,壁体などに埋め込んではならない。

⑥ 配管は,原則として溶接接合とする。ただし,常時点検できる部分はねじ込みでもよい。埋設配管は必ず溶接接合とする。やむを得ず埋設配管をねじ込みで施工する場合は,ねじ部にはピットなどを設け,地上から点検できるようにしなければならない。

⑦ 地下タンク及び屋内タンクには32A以上の無弁通気管を設け,先端は水平より45°以上曲げ,雨水の浸入を防ぐとともに,銅メッシュなどによる引火防止装置を設ける。また,先端は地上4m以上の高さとし,かつ建物の窓,出入口などの開口部から1m以上,隣地境界又は道路境界から1.5m以上離し,滞油のないように施工する。

⑧ 少量屋内タンク(サービスタンクを含む)には20A以上の無弁通気管を設け,先端は地上4m以上の高さとする。

9.2 サービスタンク回りの配管

サービスタンク回りの配管例を図6-89に示す。

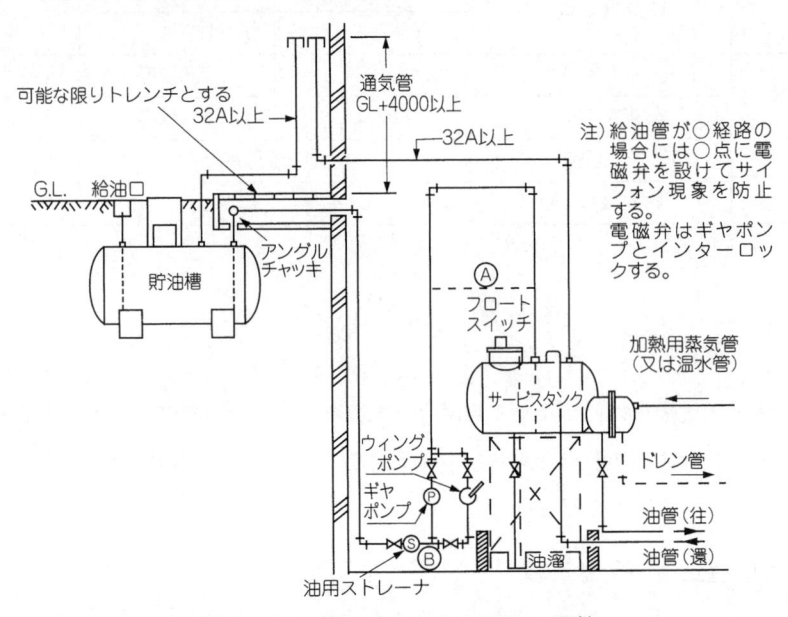

図6-89 サービスタンク回りの配管

サービスタンク回りの配管は次の点に留意して施工する。

① 貯油槽よりサービスタンクへ給油する際には,サービスタンクにフロートスイッチなどの自動給油停止装置を設けて,過剰給油を防止する。

② 自動給油装置の故障時の安全装置を設ける。

③ 安全装置用フロートスイッチの作動を知らせる警報ブザーを設ける。

④ サービスタンクからバーナへ至る給油管に,給油遮断弁を設ける。

第6章の学習のまとめ

本章では空気調和設備の配管施工法のあらましについて述べた。

さらに学習を進め，空調機器・配管・ダクトなどの施工方法並びに搬送動力の削減，省エネルギー，地球環境問題（冷媒）などについても学ばれたい。

【練 習 問 題】

次の文章で正しいものには○印を，誤っているものには×印をつけなさい。

（1） 冷凍機は運転時における重量の3倍以上の長期荷重に十分耐えるコンクリート又は鉄筋コンクリート造の基礎に据え付ける。
（2） ボイラの据付工事には，ボイラ取扱作業主任者を選任しなければならない。
（3） ユニット形空気調和機の基礎は，防振基礎とし，地震対策のためストッパを設ける。
（4） 冷温水配管の横引き配管は，1/50程度のこう配で，開放式膨張タンク又は空気抜き弁に向かって先下りこう配とする。
（5） パッケージ形空気調和機回りの配管で，冷却水送り管には圧力計を，冷却水返り管には温度計を取り付ける。
（6） 蒸気配管において，真空還水式の還水管にリフトフィッティングを設ける場合は，できるだけ真空ポンプの近くとする。
（7） 蒸気コイル回りの配管で，コイル出口からトラップまでの配管は，コイル出口のタッピングより一口径大きくして，凝縮水を早く取り除く。
（8） 送風機の吐出し直後のダクトに曲がり部を設ける場合は，送風機からの吐出し気流が送風機の回転方向に逆らわない方向に流れるように施工する。
（9） ダクトの断面を拡大させる角度は，縮小させる角度より緩やかにする。
（10） 冷媒配管作業で，ろう付け接合するときは，管内に酸化物が生じるように，酸素ガスを流しながら行う。

第7章 被覆施工

被覆工事には保温材，外装材，補助材などが使用され，適正な施工によって配管・ダクトなどの表面温度を一定状態に保ち，熱損失を少なくし，結露防止が可能となる。ここでは，被覆施工の一般的事項を学習する。併せて，配管の管内の物質の種別を示す識別色の表示方法の概要を述べる。

第1節 管・ダクトの被覆施工

1.1 保温材の分類

(1) 保温材の分類

主材料，外装材，補助材に分類すると次のようになる。

a．主材料

① 人造鉱物繊維質保温材
　・ロックウール
　・グラスウール

② 無機多孔質保温材
　・けい酸カルシウム
　・はっ水性パーライト

③ 発泡プラスチック保温材
　・ビーズ法ポリスチレンフォーム
　・押出法ポリスチレンフォーム
　・硬質ウレタンフォーム
　・ポリエチレンフォーム
　・フェノールフォーム

④ 空気層利用
　・金属はく，プラスチックフィルムを積層にしたもの

b．外装材

亜鉛鉄板（0.3～0.4mm厚），着色亜鉛鉄板（0.27～0.35mm厚），アルミニウム板（0.6～0.8mm厚），ステンレス鋼板（0.3mm厚以上），綿布，ガラスクロス，アルミガラスクロス，ビニルテープ，防水麻布，プラスター。

c．補 助 材

原紙，難燃原紙，アスファルトプライマー，アスファルトルーフィング，アスファルトフェルト，粘着テープ，ガラスフィラメントマット，メタルラス，きっ甲金網鉄線，びょう，はんだ，鋼わく，バンド，接着剤，シーリング材。

1．2 被覆施工

(1) 保温材の選択基準

① 使用条件に適する範囲で，熱伝導率の小さいもの。

② かさ比重が小さく，強度の大きいもの。

③ 使用温度に十分耐えられるもの。

④ 物理的，化学的に安定していて，施工箇所の金属を侵さないもの。

⑤ 経済的に有利なもの。

(2) 保温施工上の留意事項

① 塗り材より成形品の保温材を使用する。

② 成形保温材を積み重ねていくとき，すき間のないように密着させる。

③ 二重に施工する場合，縦横の継目は，同一箇所にならないように，少しずらして取り付ける。

④ 振動のある機器には，耐振性のある保温材を用い，又は復元性のよい保温材を用いて，すき間が生じないようにする。

⑤ 水又は湿気が入らないようにする。

⑥ フランジ，弁なども必ず保温する。

⑦ 厚さが厚くなると，振動や伸縮により脱落しやすくなるので，止め金，金網で補強する。

⑧ 横走り管に取り付けた筒状保温材の取付け目地は，管の上面及び下面を避け，管の横側に位置するようにする。長手方向の目地合わせは，端面を図7－1のように切り欠き，互いに重なり合うようにする。

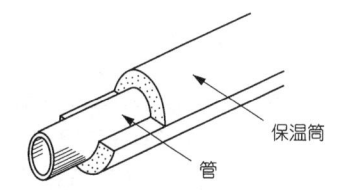

⑨ 適切な支持金具を用い，膨張，伸縮に対しても考慮する。

図7－1 横走り管の取付け目地

(3) 保温施工

保温，保冷に関する施工標準としては，"JIS A 9501 保温保冷工事施工標準"が規定されているので，これを標準として工事をするようにする。

a．配管の保温

まず，保温面を清掃し，所定の厚さの保温筒を図7－2のように針金などで縛り，密着させる。各保温筒単体の少なくとも2箇所以上で，2回巻きして縛る。保温筒の厚さが75mmを超える場合

には，なるべく二層以上に分けて施工する。この場合には，保温材の各層は，それぞれ，そのたびごとに鉄線で縛り付けなければならない。各層の縦横の継目は，同一箇所にならないようにし，外装を施す。縦配管の場合には，保温筒が滑り落ちないように適当な滑り止め金具を取り付ける。

b．ダクトの保温

長方形ダクトに植え付けたびょうを用いて保温材を取り付ける場合は，びょうは保温材を直角に貫くようにし，必ずワッシャを使用し，びょうの頭部を直角に曲げてとめる。図7－3に施工要領図を示す。

円形ダクトにフェルト状保温材を取り付ける場合は，きっ甲金網又は平ラスで全面を包み，鉄線で必要な箇所を二重巻にして締める。

保温材の突付目地には，ビニル粘着テープ又はアルミ粘着テープを用いて目地貼りする。

一般に保温厚は25mmを標準とする。

c．フランジ，弁の保温

（a）フランジの保温

直管配管と同種の保温材を用い，図7－4に示すように，被覆内部にフランジ締付けボルトを操作できるだけの空間を設ける。

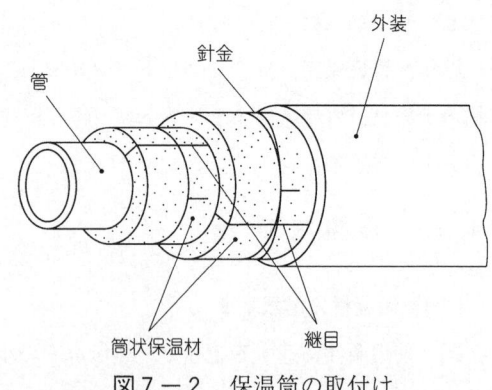

図7－2　保温筒の取付け

図7－3　施工要領図
① びょう
② 保温材
③ 防湿材
④ 補強枠
⑤ 外装材

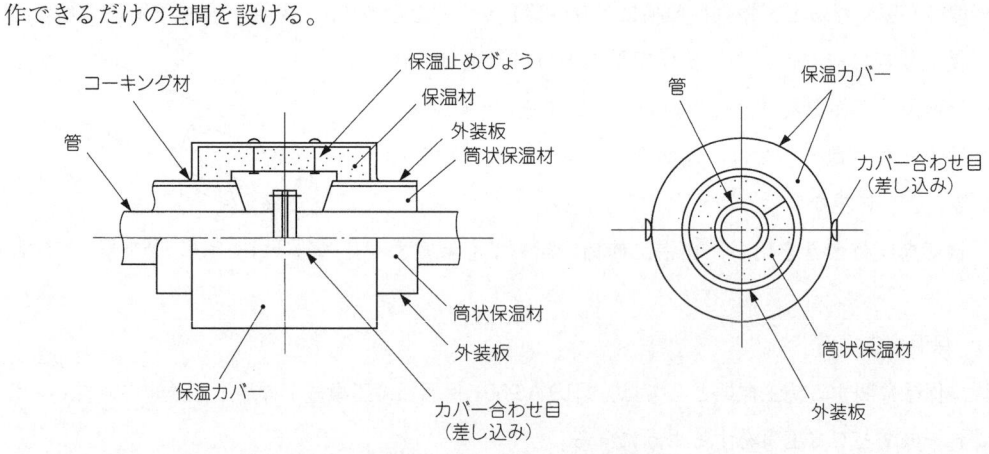

図7－4　フランジの保温

(b) 弁の保温

ハンドル部を除き、図7－5に示すように保温する。直管部に用いた同種の保温材を加工して使用することが望ましいが、困難なときはフェルト状保温材（ロックウール保温帯、グラスウール保温板など）を使用してもよい。

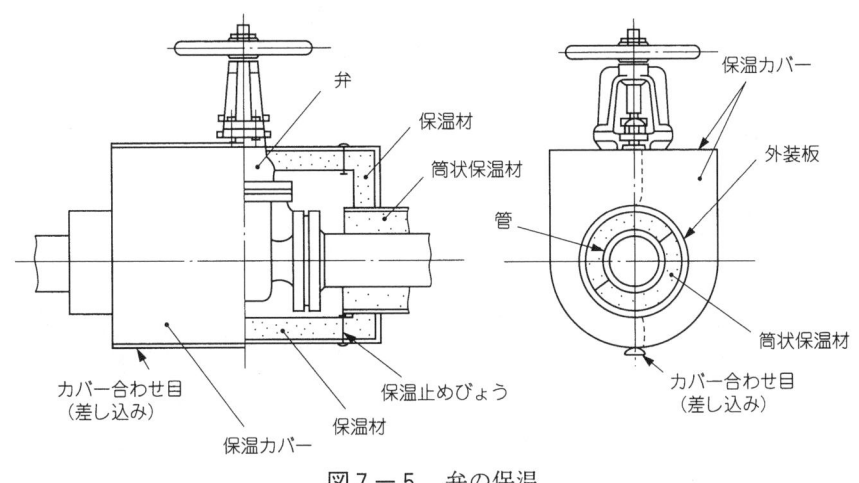

図7－5 弁の保温

d．曲管部の保温

原則として直管部と同質の保温材を取り付け、外装仕上げも同一の仕様により施工する（図7－6）。

直管部に用いた保温筒を加工して曲管部に使用することが困難な場合は、フェルト状保温材を使用してもよい。長方形ダクトの曲がり部の保温材の合せ目には、図7－7のように目張りを行う。

エルボ、フランジ、弁の被覆については、工場製のカバーを使用すると施工が早く、便利である。

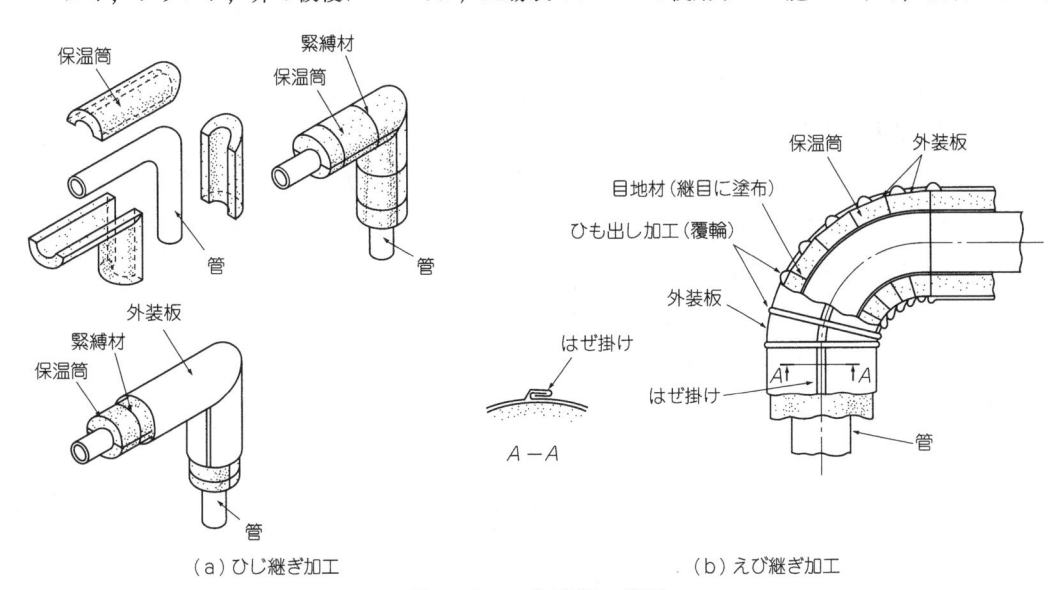

(a) ひじ継ぎ加工　　　　(b) えび継ぎ加工

図7－6 曲管部の保温

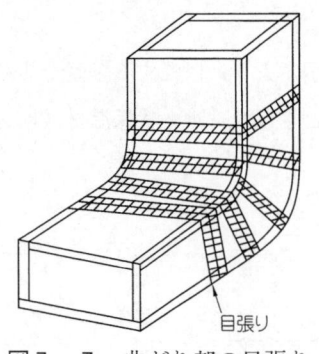

図7－7　曲がり部の目張り

e．床，壁貫通部の保温

（a）床貫通部

被覆保温材が，床厚を含み上下階を通して連続している場合は，上階床仕上面から上方150mm程度を保温外装の上から金属性のはかまで被覆する。

貫通部で保温被覆を省略している場合は，上階立上り管の保温の下部を床仕上面から100mm程度のところで見切り，端末50mmをはかまで被覆する。図7－8に床貫通部の保温を示す。

図7－8　床貫通部の保温

（b）壁貫通部

壁貫通部分においては，貫通部に設けたスリーブ管の中を，図7－9に示すように直管部と同様な保温を施さなければならない。壁が耐火構造壁である場合に使用する保温材は，不燃性材料を使用する。

また，壁が防火区画壁である場合も，管が壁を貫通する部分及びその前後1mは不燃性保温材を使用する。

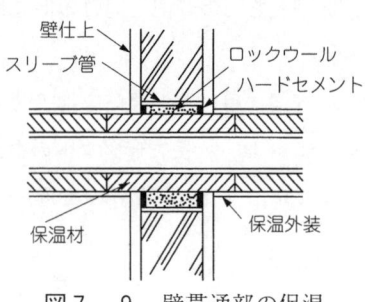

図7－9　壁貫通部の保温

f．支持金物部分の保温

保温すべき管のつり金物は，図7－10(a)のように防湿加工を施した木製又は合成樹脂製の支持受けを使用する。やむを得ず配管を直接支持する場合は，図(b)のように保温外面より150mm程度の長さまでつり棒に保温被覆を施す。

また，ローラにより支持する場合は，その部分の管保温の下部約1／4（90°）程度をローラを中心に，長さ100mm以上欠いて，管の移動によりローラが保温材に当たらないようにする（図(c)）。欠いた保温材の部分は，ハードセメントなどで養生し，外装材で包んで体裁よく仕上げる。

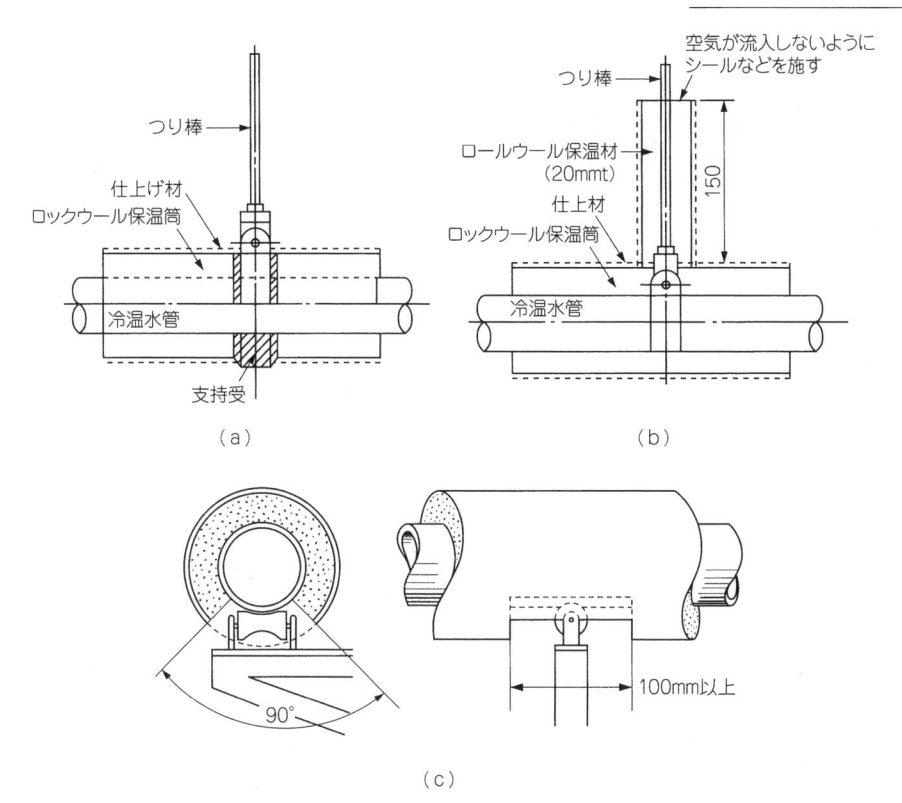

図7－10　支持金物の保温方法

g．配管・ダクト被覆の外装仕上げ

(a) 配　管

外装仕上げにおける基本的な事項について次に述べる（図7－11，図7－12参照）。

① 外装はすべて取り付けた保温材が十分に乾燥していることを確かめた後に施工する。

② 管保温材を綿テープなどで千段巻仕上げをする場合は，管径に応じた幅のテープを用い，テープの耳付きの側が外に出るように，かつ重ね幅を15～30mmに均一に巻き上げる。

③ 立上り管は下から上へ巻き上げる。

④ ビニルテープで千段巻仕上げをする場合は，巻き上げ後，管の陰の側（背側又は壁側）の適当な数箇所と曲管部の背側に粘着テープを用いて，テープのずれ止めを施す。

⑤ 片面防水麻布テープはアスファルトを塗布していない面を内側にして，綿テープの場合と同じ要領で巻き上げた後，バーナで表面をあぶってアスファルトが平均に麻布に浸透するようにする。

⑥ 地下埋設配管などで，ビニルテープ又は防水麻布テープを二層逆巻仕上げとする場合は，第一層のテープを千段巻きにした後，第二層のテープはこれと逆方向に重ね目が直交する形に千段巻きする。

図7−11　テープの巻き付け法

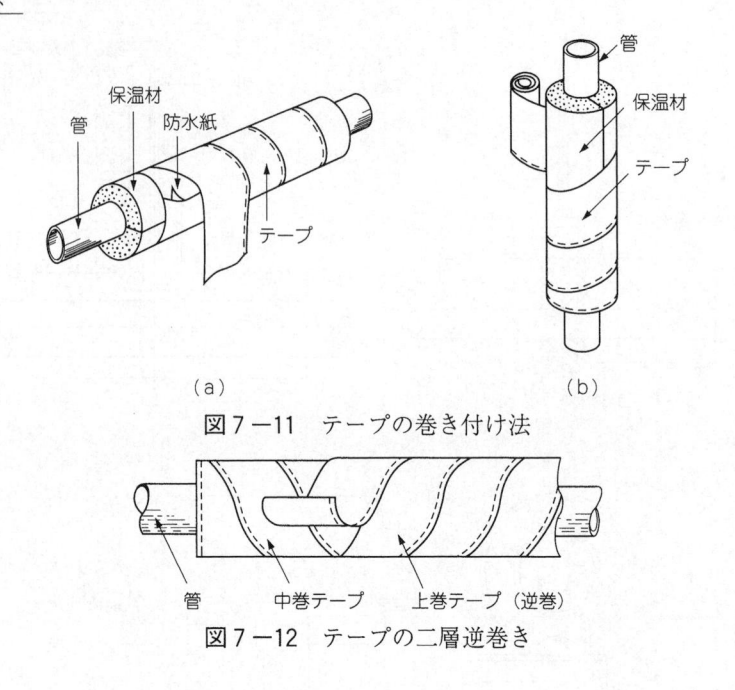

図7−12　テープの二層逆巻き

(b) ダクト

外装仕上げにおける基本的な事項について次に述べる。

① 外装はすべて取り付けた保温材が十分に乾燥していることを確かめた後に施工する。
② 円形ダクトをクッション性の保温材で保温した上を，綿布又はガラスクロスで貼り仕上げする場合は，外装下地として整形用原紙で全面を被覆し，細釘及び鉄線でとめる。
③ 長方形ダクトをクッション性の保温材で保温した上を，綿布又はガラスクロスで貼り仕上げする場合は，稜線を出すために外装下地に角あてを取り付ける。
④ 長方形ダクトに金属板外装をする場合の金属板の継目ははぜ掛けとし，屋外はゴム系又はシリコン系シーリング材でシールする。
⑤ 円形ダクトに金属板外装をする場合の金属板の継目は平重ねとし，屋外はゴム系又はシリコン系シーリング材でシールする。

第2節　管の識別表示

配管系に設けられたバルブの誤操作を防止するなどの安全を図ること，配管系の取扱いの適正化を図ることを目的として，配管に識別表示がされている。その識別表示の一般的事項についてはJIS Z 9102（配管系の識別表示）に定められており，主な内容は次のとおりである。

　ⅰ．識別色：管内の物質の種類を外から見分けるために施す色
　ⅱ．物質表示：管内の物質の種類・名称の表示

ⅲ．状態表示：管内の物質の状態の表示
ⅳ．安全表示：安全を促すため，管に施す安全色彩〔JIS Z 9101（安全色彩使用通則）に規定した安全色彩〕による表示で，次の3つの表示の総称
・危険表示：管内の物質が危険物であることを示す表示
・消火表示：管内の物質が消火に用いることができるものであることを示す表示
・放射能表示：管内の物質が放射能をもつ危険物であることを示す表示

2．1 識別表示

（1）物質表示

物質表示は次による。

① 管内の物質の種類の識別は，表7－1に示す7種の識別色を用いて表示する（図7－13に水の場合の例を示す）。

② 管内の物質の名称の表示は次による（図7－14に空気の場合の例を示す）。

ⅰ．物質名を略さずそのまま示すか，又は化学記号を用いて表示する。

　　例1：飲料水，硫酸

　　例2：H_2O，H_2SO_4

ⅱ．物質名称の文字及び物質の化学記号は，前掲(ⅳ)の安全色彩の白又は黒をそれぞれ用いて，識別色の上に記載する。

表7－1　安全色彩及び配管識別

色彩の種類	基準の色		管内物質
暗い赤	7.5R	3/6	蒸気
うすい黄赤	2.5YR	7/6	電気
茶色	7.5YR	5/6	油
黄	2.5Y	8/14	ガス
青	2.5PB	5/6	水
灰紫	2.5P	5/5	酸又はアルカリ
白	N9.5		空気

「JIS Z 9102（配管系の識別表示）による」

(a) 管に直接に環状に表示したもの。

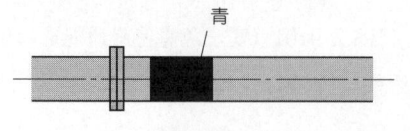

(b) 管に直接に長方形の枠で表示したもの。

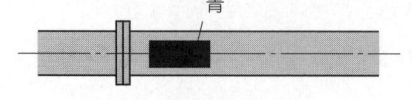

(c) 札を管に取り付けて表示したもの。

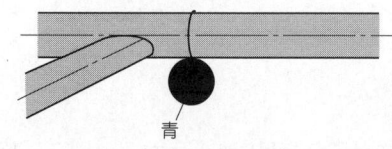

図7－13 識別色による物質表示の例（水の場合）

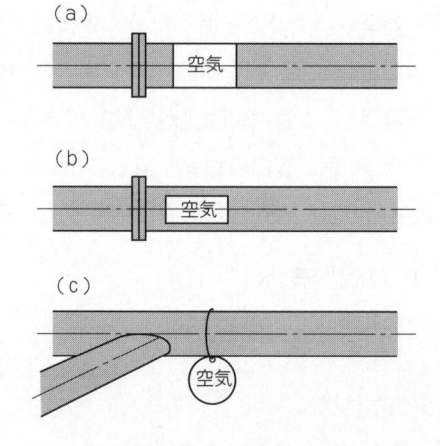

図7－14 物質名称の表示の例（空気の場合）

(2) 状態表示

状態表示は次による。

① 流れ方向の表示

　管内の物質の流れ方向を示すには矢印を用い，次による。

　ⅰ．矢印は，白又は黒を用いて表示する。

　ⅱ．表示する箇所は，(1)①による識別色が管に直接，環状又は長方形の枠内に表示されている場合は，その付近に（図7－15(a), (b)に硫酸の場合の例を示す），また，管に取り付けた札に識別色がつけてある場合は，その札に矢印を記入する（同図(c)）。

② 圧力，温度，速さなどの特性の表示

　管内の物質の圧力，温度，速さなどの特性を示す必要がある場合は，その量を数値と単位記号で示す。この場合の表示方法は，(1)②ⅱ．に準ずる（図7－16）。

　〔例〕

　　圧力の表示の場合……0.2MPa

　　温度の表示の場合……80℃

　　速さの表示の場合……0.5m/s

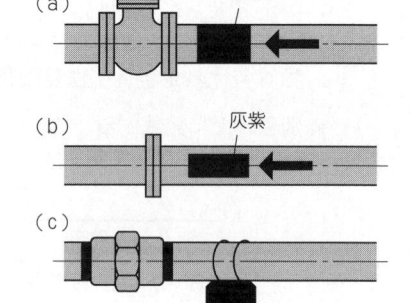

図7－15 流れ方向の表示の例（硫酸の場合）

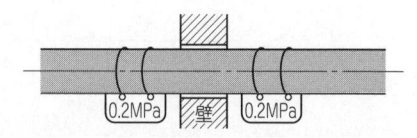

図7－16 圧力，温度，速さなどの特性の表示の例（識別色札による場合）

(3) 安全表示

① 危険表示

　危険表示は次による。

　ⅰ．表示方法；黄赤の両側を黒で縁取りする。

　ⅱ．表示箇所；(1)①による識別色を表示してある箇所の付近とする（図7－17に硫酸の場合の例を示す）。

② 消火表示

　消火表示は次による。

　ⅰ．表示方法；赤の両側を白で縁取りする。

　ⅱ．表示箇所；(1)①による識別色を表示してある箇所の付近とする（図7-18(a)，(b)）。

　　なお，管内の物質が消火専用のものであるときは，(1)による表示を省略して消火表示だけで表示してもよい（同図(c)）。

③ 放射能表示

　放射能表示は次による。

　ⅰ．表示方法；赤紫の両側を黄で縁取りする。

　ⅱ．表示箇所；(1)①による識別色を表示してある箇所の付近とする（図7－19に空気又は水の場合の例を示す）。

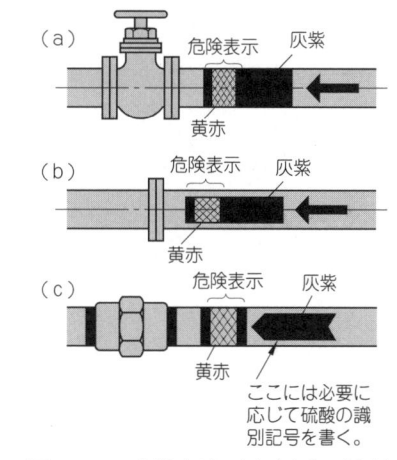

図7－17　危険表示の例（硫酸の場合）

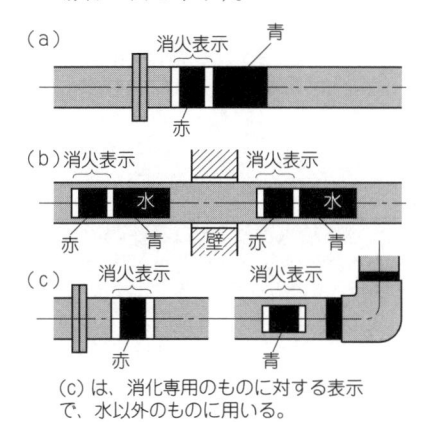

図7－18　消火表示の例（水の場合）

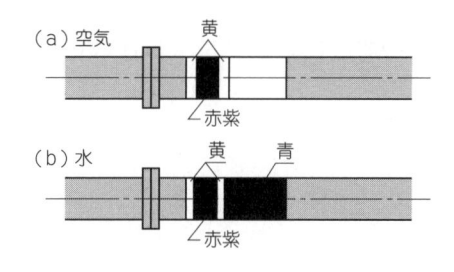

図7－19　放射能表示の例（空気又は水の場合）

第7章の学習のまとめ

本章では配管の一般的な被覆施工と管の識別表示について理解できたか復習すること。

さらに学習を進め，保温材の適用，保温材の厚さの検討，及び色見本やマンセル記号などについても学ばれたい。

【練　習　問　題】

（1）保温筒の取付けを示す図において，□の中に当てはまる名称を入れなさい。

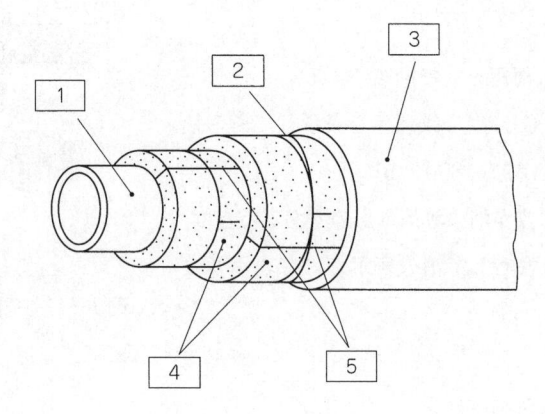

（2）配管の安全を促すために施す安全色彩による表示方法を3つあげなさい。

（3）次の文章で正しいものには〇印を，誤っているものには×印をつけなさい。

① 横走り配管に取り付けた保温筒の取付け目地は，管の上下面に位置するようにする。

② 立上り管を綿テープ巻仕上げする場合は，下から上へ巻き上げる。

③ 配管識別色における空気は，青色である。

【練習問題の解答】

第1章
 (1) ○
 (2) ○
 (3) ×
 (4) ○
 (5) ×

第2章
　貯水式の場合は，湯栓が閉じているとき配管からの放熱により配管内水温が低下し，湯栓を開くと低温の湯が流出した後に正常な湯温に回復する。
　瞬間式の場合は水が流れてバーナが着火し，加熱を開始するので湯沸器と湯栓との間に残留した水は加熱されないまま流出し，その後正常な湯温に回復する。そのため湯沸器と湯栓までの距離が長いと正常な温度の湯が流出するまで低温の水が放出される不都合が生じるため，湯沸器から湯栓までの距離は15m以下にとどめた方がよい。

第3章
 (1) ×
 (2) ○
 (3) ○
 (4) ×
 (5) ○

第4章　解答例を図に示す（234ページ）。
　2号消火栓を設置する場合は，147ページの表4－1より15mの円で全域を覆うため，消火栓箱2個が必要である。箱の所在が目に付きやすく，通行の障害とならない階段脇，廊下壁面などに設置する。

234 配管施工法

[解答例]

第5章
1. 次の中から3つを挙げる。
   ① 原則として第三者の敷地内に配管してはならない。ただし、敷地所有者の承諾が得られた場合はこの限りではない。
   ② 維持管理及び管路の推定などが容易にできる位置に設置する。
   ③ 原則として下水などの暗きょ内に設置してはならない。ただし、当該施設管理者の了解が得られ、さや管その他の腐食防止のための措置が講じられた場合はこの限りではない。
   ④ 排水路、側溝など開きょを横断する場合には、施設管理者と打合せの上、配管位置を決定する。

2.
   1) ガス機器から水平距離が（8m）以内で、かつ、天井面から（30cm）以内の位置に設置すること。ガスストーブ、その他一定位置に固定しないで使用されるガス機器にあっては（ガス栓）からの位置とする。
   2) ガス機器から水平距離が（4m）以内で、かつ、床面からの高さ（30cm）以内の位置に設置すること。

第6章
   (1) ○
   (2) ×
   (3) ○
   (4) ×
   (5) ×
   (6) ○
   (7) ×
   (8) ○
   (9) ○
   (10) ×

第 7 章

（1）

1　管

2　針金

3　外装

4　筒状保温材

5　継目

（2）

①危険表示

②消火表示

③放射能表示

（3）

①　×

②　○

③　×

（付録） 図示記号

(空気調和・衛生工学会規格　SHASES001－1998抜粋)

名　　称	図　示　記　号	備　考
1. 配　管		
1.1　　空　気　調　和		
1.1.1　低圧蒸気送り管	―――S―――	
1.1.3　高圧蒸気送り管	―――SH―――	
1.1.4　低圧蒸気返り管	―――SR―――	
1.1.6　高圧蒸気返り管	―――SHR―――	
1.1.7　空気抜き管	－－－AV－－－	
1.1.8　油　送　り　管	―――O―――	
1.1.9　油　返　り　管	―――OR―――	
1.1.10　油タンク通気管	－－－OV－－－	
1.1.11　冷　媒　管	―――R―――	
1.1.12　冷　媒　液　管	―――RL―――	
1.1.13　冷　媒　ガ　ス　管	―――RG―――	
1.1.14　冷却水送り管	―――CD―――	
1.1.15　冷却水返り管	―――CDR―――	
1.1.16　冷　水　送　り　管	―――C―――	
1.1.17　冷　水　返　り　管	―――CR―――	
1.1.18　温　水　送　り　管	―――H―――	
1.1.19　温　水　返　り　管	―――HR―――	
1.1.20　高温水送り管	―――HH―――	
1.1.21　高温水返り管	―――HHR―――	
1.1.22　冷温水送り管	―――CH―――	
1.1.23　冷温水返り管	―――CHR―――	
1.1.24　熱源水送り管	―――HS―――	ヒートポンプ用
1.1.25　熱源水返り管	―――HSR―――	ヒートポンプ用
1.1.26　ブライン送り管	―――B―――	
1.1.27　ブライン返り管	―――BR―――	
1.1.28　膨　張　管	―――E―――	
1.1.29　ド　レ　ン　管	―――D―――	

名　　称	図示記号	備　　考
1.2　　給水・給湯		
1.2.1　　上水給水管	——――・・――——	
1.2.2　　上水揚水管	——――・――——	
1.2.5　　給湯送り管	——――I――——	
1.2.6　　給湯返り管	——――II――——	
1.2.7　　膨　張　管	——――E――——	
1.2.8　　空気抜き管	―――― AV ――――	
1.3　　排水・通気		
1.3.1　　雑排水管	――――――――	
1.3.3　　汚水排水管	――――⌒――――	
1.3.4　　雨水排水管	――――RD――――	
1.3.5　　通　気　管	―――― ――――	
1.4　　消　　火		
1.4.1　　消火栓管	――――X――――	
1.4.2　　連結送水管	――――XS――――	
1.4.4　　スプリンクラ管	――――SP――――	
1.5　　ガ　　ス		
1.5.1　　低圧ガス管	――――G――――	
1.5.2　　中圧ガス管	――――MG――――	
1.5.3　　プロパンガス管	――――PG――――	
1.7　　配管符号・管径		
1.7.1　　立　て　管	∅	
1.7.2　　管の立上がり・分岐	――●｜	継手記号は省略してもよい
1.7.3　　管の立下がり	――○｜	継手記号は省略してもよい
1.7.4　　管の段違い	―｜○｜―	継手記号は省略してもよい
1.7.5　　管の分岐立上がり	―｜●｜―	継手記号は省略してもよい
1.7.6　　管の分岐立下がり	―｜○｜―	継手記号は省略してもよい

名　　称	図　示　記　号	備　考
1.7.7　管　の　接　続		継手記号をつける場合は不要
1.7.8　管　の　交　差	または	
1.7.9　配 管 固 定 点		
1.7.10　配 管 貫 通 部		
1.7.11　配 管 こ う 配		矢印の方向に下がる
1.7.12　管径・流れ方向	管径	継手記号は省略してもよい

名　　称	図示記号	備　考
1.8　　配管材料		配管材料を示す場合に用いる管径の後ろに添え書きする給水用ステンレス鋼管の例
1.8.1　鋼　　　　管	SGP	
1.8.2　鋳　鉄　管	CIP	50SUS
1.8.3　鉛　　　　管	LP	
1.8.4　銅　　　　管	CU	
1.8.5　ステンレス鋼管	SUS	
1.8.6　硬質塩化ビニル管	VP	
1.8.7　ポリエチレン管	PEP	
1.8.8　ポリブテン管	PBP	
1.8.9　硬質塩化ビニルライニング鋼管	VLP	
1.8.10　ポリエチレン粉体ライニング鋼管	PLP	
1.8.11　コンクリート管	CP	
2．継　手　類		
2.1　　管継手		
2.1.1　継手の標準記号	─┼─	
2.1.2　フランジ	─┤├─	
2.1.3　ユニオン	─┤┼├─	
2.1.4　ベ　　ン　　ド	⌐	継手記号は省略してもよい
2.1.5　９０°エルボ	⌐	継手記号は省略してもよい
2.1.6　４５°エルボ	＼	継手記号は省略してもよい
2.1.7　チ　ー　ズ	┬	継手記号は省略してもよい
2.1.8　ク　ロ　ス	┼	継手記号は省略してもよい
2.1.9　閉止フランジ	─┤│	
2.1.10　ねじ込み式キャップ・プラグ	─┐	
2.1.11　溶接式キャップ	─D	

名　称	図示記号	備　考
2.5　その他		
2.5.1　伸縮継手（単式）		
2.5.2　伸縮継手（複式）		
2.5.3　伸縮継手（ループ形）		
2.5.5　防振継手		
2.5.6　変位吸収管継手		たわみ継手、可とう継手など
2.5.8　リフト継手		
3．弁・計器類・自動計装		
3.1　弁		
3.1.1　弁		弁種を区分する場合は記号を記入 　GV　：仕切弁 　BV　：バタフライ弁 　SV　：玉形弁 　BAV：ボール弁 　AV　：アングル弁
3.1.2　アングル弁		
3.1.5　逆止め弁		流れの方向は三角形の頂点から底辺に縦線が表示されている方向へ（この図の場合，流れの方向は左から右へ）
3.1.6　安全弁・逃し弁		
3.1.7　減圧弁		小さい三角形側が高圧側
3.1.8　温度調節弁（自力式）		温調弁など
3.1.13　自動空気抜き弁		
3.1.16　ストレーナ		
3.1.18　蒸気トラップ		

名　　称	図　示　記　号	備　考
3.2　　計　器　類		
3.2.1　圧　力　計	—○P—	
3.2.2　連 成 圧 力 計	—○C—	
3.2.3　温　度　計	—○T—	
3.2.5　流　量　計	—○M—	
3.2.6　油　量　計	—[OM]—	
3.3　　自　動　計　装		
3.3.1　天井隠ぺい配線	———————	
3.3.2　露　出　配　線	-------------	
3.3.3　床 隠 ぺ い 配 線	— — — — —	
3.3.4　床 面 露 出 配 線	—— - —— - ——	アンダーカーペットなど
3.3.5　地中埋設配線・天井ふところ内配線	—— - - —— - - ——	
3.3.6　電　線　の　太　さ	電線径又は電線断面積	
3.3.7　電　線　の　種　別	●——┐ 　　種別	電線ケーブルの種類と記号 　ＩＶ　　：600Vビニル絶縁電線 　ＨＩＶ　：600V二種ビニル絶縁電線 　ＣＶ　　：600V架橋ポリエチレン 　　　　　　シースケーブル 　ＣＶＶ　：制御用ビニル絶縁ビニ 　　　　　　ルシースケーブル 　ＣＶＶＳ：静電遮蔽付き制御用ビニル 　　　　　　絶縁ビニルシースケーブル 　ＶＶＦ　：600V平形ビニル絶縁 　　　　　　ビニルシースケーブル 　　　　　　（通称：Ｆケーブル） 　ＶＶＲ　：600V丸形ビニル絶縁 　　　　　　ビニルシースケーブル 　ＥＣＸ　：PE絶縁高周波同軸 　　　　　　ケーブル 　ＣＰＥＶ：市内対PE絶縁ビニル 　　　　　　シースケーブル 　ＭＶＶＳ：マイクロホン用ビニル 　　　　　　コード 　ＦＰ　　：耐火電線 　ＨＰ　　：耐熱電線

名　　称	図　示　記　号	備　　考
3.3.8　電　線　数	///	必要に応じ数字で記入 (例)　IV2□×3
3.3.9　配管の太さ	(管径)	
3.3.11　立上がり	⌀↗	
3.3.12　引　下　げ	⌀↙	
3.3.13　素　通　し	⌀↕	
3.3.14　プルボックス	⊠	必要に応じ寸法を記入
3.3.15　ジョイントボックス	□	必要に応じ寸法を記入 (例)　T1　温度検出器 　　　　○
3.3.21　圧力発信器	×-⊗	
3.3.23　電　極　棒	○3P	3極の場合
3.3.24　自動制御盤	◢▱	
3.3.25　動力制御盤	▶◀	

4. ダクト
　4.1　　ダ　ク　ト

4.1.1　ダ　ク　ト	⊢――⊣	角形は図示の面の寸法を最初に記入 500×300 丸形は寸法の後ろに φ を記入 200φ
4.2　　ダクト断面		必要に応じ記号を記入
4.2.1　給気ダクト断面	⊠　⊗	
4.2.2　還気・排気ダクト断面	⊠　⊘	

名　　称	図　示　記　号	備　考
4.2.4　排煙ダクト断面		
4.3　　ダクト付属品		
4.3.1　吹出し口（横付き）		排気がらりにも適用
4.3.2　吹出し口（天井付き）		
4.3.3　吸込み口（横付き）		排気がらりにも適用
4.3.4　吸込み口（天井付き）		
4.3.5　排煙口（横付き）		
4.3.15　ベ　ー　ン　部		
4.3.22　ダクト貫通部		
5．給排水・衛生・消火・ガス器具		
5.1　　給水・排水用器具		
5.1.1　量　水　器		
5.1.3　ボールタップ		
5.1.4　水　　　栓		
5.1.29　トラップます		
5.1.30　浸透ます		
5.1.31　公共ます		
5.2　　衛生用具		
5.2.1　和風大便器		

付　録　245

名　　称	図　示　記　号	備　考
5.2.2　洋風大便器	⬯	
5.2.3　洗浄タンク	▭　◺	
5.2.4　小便器	▽	
5.2.5　洗面器	▭　⬯	
5.2.6　手洗器	▽	
5.2.7　掃除流し	▭	
5.3　　消火器具		
5.3.1　屋内消火栓（1号）	◩	
5.3.2　屋内消火栓（2号）	◩	
5.3.7　屋内消火栓（スタンド形）	Ⓗ	
5.3.13　スプリンクラヘッド	○　▽	
5.3.17　火災感知用ヘッド	●	
5.3.18　噴射ヘッド（コーン形）	◁	
5.3.19　一斉開放弁	⊗	
5.3.20　アラーム弁	△	
5.3.24　手動起動装置	◨	
5.4　　ガス器具		
5.4.1　ガス栓（一口）	⚲	
5.4.2　ガス栓（二口）		
5.4.3　ガス栓（埋込み）	⊡	
5.4.4　ガスメータ	GM	
5.4.5　バルブ・コック	⋈	
6.6　　ポンプ	─▷─	
6.35　湯沸し器	▭	

索　引

あ

圧力計	63
圧力タンク方式	47
油火災	143
油配管	220
あふれ縁	3
泡消火設備	144
アンカ工法	171
アンカボルト	102
安全弁	204
安定剤	4
一般火災	143
一般空調	168
一般床貫通部	186
インサート	102,192
上向き給水法	48
ウォータハンマ	7
雨水排水管	101
雨水ます	108
埋込み法	48
エアチャンバ	7
エアハンドリングユニット	179
衛生器具	121
液状パッキン	31
液面継電器	43
円形ダクト	214
遠心ポンプ	55
オイル阻集器	97
黄銅管	92
オーバフロー管	42
屋外消火栓設備	145
屋内消火栓設備	144
汚水排水管	101
汚水ます	107

か

カールプラグ	133
外装材	223
ガイドベーン	215
ガス火災	143
可塑剤	4
壁貫通部	185
間接排水	96
間接排水管	97
間接排水配管	104
間接排水法	135
機器据付け	171
器具排水管	94
危険表示	232
基礎ボルト	177
逆サイホン作用	3
逆止め弁	3
給水管	1,42
給水装置	1
給水装置主任技術者	1
給湯管	83
給湯設備	66
局所式給湯法	66
切張り	16
均圧管	207
金属火災	143
空気だまり	190
空気調和	168
空気調和設備	168
空気抜き弁	49,190,202
クロスコネクション	3
ＫＦ形継手	27
Ｋ形継手	19
コア挿入機	13
鋼管	15
硬質塩化ビニル管	15
高置水槽	36
高置水槽方式	46
こう配	189

さ

サービスタンク	220
サイホン管	212
先上りこう配	189
先下りこう配	189
サドル付分水栓	9
産業空調	168
シールキャップ	29
識別表示	229
軸流ポンプ	56
支持間隔	192

止水栓	5			
下向き給水法	48		**た**	
自動サイホン	133			
締付けトルク	22	ダートポケット	191,205,209	
受水槽	37	耐震施工	176	
瞬間式ガス湯沸器	67	耐震用ストッパ	182	
循環ポンプ	84	耐熱性硬質塩化ビニル管	92	
ジョイントコート	31	大便器	125	
消火設備	143	ダクタイル鋳鉄管	15	
消火表示	232	ダクトの拡大・縮小	215	
蒸気配管	206	ダクトの消音・遮音	216	
衝撃吸収装置	7	中央式給湯法	68	
上水道	1	長方形ダクト	214	
状態表示	231	直接排水法	135	
蒸発タンク	210	直接リターン式配管	70	
小便器	131	貯湯槽	70	
伸縮管継手	79,206	通気管	43,94	
吸上げ継手	203	継手接合	98	
水圧試験	183	手洗器	121	
水管橋	34	T形継手	25	
吸込み管	61	電気火災	143	
推進工法	35	天井つり	182	
水道鋼管用メカニカル継手	32	銅管	92	
水道事業者	1	凍結	9	
水道直結増圧方式	1,47	凍結深度	4	
水道直結方式	1,46	道路管理者	9	
水道法	1	土かぶり	17	
水道メータ	5	吐水口空間	3,195	
水道用遠心力鉄筋コンクリート管	7	土留支保工	16	
水道用架橋ポリエチレン管	92	トラップ	198	
水道用硬質塩化ビニルライニング鋼管	6	トラップ装置	205	
水道用耐熱性硬質ビニルライニング鋼管	92	トラップます	108	
水道用ポリエチレン粉体ライニング鋼管	6	ドレンタッピング	197	
スイベル継手	79,203	ドレンパン	196	
スチームハンマ	202			
ステンレス鋼管	92		**な**	
ストレッチャ	13			
スプリンクラ設備	144	逃し管	69,74	
墨出し	174	二重トラップ	96	
スリーブ	183	ねじ接合	97	
スリーブ形伸縮管継手	80			
制水弁	3		**は**	
洗浄弁	130			
洗面器	121	ハートフォード接続	207	
洗面化粧台	124	排気管	205	
掃除口	94,105	配水管	14	
掃除流し	139	排水鋼管用可とう継手	98	
送風機	181	排水トラップ	94	
		排水弁	190	

排水ます	106
ハイタンク	133
排泥弁	50
パイプシャフト	115,118
パイロットパイプ	204
ハウジング形管継手	32
吐出し管	62
バキュームブレーカ	3
バックハンガ	122
パッケージエアコンディショナ	180
腹起し	16
ハロゲン化物消火設備	145
被覆工事	223
ファンコイルユニット	180
フェルト状保温材	225
不活性ガス消火設備	144
腐食	6
伏せ越し横断	34
物質表示	230
フランジ接合	98
フランジ継手	31
分岐管の配管	189
分水	9
粉末消火設備	145
ベローズ形伸縮管継手	80
変位吸収管継手	191
偏心径違い継手	190
ベントキャップ	94
ボイラ	177
ボイラベース	177
放射能表示	232
防食用コア	13
防振装置	62,176,179
防振継手	8
膨張タンク	69,73,178,183
放熱器	181
ボールタップ	38
保温材	223
保温施工	224
保温筒	224
保護管	201
補助材	224
ホットウェルタンク（還水槽）	210
ポンプ	51
ポンプ室	51
ポンプ直送方式	47

ま

埋設深度	4
水たまり	190
水抜き管	43
水飲み器	141
水噴霧消火設備	144
メータコック	212

や

床上掃除口	105
床下掃除口	105
揚水管	42
容積ポンプ	57
溶接接合	98
溶接継手	29
浴槽	134

ら

ライナ	181
ラインポンプ	84
リセス	98
リバースリターン式配管	70
ループ配管	203
冷温水用電磁弁	196
冷却塔	176
冷凍機	175
冷媒配管	216,219
連結散水設備	145
連結送水管	145
連成計	63
ロータンク	130
露出法	49
ロックリング	27

わ

割T字管	14

委員一覧

平成9年2月

<作成委員>

大 岩 明 雄	東電設計株式会社
小 泉 康 夫	株式会社電業社機械製作所
西 野 悠 司	東芝プラント建設株式会社

<監修委員>

川 上 英 彦	東芝エンジニアリングサービス株式会社

(委員名は五十音順,所属は執筆当時のものです)

配管施工法　©

平成元年3月20日	初 版 発 行
平成9年3月10日	改訂版発行
平成19年2月20日	三訂版発行
令和3年3月10日	7 刷 発 行

定価：本体2,000円+税

編集者　独立行政法人　高齢・障害・求職者雇用支援機構
　　　　職業能力開発総合大学校　基盤整備センター

発行者　一般財団法人　職業訓練教材研究会

〒162-0052
東京都新宿区戸山1丁目15－10
電　話　03(3203)6235
FAX　03(3204)4724

編者・発行者の許諾なくして本教科書に関する自習書・解説書若しくはこれに類するものの発行を禁ずる。

ISBN978-4-7863-1092-8